"十三五"全国高职高专教育精品规划教材

液压与气动技术

(修订本)

主　编　许大华　黎少辉
副主编　顾广辉　王正山
　　　　李建松
主　审　李荣兵

北京交通大学出版社
·北京·

内 容 简 介

本书是根据“高职高专教育机械制造类专业人才培养目标”的要求，由具有多年教学实践经验的教师和长期工作在企业生产一线的工程技术人员合作编写的。

本书以项目引领，适应“教、学、做”合一的教学模式，全书内容包括12个项目：简单液压传动系统工作原理分析、流体力学特性分析、液压传动工作介质选择、液压动力元件的选用、液压执行元件的选择、液压控制元件结构及原理分析、液压辅助元件设计与选用、液压基本回路的分析、液压传动系统工作原理分析、气压传动元件结构及工作原理分析、气动回路工作原理分析和气压传动系统工作原理分析。本书在内容的编排上突出工作过程在教材中的主线地位，所选项目均具有可操作性。

本书适合作为高等职业院校、高等专科学校、成人高校、民办高校机械制造类专业的教学用书，也可作为相关从业人员的业务参考书及培训用书。

图书在版编目（CIP）数据

液压与气动技术/许大华，黎少辉主编．—北京：北京交通大学出版社，2014.11（2020.1重印）

（“十三五”全国高职高专教育精品规划教材）

ISBN 978-7-5121-2141-6

Ⅰ.①液…　Ⅱ.①许…　②黎…　Ⅲ.①液压传动-高等职业教育-教材　②气压传动-高等职业教育-教材　Ⅳ.①TH137　②TH138

中国版本图书馆CIP数据核字（2014）第260020号

责任编辑：熊　壮

出版发行：北京交通大学出版社　　电话：010-51686414

北京市海淀区高梁桥斜街44号　　邮编：100044

印 刷 者：北京时代华都印刷有限公司

经　　销：全国新华书店

开　　本：185×260　印张：16.75　字数：409千字

版　　次：2019年1月第1版第1次修订　2020年1月第3次印刷

书　　号：ISBN 978-7-5121-2141-6/TH·64

印　　数：5 001~8 000册　定价：43.00元

本书如有质量问题，请向北京交通大学出版社质监组反映。对您的意见和批评，我们表示欢迎和感谢。

投诉电话：010-51686043，51686008；传真：010-62225406；E-mail：press@bjtu.edu.cn。

“十三五”全国高职高专教育精品规划教材丛书编委会

出版说明

高职高专教育是我国高等教育的重要组成部分，其根本任务是培养生产、建设、管理和服务第一线需要的德、智、体、美全面发展的应用型专门人才，所培养的学生在掌握必要的基础理论和专业知识的基础上，应重点掌握从事本专业领域实际工作的基础知识和职业技能，因此与其对应的教材也必须有自己的体系和特点。

为了适应我国高职高专教育发展及其对教育改革和教材建设的需要，在教育部的指导下，我们在全国范围内组织并成立了“全国高职高专教育精品规划教材研究与编审委员会”(以下简称“教材研究与编审委员会”)。“教材研究与编审委员会”的成员所在单位皆为教学改革成效较大、办学实力强、办学特色鲜明的高等专科学校、成人高等学校、高等职业学校及高等院校主办的二级职业技术学院，其中一些学校是国家重点建设的示范性职业技术学院。

为了保证精品规划教材的出版质量，“教材研究与编审委员会”在全国范围内选聘“全国高职高专教育精品规划教材编审委员会”(以下简称“教材编审委员会”)成员和征集教材，并要求“教材编审委员会”成员和规划教材的编著者必须是从事高职高专教学第一线的优秀教师和专家。此外，“教材编审委员会”还组织各专业的专家、教授对所征集的教材进行评选，对所列选教材进行审定。

此次精品规划教材按照教育部制定的“高职高专教育基础课程教学基本要求”而编写。此次规划教材按照突出应用性、针对性和实践性的原则编写，并重组系列课程教材结构，力求反映高职高专课程和教学内容体系改革方向；反映当前教学的新内容，突出基础理论知识的应用和实践技能的培养；在兼顾理论和实践内容的同时，避免“全”而“深”的面面俱到，基础理论以应用为目的，以必需、够用为尺度；尽量体现新知识和新方法，以利于学生综合素质的形成和科学思维方式与创新能力的培养。

此外，为了使规划教材更具广泛性、科学性、先进性和代表性，我们真心希望全国从事高职高专教育的院校能够积极参加到“教材研究与编审委员会”中来，推荐有特色的、有创新的教材。同时，希望将教学实践的意见和建议，及时反馈给我们，以便对出版的教材不断修订、完善，不断提高教材质量，完善教材体系，为社会奉献更多更新的与高职高专教育配套的高质量教材。

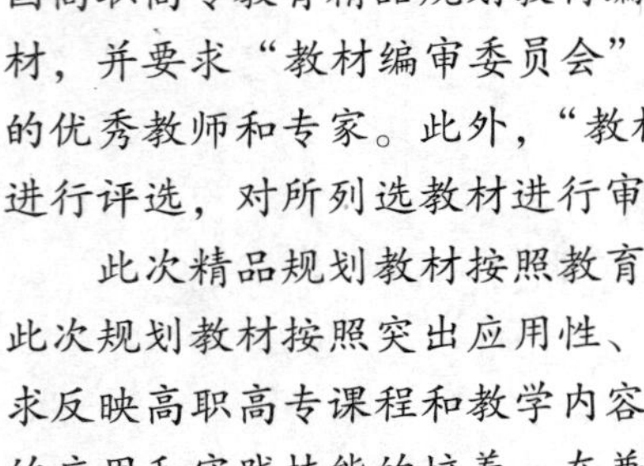

此次所有精品规划教材由全国重点大学出版社——北京交通大学出版社出版。适应于各类高等专科学校、成人高等学校、高等职业学校及高等院校主办的二级技术学院使用。

全国高职高专教育精品规划教材研究与编审委员会

2019 年 1 月

总 序

历史的年轮已经跨入了公元2019年，我国高等教育的规模已经是世界之最，2017年毛入学率达到45.7%，属于高等教育大众化教育的阶段。根据教育部2006年第16号《教育部关于全面提高高等职业教育教学质量的若干意见》等文件精神，高职高专院校要积极构建与生产劳动和社会实践相结合的学习模式，把工学结合作为高等职业教育人才培养模式改革的重要切入点，带动专业调整与建设，引导课程设置、教学内容和教学方法改革。由此，高职高专教学改革进入了一个崭新阶段。

新设高职类型的院校是一种新型的专科教育模式，高职高专院校培养的人才应当是应用型、操作型人才，是高级蓝领。新型的教育模式需要我们改变原有的教育模式和教育方法，改变没有相应的专用教材和相应的新型师资力量的现状。

为了使高职院校的办学有特色，毕业生有专长，需要建立“以就业为导向”的新型人才培养模式。为了达到这样的目标，我们提出“以就业为导向，要从教材差异化开始”的改革思路，打破高职高专院校使用教材的统一性，根据各高职高专院校专业和生源的差异性，因材施教。从高职高专教学最基本的基础课程，到各个专业的专业课程，着重编写出实用、适用高职高专不同类型人才培养的教材，同时根据院校所在地经济条件的不同和学生兴趣的差异，编写出形式活泼、授课方式灵活、引领社会需求的教材。

培养的差异性是高等教育进入大众化教育阶段的客观规律，也是高等教育发展与社会发展相适应的必然结果。也只有使在校学生接受差异性的教育，才能充分调动学生浓厚的学习兴趣，才能保证不同层次的学生掌握不同的技能专长，避免毕业生被用人单位打上“批量产品”的标签。只有高等学校的培养有差异性，其毕业生才能有特色，才会在就业市场具有竞争力，从而使高职高专的就业率大幅度提高。

北京交通大学出版社出版的这套高职高专教材，是在教育部所倡导的“创新独特”四字方针下产生的。教材本身融入了很多较新的理念，出现了一批独具匠心的教材，其中，扬州环境资源职业技术学院的李德才教授所编写的《分层数学》，教材立意很新，独具一格，提出以生源的质量决定教授数学课程的层次和级别。还有无锡南洋职业技术学院的杨鑫教授编写的一套《经营学概论》系列教材，将管理学、经济学等不同学科知识融为一体，具有很强的实用性。

此套系列教材是由长期工作在第一线、具有丰富教学经验的老师编写的，具有很好的指导作用，达到了我们所提倡的“以就业为导向培养高职高专学生”和因材施教的目标要求。

教育部全国高等学校学生信息咨询与就业指导中心择业指导处处长
中国高等教育学会毕业生就业指导分会秘书长
曹　殊　研究员

前　　言

针对“高职高专教育机械制造类专业人才培养目标”的要求，本书以职业岗位能力培养为目标，以项目引领，以岗位需求和职业能力为核心，以工作过程为导向，以技术理论知识为背景，适应“教、学、做”合一的教学模式改革。

本书为全国高职高专教育精品规划教材，是根据教育部制定的《高职高专教育机械基础课程教学基本要求》的规定，由具有多年教学实践经验的教师和长期工作在企业生产一线的工程技术人员合作编写而成。本书在知识的架构上，设计以工作过程为导向具有工学结合的课程体系，具有明显的“职业”特色，将工作环境与学习环境有机地结合在一起。每一个项目首先以工作任务进行引入，然后介绍与工作任务相关的基础知识，最后进行任务实施，有利于帮助学生掌握知识，提高解决生产实际问题的能力。为便于学生自学和巩固所学内容，各项目均有相关理论知识和实践技能训练的习题。

本书由徐州工业职业技术学院的许大华、黎少辉任主编，徐州工业职业技术学院的顾广辉、王正山、李建松任副主编，具体分工如下：许大华编写项目七、八、十一，黎少辉编写任务二、三、九，顾广辉编写项目一、四、十，王正山编写项目六、十二，李建松编写项目五，徐州华东机械厂的张振兴提供了部分实例。全书由徐州工业职业技术学院的李荣兵主审。

在本书的编写过程中，徐州矿务集团机械厂副总工程师花彩华、徐州工业职业技术学院副教授唐昌松、史书林对本书的编写提出了许多宝贵的意见和建议，高寒、张意昕等同学帮忙绘制了部分图样，在此对这些所有给予我们帮助的人员表示衷心的感谢！另外，在编写过程中我们还参考了许多文献资料，在此也对这些文献资料的作者表示衷心的感谢！

由于编者水平所限，书中难免有不足之处，敬请广大读者批评指正，以便修订时改进。如读者在使用本书的过程中有其他意见或建议，请与编者（xdh369@126.com）联系。

编　者

2019 年 1 月

目　录

项目一

简单液压传动系统工作原理分析

【项目描述】分析简单液压传动系统的工作原理。

【技能目标】能根据液压传动系统图分析简单液压传动系统的工作原理。

【知识目标】掌握液压传动系统的组成；理解液压传动与液力传动的区别；了解液压传动的应用与发展方向。

任务一　液压千斤顶工作原理分析

任务描述

根据图 1－1 所示分析液压千斤顶工作原理。

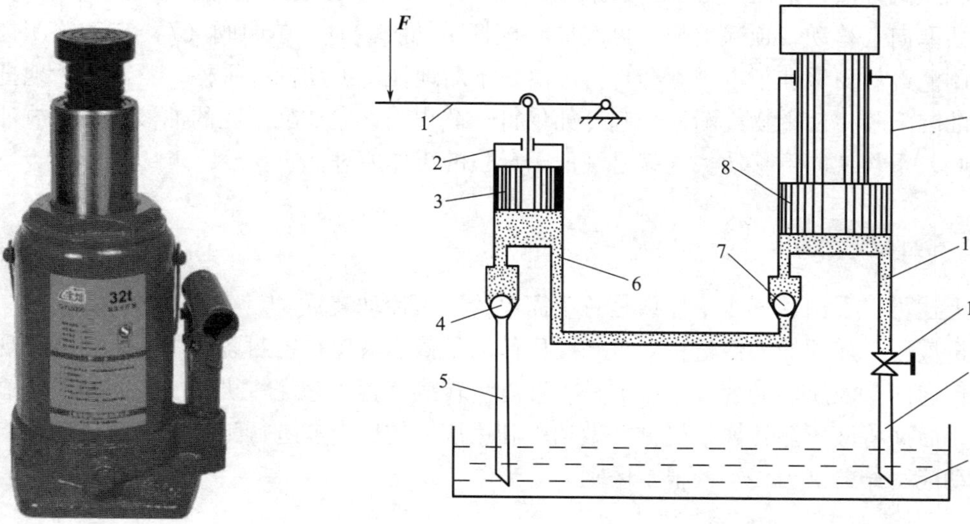

(a)实物图　　(b)工作原理图

图 1－1　液压千斤顶工作原理图

1—杠杆手柄；2—小油缸；3—小活塞；4、7—单向阀；5—吸油管；
6、10—管道；8—大活塞；9—大油缸；11—截止阀；12—放油管；13—储油腔

任务分析

图1－1所示是液压千斤顶工作原理图，根据所了解的液压传动方面的知识，分析其工作原理。

相关知识

液压传动是利用有压的液体（油、合成液体、水等）经由一些元件控制之后来传递运动和动力的一种传动形式。液压传动与单纯的机械传动、电气传动和气压传动相比，具有许多自己独有的优点，所以在机械设备中，液压传动是被广泛采用的传动之一。特别是近年来，液压与微电子、计算机技术相结合，使液压技术的发展进入了一个新的阶段，成为发展速度最快的技术之一。

液压千斤顶又称油压千斤顶，是一种采用柱塞或液压缸作为刚性顶举件的千斤顶。其构造简单、重量轻、便于携带，移动方便。工作时，往复扳动杠杆手柄会不断向油缸内压油，由于油缸内油压的不断增高，就迫使活塞及活塞上面的重物一起向上运动。打开截止阀，油缸内的高压油便流回储油腔，于是重物与活塞也就一起下落。

任务实施

根据图1－1所示液压千斤顶的工作原理图，分析如下。

大油缸和大活塞组成举升液压缸。杠杆手柄、小油缸、小活塞、单向阀组成手动液压泵。当提起杠杆手柄使小活塞向上移动时，小活塞下端油腔容积增大，形成局部真空，这时单向阀（4）打开，通过吸油管从储的腔中吸油；当用力压下杠杆手柄时，小活塞下移，小活塞下腔压力升高，单向阀（4）关闭，单向阀（7）打开，油液经管道输入大油缸的下腔，迫使大活塞向上移动，顶起重物；再次提起杠杆手柄吸油时，单向阀（7）自动关闭，使油液不能倒流，从而保证了重物不会自行下落。不断地往返扳动杠杆手柄，就能不断地把油液压入大油缸下腔，使重物逐渐地升起。如果打开截止阀，大油缸下腔的油液会通过放油管流回储油腔，重物就向下移动。这就是液压千斤顶的工作原理。

归纳总结

从上述可以看出，液压千斤顶是一个简单的液压传动装置。

分析液压千斤顶的工作过程，可知液压传动是依靠液体在密封容积中的压力能实现运动和动力传递的。液压传动装置本质上是一种能量转换装置，它先将机械能转换为便于输送的液压能，后又将液压能转换为机械能做功。利用液体的压力能进行工作，是液压传动与利用液体的动能工作的液力传动的根本区别。

任务二　磨床工作台液压传动系统工作原理分析

任务描述

根据图 1－2 所示分析磨床工作台液压传动系统工作原理。

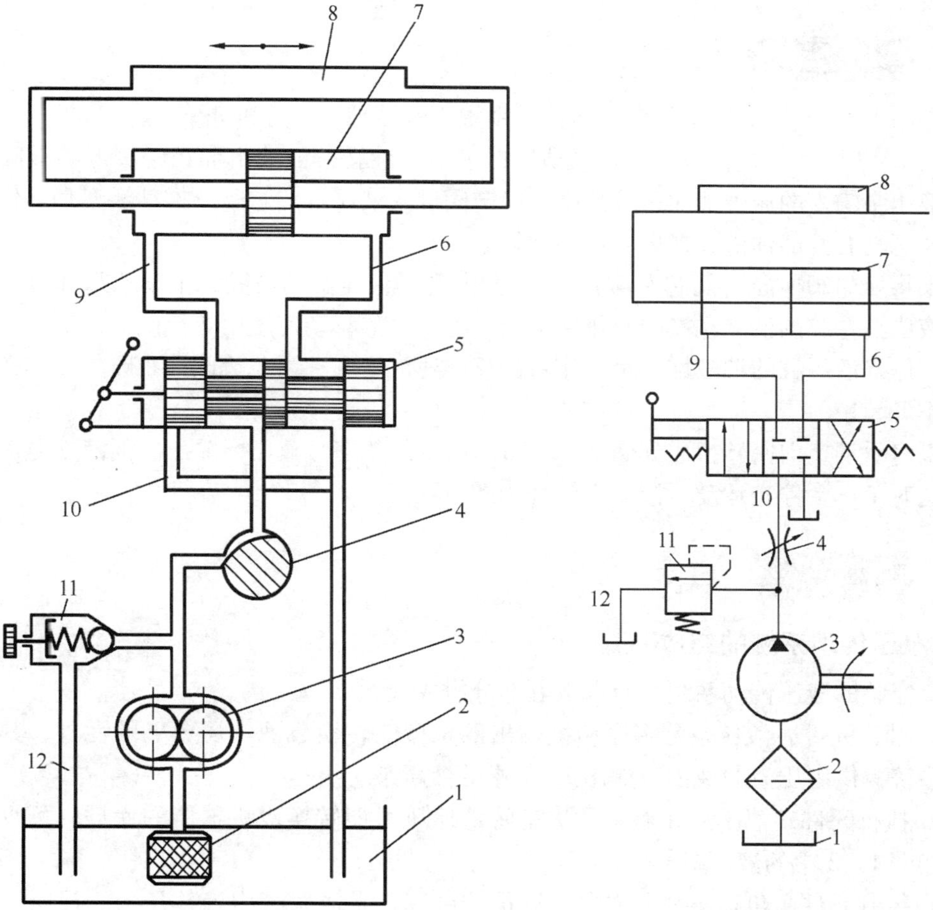

（a）机床工作台液压系统半结构图　　（b）机床工作台液压系统符号图

图 1－2　磨床工作台液压传动系统工作原理图

1—油箱；2—过滤器；3—液压泵；4—节流阀；5—换向阀；
6、9、10、12—管道；7—液压缸；8—工作台；11—溢流阀

任务分析

图 1－2 所示是磨床工作台液压传动系统工作原理图，根据其分析工作原理，并思考磨床工作台是如何实现往复直线运动的。

相关知识

图 1－2 所示为磨床工作台液压传动系统工作原理图，各元件是用半结构式图形画出来的，这种图形直观性强，较易理解，但难以绘制，系统中元件数量多时更是如此。因此在工程实际中，一般都用简单的图形符号绘制液压传动系统工作原理图，如图 1－2（b）所示，国家标准 GB/T 786.1—2009 规定了各元件的图形符号，这些符号只表示元件的功能，不能表示元件的结构和参数。

任务实施

根据图 1－2 所示磨床工作台液压传动系统工作原理图，分析如下。

在图 1－2 所示位置，液压泵在电动机的带动下旋转，油液由油箱经过滤器被吸入液压泵，由液压泵输入的压力油通过节流阀、换向阀进入液压缸的左腔，推动活塞和工作台向右移动，液压缸右腔的油液经换向阀排回油箱。

如果将换向阀换向（阀芯左移），则压力油进入液压缸的右腔，推动活塞和工作台向左移动，液压缸左腔的油液经换向阀排回油箱。工作台的移动速度由节流阀来调节。当节流阀开大时，进入液压缸的油液增多，工作台的移动速度增大；当节流阀关小时，工作台的移动速度减小。

如果将手动换向阀转换成如图 1－2（b）所示的状态，液压泵输出的油液由溢流阀流回油箱，这时工作台停止运动，液压系统处于卸荷状态。

归纳总结

1. 液压传动系统的组成

一个完整的液压传动系统，有以下五部分组成。

（1）动力元件，液压泵是将原动机输出的机械能转换成液体压力能的元件，其作用是向液压系统提供有压力的液体，如图 1－2 中的液压泵。

（2）执行元件，液压缸和液压马达是将液体压力能转换成机械能的元件，可克服负载做功，如图 1－2 中的液压缸。

（3）控制元件，包括压力、方向、流量控制阀，是对系统中液体压力、流量、方向进行控制和调节的元件，如图 1－2 中的换向阀。

（4）辅助元件，起连接、储油、过滤、储存压力能和测量液体压力等作用，如管道、管接头、油箱、滤油器和压力表等，如图 1－2 中的油箱。

（5）工作介质，即传动液体，通常称为液压油。绝大多数液压油采用矿物油，系统用它来传递能量，同时还可以起润滑、冷却和防锈作用。

2. 液压传动的优缺点

液压传动之所以得到如此迅速的发展和广泛的应用是由于它具有如下一些优点。

（1）在相同功率的情况下，体积小、重量轻、结构紧凑，从而惯性小，可快速启动和频繁换向，并且能传递较大的力和转矩。

（2）传递运动均匀平衡、方便可靠，负载变化时速度较稳定。

（3）能在大范围内实现无级调速（调速范围最大可达1:2000），而且调速性能好。

（4）操纵、控制调节比较方便、省力，便于实现自动化，尤其和电气控制结合起来，能实现复杂的顺序动作和远程控制。

（5）液压装置易于实现过载保护，而且工作介质能使零件实现自润滑，故使用寿命长。

（6）液压元件已实现标准化、系列化和通用化，便于设计和选用，液压元件的布置更为方便，成本较低。

（7）用液压传动实现直线运动一般比机械传动简单。

液压传动同时存在以下一些缺点。

（1）液体的泄漏和可压缩性会影响执行元件运动的准确性，故无法保证严格的传动比。

（2）液压传动对工作介质的温度变化比较敏感，其工作稳定性很容易受到温度的影响，因此它不宜在很高或很低的温度下工作。

（3）能量损失较大（摩擦损失、泄漏损失、节流和溢流损失等），故传动效率不高，不宜做远距离传动。

（4）液压元件在制造精度上的要求较高，因此整个系统的造价较高，使用和维护也比较严格。

（5）液压系统的故障原因有时不易查明。

（6）液压系统或液压元件的噪声比较大。

4. 液压传动的应用和发展

自从英国1795年制成了第一台水压机开始，液压传动技术已有两三百年的历史。20世纪30年代前后一些国家生产出液压元件，开始应用于铣床、磨床和拉床上。目前在工业生产的各个部门都应用有液压与气压传动技术。

我国的液压工业开始于20世纪50年代，其产品最初应用于机床和锻压设备，后来又用于拖拉机和工程机械。随着原子能科学、空间技术、计算机技术的发展，液压技术也得到了很大发展。当前，液压技术正向高压、高速、大功率、高效、低噪声、高性能、高度集成化、模块化、智能化的方向发展，同时，新型液压元件的应用、液压系统的计算机辅助设计、机电一体化技术、可靠性设计、绿色设计与制造技术和污染控制技术等也是当前液压传动及控制技术发展和研究的方向。

思考与练习题

1. 何为液压传动？其基本工作原理是什么？
2. 液压元件在系统图中是如何表示的？
3. 液压系统由哪几部分组成？各起什么作用？
4. 液压传动与机械传动、电气传动和气压传动相比，有哪些优缺点？

项目二

流体力学特性分析

【项目描述】依据液体静力学与动力学理论证明流量计的工作原理。

【技能目标】能够利用液体静力学与动力学理论对相关流体问题分析、求解。

【知识目标】了解液体静力学与动力学理论；掌握液体静力学与动力学理论的实际应用方法。

任务一　流量计工作原理推导

任务描述

如图 2 - 1 所示，液体在管道内作连续流动，截面 1—1 和 2—2 处的通流面积分别为 A_1 和 A_2，在两截面处接一 U 形水银测压计，其读数差为 h，液体密度为 ρ，水银的密度为 ρ'，若不考虑管路内能量损失，试问：①截面 1—1 和 2—2 哪一处压力高？为什么？②通过管路的流量 q 为多少？

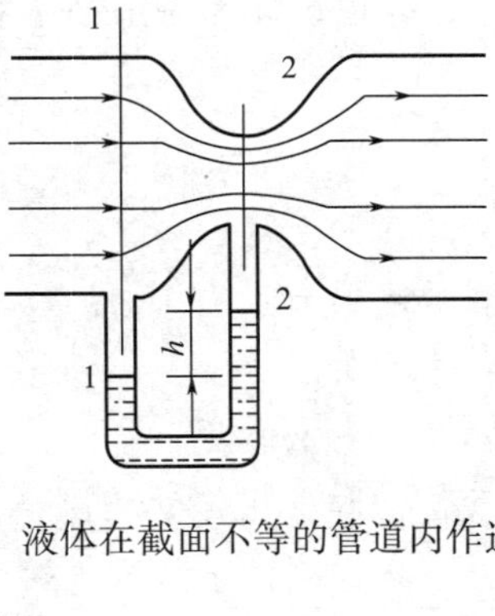

图 2 - 1　液体在截面不等的管道内作连续流动

任务分析

流量计的工作原理是根据液体能量守恒推导的，是测量液压系统管路液体流量的常用工具，了解流量计的工作原理，有助于流量计正确使用以及相关理论的学习。

相关知识

1. 液体静力学

液体静力学是研究液体处于静止状态下的力学规律，也就是说液体的黏性在液体静力学问题中不被考虑。

1）液体静压力的性质和单位

作用在液体上的力有两种，即质量力和表面力。

质量力是作用于液体内部任何一个质点上的力，与质量成正比，由加速度引起，如重力、惯性力、离心力等。

表面力是作用在所研究液体的外表面上的力，与所受液体作用的表面积成正比，单位面积上作用的表面力称为应力。表面力可分为两种，即法向表面力和切向表面力。切向表面力与液体表面相切，液体黏性引起的内摩擦力即为切向表面力。静止液体质点间没有相对运动，不存在摩擦力，所以静止液体没有切向表面力。法向表面力总是指向液体表面的内法线方向作用，即压力。

静止液体单位面积上所受的法向力称为静压力。静压力在液体传动中简称压力，在物理学中称为压强，本书以后只用“压力”一词。静止液体中某点处微小面积 ΔA 上作用有法线力 ΔF，则该点的压力定义为

$$p = \lim_{\Delta A \to 0} \frac{\Delta F}{\Delta A} \tag{2-1}$$

若法向作用力 F 均匀地作用在面积 ΔA 上，则压力可表示为

$$p = \frac{F}{A} \tag{2-2}$$

压力的国际单位制单位为帕（Pa）。

液体静压力有以下几个重要特性。

（1）液体静压力的作用方向始终指向作用面的内法线方向。由于液体质点间内聚力很小，液体不能受拉只能受压。

（2）静止液体中，任何一点所受到各个方向的液体静压力都相等。如果在液体中某点受到各个方向的压力不等，那么液体就要运动，这就破坏了静止的条件。

（3）在密封容器内，施加于静止液体上的压力将以等值传递到液体中所有各点，这就是帕斯卡原理，或静压传递原理。

2）液体压力的表示方法

压力根据度量基准的不同有两种表示方法：以绝对真空度为基准所表示的压力，称为绝对压力；以大气压力为基准所表示的压力，称为相对压力。

绝大多数测压仪表，因其外部均受大气压力作用，大气压力并不能使仪表指针回转，即

在大气压力下指针指在零点，所以仪表指示的压力是相对压力或表压力（指示压力），即高于大气压力的那部分压力。在液压传动中，如不特别指明，所提到的压力均为相对压力。

如果某点的绝对压力比大气压力低，就说明该点具有真空，那么该点的绝对压力比大气压力小的那部分压力值称为真空度。绝对压力总是正的，相对压力可正可负，负的相对压力数值部分就是真空度。它们的关系如图 2－2 所示，用式子表示为

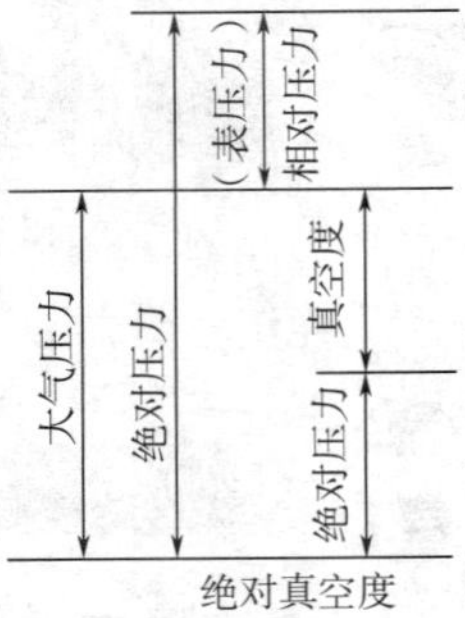

图 2－2　相对压力与绝对压力间的关系

$$绝对压力 = 相对压力（表压力）+ 大气压力 \tag{2-3}$$

$$真空度 = |大气压力 - 绝对压力| \tag{2-4}$$

3）*静压力方程及其物理本质*

在一容器中放着连续均质绝对静止的液体，上表面受到压力 p_0 的作用。在液体中取出一个高为 h，上表面与自由液面相重合，上下底面积均为 ΔA 的垂直微圆柱体作为研究对象，如图 2－3 所示。这个柱体除了在上表面受到压力 p_0 作用，下底面上受到 p 作用，侧面受到垂直于液柱侧面大小相等、方向相反的液体静压力外，还有作用于液柱重心上的重力 G，若液体的密度为 ρ，则 $G = \rho gh\Delta A$。

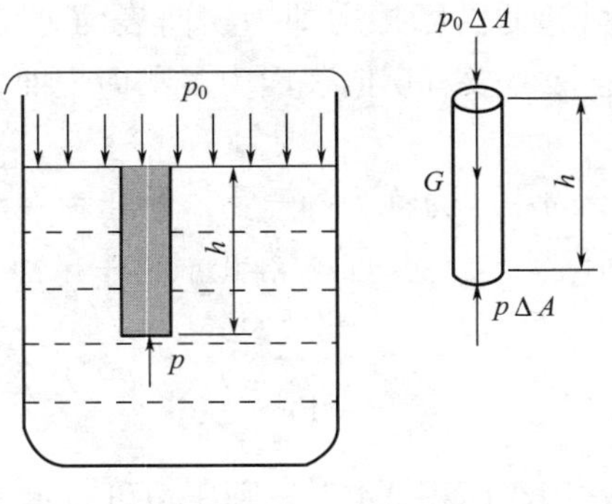

图 2－3　重力作用下的静止液体

该微圆柱在重力及周围液体的压力作用下处于平衡状态，其在垂直方向上的力平衡方程式为

$$p\Delta A = p_0\Delta A + \rho gh\Delta A \tag{2-5}$$

上式化简后得

$$p = p_0 + \rho gh \tag{2-6}$$

如上表面受到大气压力 p_a 作用，则

$$p = p_a + \rho gh \tag{2-7}$$

式（2－6）即为静压力基本方程。

从式（2－6）可以看出：静止液体在自重作用下任何一点的压力随着液体深度呈线性规律递增。液体中压力相等的液面叫等压面，静止液体的等压面是一水平面。

当不计自重时，液体静压力可认为是处处相等的。在一般情况下，液体自重产生的压力与液体传递压力相比要小得多，所以在液压传动中常常忽略不计。

如图2－4所示，将盛有液体的容器放在基准面上，则B点的静压力基本方程可写成

$$p = p_0 + \rho g h = p_0 + \rho g(z_0 - z) \qquad (2-8)$$

式中：z_0——液面与基准水平面之间的距离；

z——B点与基准水平面之间的距离。

式（2－8）整理后可得

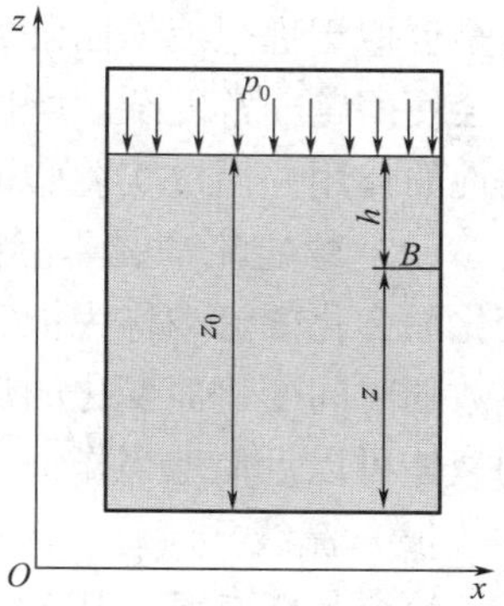

图2－4　静压力方程的物理本质

$$z + \frac{p}{\rho g} = z_0 + \frac{p_0}{\rho g} = 常数 \qquad (2-9)$$

式（2－9）是液体静压力方程的另一种表示形式，式中z表示单位质量液体的位能，常称为位置水头；$p/(\rho g)$表示单位重力液体的压力能，常称为压力水头。所以静压力基本方程的物理本质为：静止液体内任何一点具有位能和压力能两种能量形式，且其总和在任意位置保持不变，但两种能量形式之间可以互相转换。

4）*液体静压力对固体壁面的作用力*

静止液体与固体壁面接触时，固体壁面将受到由静止液体的静压力所产生的作用力。要计算这个作用力的大小，须分以下两种情况考虑（不计重力作用，即忽略ρgh项）。

（1）当固体壁面为平面时，作用在该平面上的静压力大小相等，方向垂直于该平面，故作用在该平面上的总力F等于液压力p与承压面积A的乘积，即

$$F = pA \qquad (2-10)$$

（2）当固体壁面是曲面时，由于作用在曲面上各点的压力的作用线彼此不平行，所以求作用总力时要说明是沿哪一方向，对于任何曲面通过证明（略）可以得到如下结论：静压力在曲面某一方向上的总力F_x等于压力p与曲面在该方向投影面积A_x的乘积，即

$$F_x = pA_x \qquad (2-11)$$

2. 液体动力学

液体动力学主要讨论液体在流动时的运动规律、能量转换和流动液体对固体壁面作用力等问题。重点研究三个基本方程：连续性方程、伯努利方程（能量方程）、动量方程。

在液体的动力学研究中，由于重力、惯性力、黏性摩擦力的影响，液体中不同质点的运动状态是变化的，同一质点的运动状态也随时间、空间的不同而不同。但在液压与气压传动中，研究的是整个液体在空间某特定点处或特定区域内的平均运动情况。另外，液体流动的状态还与液体的温度、黏度等参数有关。为了便于分析，往往简化条件，假定温度为常量以及不考虑惯性力、黏性摩擦力的影响。

先来了解一些基本概念。

（1）理想液体。既无黏性又不可压缩的假想液体称为理想液体。

实际生活中，理想液体是不存在的，任何液体都有黏性，即使某些液体黏性很小，但也

只是近似于理想液体而已。由于液体运动的复杂性，如果一开始就把所有因素都考虑在内，就会使问题非常复杂。所以为了使问题简化，在研究中往往假设液体没有黏性，之后再考虑黏性的作用并通过实验验证等办法对理想化的结论进行补充或修正。

（2）恒定流动、非恒定流动。液体中任何一点的压力、速度、密度等参数都不随时间变化而变化的流动称为恒定流动；液体中任何一点的压力、速度、密度等参数中只要有一个参数随时间变化而变化的流动称为非恒定流动。非恒定流动研究比较复杂，有些非恒定流动的液体可以近似地当作恒定流动来考虑。

（3）流线、流管、流束、通流截面。

流线是指在某一瞬时液流中一条条标志其各处质点运动状态的曲线。在流线上各点处的瞬时液流方向与该点的切线方向重合，在恒定流动状态下流线的形状不随时间而变化。对于非恒定流动来说，由于液流通过空间点的速度随时间而变化，因而流线形状也随时间变化而变化。液体中的某个质点在同一时刻只能有一个速度，所以流线不能相交，不能转折，但可相切，是一条条光滑的曲线，如图 2－5（a）所示。

在流体的流动空间划出一任意封闭曲线，此封闭曲线本身不是流线，则经过该封闭曲线上每一点作流线，这些流线组合成一表面，就称为流管，如图 2－5（b）所示。

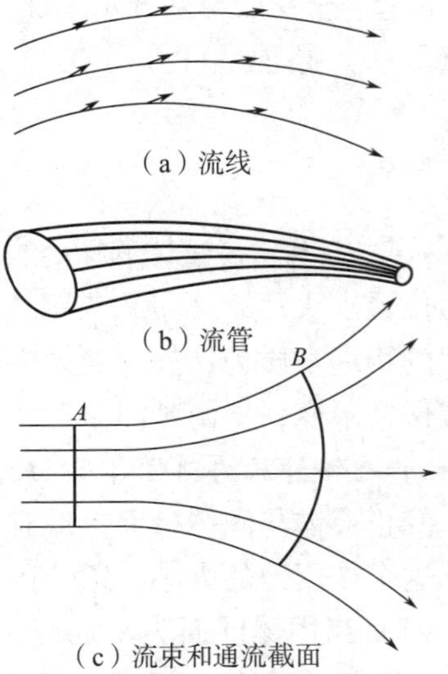

（a）流线

（b）流管

（c）流束和通流截面

图 2－5　流线、流管、流束和通流截面

流管内的流线群称为流束，如图 2－5（c）所示。流管是流束的几何外形。根据流线不会相交的性质，流线不能穿越流管表面，所以流管与真实管道相似，在恒定流动时流管与真实管道一样。如果将流管的断面无限缩小趋近于零，就获得微小流管或流束。微小流束截面上各点处的流速可以认为是相等的。

流束中与所有流线垂直的横截面称为通流截面，可能是平面或曲面，如图 2－5（c）所示。

1）连续性方程

在液压传动中，一般把单位时间内流过某通流截面的液体体积称为流量，常用 q 表示，即

$$q = \frac{V}{t} \tag{2-12}$$

式中：q——流量，在液压传动中流量常用单位 m^3/s 或 L/min；

V——液体的体积；

t——流过液体体积 V 所需的时间。

由于实际液体具有黏度，液体在某一通流截面流动时截面上各点的流速可能是不相等的。比如液体在管道内流动时，管壁处的流速为零，管道中心处流速最大。对微小流束而言，其通流截面 dA 很小，可以认为在此截面上流速是均匀的。如每点的流速均等于 u，则

通过其截面上的流量为

$$dq = u dA \tag{2-13}$$

通过整个通流截面 A 的总流量为

$$q = \int_A u dA \tag{2-14}$$

即使在稳定流动时，同一通流截面内不同点处的流速大小也可能是不同的，并且在截面内的分布规律并非都是已知的，所以按式（2-14）来求流量 q 就有很大困难。为方便起见，在液压传动中用平均流速 v 来求流量，并且认为平均流速流过通流截面 A 的流量与以实际流速流过通流截面 A 的流量相等，即

$$q = \int_A u dA = vA \tag{2-15}$$

所以

$$v = \frac{q}{A} \tag{2-16}$$

设一流束的两端通流截面积为 A_1、A_2，如图2-6所示，通过这两个截面的流速和密度分别为 v_1、ρ_1 和 v_2、ρ_2，在 dt 时间内经过这两个通流截面的液体质量为 $\rho_1 v_1 A_1 dt$ 和 $\rho_2 v_2 A_2 dt$。考虑到：

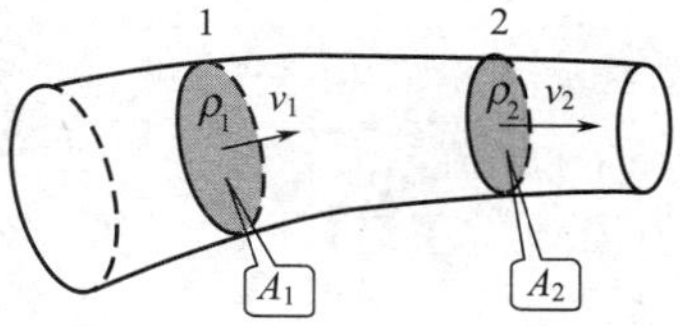

图2-6 连续性方程推导简图

（1）液流是恒定流动，所以流束形状将不随时间变化；

（2）不可能有液体经过流束的侧面流入或流出；

（3）假设液体是不可压缩的，即 $\rho_1 = \rho_2 = \rho$，并且在液体内部不形成空隙。

所以，根据质量守恒定律，有

$$\rho_1 v_1 A_1 dt = \rho_2 v_2 A_2 dt$$

因为 $\rho_1 = \rho_2$，故上式简化为

$$v_1 A_1 = v_2 A_2 \tag{2-17}$$

则

$$q_1 = q_2 \tag{2-18}$$

式中：q_1、q_2——液体流经通流截面 A_1、A_2 的流量；

v_1、v_2——液体在通流截面 A_1、A_2 上的平均速度。

因为两通流截面的选取是任意的，故有

$$q = Av = \text{常数} \tag{2-19}$$

这就是液流的流量连续性方程，是质量守恒定律的另一种表示形式。这个方程式表明，不管平均流速和液流通流截面面积沿着流程怎样变化，流过不同截面的液体流量仍然相同。

2）伯努利方程

由于在液压传动系统中是利用有压力的流动液体来传递能量的，故伯努利方程也称为

能量方程，它实际上是流动液体的能量守恒定律。由于流动液体的能量问题比较复杂，为了理论上研究方便，把液体看作理想液体处理，然后再进行修正，得出实际液体的能量方程。

（1）理想液体伯努利方程。只受重力作用下的理想液体作恒定流动时具有压力能、位能和动能三种能量形式，在任一截面上这三种能量形式之间可以互相转换，但这三种能量在任意截面上的形式之和为一定值，即能量守恒。将 z 称为比位能，$\frac{p}{\rho g}$ 称为比压能，$\frac{v^2}{2g}$ 称为比动能。则可列出理想液体伯努利方程为

$$\frac{p_1}{\rho g}+z_1+\frac{v_1^2}{2g}=\frac{p_2}{\rho g}+z_2+\frac{v_2^2}{2g} \tag{2-20}$$

现以简单的功能转换关系来导出这一方程。如图 2－7 所示，设想液体做恒定流动，任取一段液体 ab 作为研究对象，设 a、b 两断面中心到基准面 $O—O$ 的高度分别为 h_1 和 h_2，通流截面面积分别为 A_1 和 A_2，压力分别为 p_1 和 p_2，由于是理想液体，断面上的流速可以认为是均匀分布的，故设 a、b 断面的流速分别为 v_1 和 v_2。设经过很短的时间 Δt 以后，ab 段液体移动到 $a'b'$，现分析该段液体的功能变化。

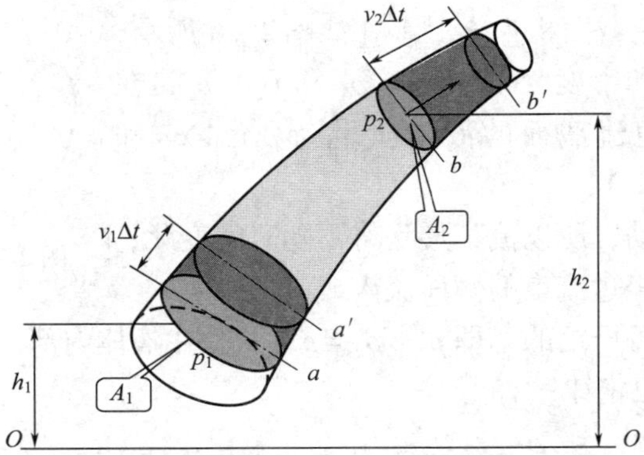

图 2－7　理想液体伯努利方程推导简图

① 外力所做的功。作用在该段液体上的外力有侧面和两端的压力，因理想液体无黏性，侧面压力不能产生摩擦力做功，故外力的功仅是两端面压力所做功的代数和，即

$$W=p_1A_1v_1\Delta t-p_2A_2v_2\Delta t$$

由连续性方程

$$A_1v_1=A_2v_2=q$$

故有

$$W=(p_1-p_2)\Delta V$$

② 液体机械能的变化。由于是理想液体做恒定流动，该段液体的力学参数在经过时间 Δt 后并未发生变化，故该段液体的能量没有增减。液体的机械能的变化仅表现在 aa' 和 bb' 两小段。由于前后两小段液体质量相同，即

$$\Delta m = \rho_1 v_1 A_1 \Delta t = \rho_2 v_2 A_2 \Delta t$$

所以两端液体的位能差和动能差分别为

$$\Delta E_{\mathrm{p}} = pg\Delta q\Delta t(h_2 - h_1) = pg\Delta V(h_2 - h_1)$$

$$\Delta E_{\mathrm{k}} = \frac{1}{2}\rho q\Delta t(v_2^2 - v_1^2) = \frac{1}{2}\rho\Delta V(v_2^2 - v_1^2)$$

根据能量守恒定律，外力对液体所做的功等于该液体能量的变化 $W = \Delta E_{\mathrm{p}} + \Delta E_{\mathrm{k}}$，即

$$(p_1 - p_2)\Delta V = \rho g\Delta V(h_2 - h_1) + \frac{1}{2}\rho\Delta V(v_2^2 - v_1^2)$$

将上式两边分别除以 ΔV，整理后即可得理想液体伯努利方程。

（2）实际液体的伯努利方程。实际液体流动时，要克服由于黏性所产生的摩擦阻力，存在能量损失，所以当液体沿着流束流动时，液体的总能量在不断减少，就需要用单位质量液体所消耗的能量 h_{w} 对理想液体的伯努利方程进行修正。

此外，由于液体的黏性和液体与管壁之间的附着力的影响，当实际液体沿着管道壁流动时，接触管壁一层的流速为零；随着距管壁的距离增大，流速也逐渐增大，到管道中心达到最大流速，其实际流速为抛物线分布规律。假设用平均流速动能来代替真实流速的动能计算，将引起一定的误差。可以用动能修正系数 α 来纠正这一偏差。α 为截面上单位时间内流过液体所具有的实际动能与按截面上平均流速计算的动能之比（层流时 $\alpha = 2$，紊流时 $\alpha = 1$）。

实际液体作恒定流动时的能量方程为

$$\frac{p_1}{\rho g} + z_1 = \frac{1}{2g}\alpha_1 v_1^2 = \frac{p_2}{\rho g} + z_2 + \frac{1}{2g}\alpha_2 v_2^2 + h_{\mathrm{w}} \tag{2-21}$$

式中：α——动能修正系数；

h_{w}——单位质量液体所消耗的能量。

应用伯努利方程时必须注意以下两个问题。

① 断面 a、b 需顺流向选取（否则 h_{w} 为负值），且应选在缓变的过流断面上。

② 断面中心在基准面以上时，h 取正值；反之取负值。通常选取特殊位置水平面作为基准面。

3）*动量方程*

流动液体的动量方程是研究液体动量变化与作用在液体上的外力之间的关系，它是动量定理在流体力学中的具体应用。

刚体动量定理为：作用在物体上的合力的大小应等于物体在力作用方向上的动量变化率。在计算流体的动量方程时，假设将通流截面上的平均速度来代替真实流速的动量计算，将会引起一定的误差，需采用动量修正系数 β 进行修正。动量修正系数 β 为实际动量与平均动量之比，则流体动量方程为

$$\sum \boldsymbol{F} = \rho q(\beta_2 \boldsymbol{v}_2 - \beta_1 \boldsymbol{v}_1) \tag{2-22}$$

任务实施

回到本任务的开头，解决图 2－1 所提出的问题。

解： ① 截面 1—1 处的压力比截面 2—2 处高。理由是：由伯努利方程的物理意义知道，在密闭管道中做稳定流动的理想液体的位能、动能和压力能之和是个常数，但互相之间可以转换，因管道水平放置，位置水头（位能）相等，所以各截面的动能与压力能互相转换。因截面 1—1 的面积大于截面 2—2 的面积，根据连续性方程可知，截面 1—1 的平均速度小于截面 2—2 的平均速度，所以截面 2—2 的动能大，压力能小，截面 1—1 的动能小，压力能大。

② 以截面 1—1 和 2—2 的中心为基准列伯努利方程。由于 $z_1 = z_2 = 0$，所以

$$\frac{p_1}{\rho g} + \frac{v_1^2}{2g} = \frac{p_2}{\rho g} + \frac{v_2^2}{2g}$$

根据连续性方程

$$A_1 v_1 = A_2 v_2 = q$$

U 形水银测压计内的压力平衡方程为

$$p_1 + \rho g h = p_2 + \rho' g h$$

将上述三个方程联立求解，则得

$$q = A_2 v_2 = \frac{A_2}{\sqrt{1 - \left(\frac{A_2}{A_1}\right)^2}} \sqrt{\frac{2}{\rho}(p_1 - p_2)} = \frac{A_2}{\sqrt{1 - \left(\frac{A_2}{A_1}\right)^2}} \sqrt{\frac{2g(\rho' - \rho)}{\rho} h} = k\sqrt{h}$$

式中 k 为流量计系数。

归纳总结

在不考虑液体能量损失的情况下，液体的势能、压力能、动能和是一定的，三者之间可以相互转换，即遵循能量守恒定律。

任务二　液压泵吸油口真空度计算

任务描述

如图 2－8 所示，液压泵的流量为 $q = 32$ L/min，吸油管通道 $D = 20$ mm，液压泵吸油口距离液面高度 $h = 500$ mm，液压泵的运动黏度 $\upsilon = 20 \times 10^{-6}$ m²/s，密度 $\rho = 900$ kg/m³。不计压力损失，求液压泵吸油口的真空度以及吸油的最大高度。

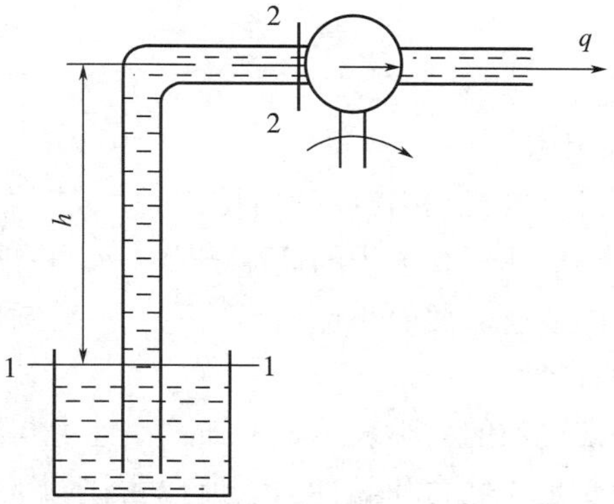

图 2－8　泵从油池中吸油

任务分析

掌握管道中液体流动特性及液体静力学、动力学与压力损失理论对液压泵吸油口真空度及吸油高度计算方法，为液压泵的正确选型奠定基础。

相关知识

19 世纪末，英国物理学家雷诺通过实验发现液体在管道中流动时，有两种完全不同的流动状态：层流和紊流。流动状态的不同直接影响液流的各种特性。

1. 液体的两种流态及雷诺数判断

层流：液体流动时，液体质点间没有横向运动，且不混杂，作线状或层状的流动。

紊流：液体流动时，液体质点有横向运动或产生小漩涡，作杂乱无章的运动。

液体的流动状态是层流还是紊流，可以通过无量纲值雷诺数 Re 来判断。实验证明，液体在圆管中的流动状态可用下式来表示

$$Re = \frac{vd}{\upsilon} \tag{2-23}$$

式中：v——液体在管道中的平均速度；

υ——液体的运动黏度；

d——管道内径。

在雷诺实验中发现，液体由层流转变为紊流和由紊流转变为层流时的雷诺数是不同的，前者比后者的雷诺数要大。在理论计算中，一般都用小的雷诺数作为判断流动状态的依据，称为临界雷诺数，计作 Re。当雷诺数小于临界雷诺数时，看作层流；反之，为紊流。

对于非圆截面的管道来说，雷诺数可表示为

$$Re = \frac{vd_k}{\upsilon} \tag{2-24}$$

式中：d_k——通流截面的水力直径，其值为

$$d_k = \frac{4A}{x}$$

式中：A——管道的通流截面积；

x——湿周，即流体与固体壁面相接触的周长。

水力直径的大小直接影响液体在管道中的通流能力。水力直径大，说明液体与管壁接触少，阻力小，通流能力大，即使通流截面小也不易堵塞。一般圆形管道的水力直径比其他同通流截面的不同形状的水力直径大。

雷诺数的物理意义：由雷诺数的数学表达式可知，惯性力与黏性力的无因次比值是雷诺数，而影响液体流动的力主要是惯性力和黏性力。所以雷诺数大就说明惯性力起主导作用，这样的液体流动呈紊流状态；若雷诺数小就说明黏性力起主导作用，这样的液体流动呈层流状态。

2. 沿程压力损失

实际液体是有黏性的，当液体流动时，这种黏性表现为阻力。要克服这个阻力，就必须消耗一定能量。这种能量消耗表现为压力损失。损耗的能量转变为热能，使液压系统温度升高，性能变差。因此在设计液压系统时，应尽量减少压力损失。

沿程压力损失，是指液体在直径不变的直管中流动时克服摩擦阻力的作用而产生的能量消耗。因为液体流动有层流和紊流两种状态，所以沿程压力损失也有层流沿程压力损失和紊流沿程压力损失两种。

1）层流沿程压力损失

在液压系统中，液体在管道中的流动速度相对比较低，所以圆管中的层流是液压传动中最常见的现象。在设计和使用液压系统时，希望管道中的液体保持这种状态。

如图 2－9 所示，有一直径为 D 的圆管，液体自左向右地作层流流动。在管内取出一段半径为 r，长为 l，中心与管道轴心相重合的小圆柱体，作用在其两端的压力为 p_1、p_2，作用在侧面上的内摩擦力为 F_f。由于在管道中每一同心圆上的流速相等，通流截面上自中心向管壁的流速不等，中心速度大，靠近管壁速度最小，所以小圆柱受力平衡方程式为

$$(p_1 - p_2)\pi r^2 = F_f$$

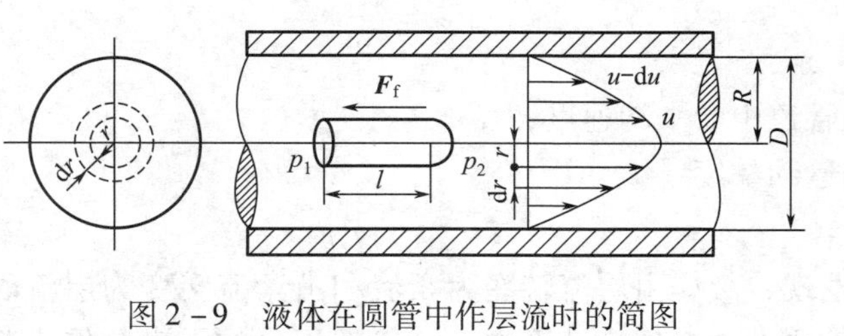

图 2－9　液体在圆管中作层流时的简图

内摩擦力 $F_f = \mu A \frac{du}{dr} = -\mu 2\pi r l \frac{du}{dr}$（因管道中流速 u 随 r 增大而减小，故$\frac{du}{dr}$为负值，为使 F_f 为正值，前面加一负号）。

令

$$\Delta p = p_1 - p_2$$

所以

$$\Delta p \pi r^2 = -2\pi r l \mu \frac{\mathrm{d}u}{\mathrm{d}r}$$

上式整理后可得

$$\mathrm{d}u = -\frac{\Delta p}{2\mu l} r\mathrm{d}r$$

对上式等号两边进行积分，并利用边界条件，当 $r=R$ 时，$u=0$，最后得

$$u = \frac{\Delta p}{4\mu l}(R^2 - r^2) \tag{2-25}$$

由式（2-25）可见，在通流截面中，流速相等的点至圆心的距离 r 相等，整个速度分布呈抛物面形状。当 $r=0$ 时，速度达到最大 $u_{\max} = \frac{\Delta p R^2}{4\mu l}$；当 $r=R$ 时，速度最小 $u_{\min}=0$。在半径为 r 的圆柱上取一微小圆环 $\mathrm{d}r$，此面积为 $\mathrm{d}A = 2\pi r\mathrm{d}r$，通过此圆环面积的流量为

$$\mathrm{d}q = u\mathrm{d}A = 2\pi u r\mathrm{d}r$$

对上式进行积分得

$$q = \int_0^R 2\pi u r\mathrm{d}r = \int 2\pi \frac{\Delta p}{4\mu l}(R^2 - r^2) r\mathrm{d}r = \frac{\pi R^4}{8\mu l}\Delta p = \frac{\pi D^4}{128\mu l}\Delta p$$

即

$$q = \frac{\pi D^4}{128\mu l}\Delta p \tag{2-26}$$

式（2-26）就是计算液体通过圆管层流时的流量公式，说明液体在作层流运动时，通过圆管中的流量与管道直径的 4 次方和两端的压差成正比，与动力黏度、管道长度成反比。也就是说，要使黏度为 μ 的液体在直径为 D、长度为 l 的圆管中以流量 q 流过，则其两端必须有 Δp 的压力降。

根据平均速度的定义，可求出通过圆管的平均速度为

$$v = \frac{q}{A} = \frac{1}{\pi R^2}\frac{\pi R^4}{8\mu l}\Delta p = \frac{R^2}{8\mu l}\Delta p = \frac{D^2}{32\mu l}\Delta p$$

v 与 $u_{\max}$ 比较可知，平均流速是最大流速的一半。

在式（2-26）中，$\Delta p = p_1 - p_2$ 就是液体通过直管时的压力损失，把式（2-26）进行变换可得

$$\Delta p = \frac{128\mu l}{\pi D^4} q \tag{2-27}$$

实际计算系统的压力损失时，为了与局部压力损失有相同的形式，常将式（2-27）进行改写，把 $\mu = \upsilon\rho$，$Re = \frac{vD}{\upsilon}$，$q = \frac{\pi D^2}{4}v$，代入式（2-27），并整理后得

$$\Delta p = \frac{64}{Re}\frac{l}{D}\frac{\rho v^2}{2} = \lambda\ \frac{l}{D}\frac{\rho v^2}{2} \tag{2-28}$$

式中：Δp——层流沿程损失，Pa；

ρ——液体的密度，kg/m^3；

Re——雷诺数；

v——液体流动的平均速度，m/s；

D——管子直径，m；

λ ——沿程阻力系数，理论值为$\lambda=\frac{64}{Re}$。

考虑到实际流动时存在截面不圆、温度变化等因素，试验证明液体在金属管道中流动时宜取$\lambda=\frac{75}{Re}$，在橡胶软管中流动时取$\lambda=\frac{80}{Re}$。另外，在实际计算压力损失时，注意单位统一，并且都用常用单位。式（2－28）也可用水头表示，即

$$h = \frac{\Delta p}{\rho g} = \lambda\ \frac{l}{D}\frac{v^2}{2g} \tag{2-29}$$

到此，前面提到过的动能修正系数和动量修正系数也可以求出，即层流时动能修正系数$\alpha=2$，动量修正系数$\beta=\frac{3}{4}$。

2）紊流沿程压力损失

紊流状态时液体质点除作轴向流动外，还有横向流动，引起质点之间的碰撞，并形成漩涡。因此液体作紊流运动时的能量损失比层流时大得多。紊流运动时液体的运动参数（压力p和流速u）随时间而变化，因而是一种非稳定流动。通过实验发现，其运动参数总是在某一平均值上下脉动。所以可用平均值来研究紊流，把紊流简化为稳定流动。

液体在直管中紊流流动时，其沿程压力损失的计算公式与层流时相同，但是式中的沿程阻力系数λ有所不同。由于紊流时管壁附近有一层层流边界层，它在Re较低时厚度较大，把管壁的表面精度掩盖住，使之不影响液体的流动，液体像流过一根光滑管一样（称为水力光滑管）。这时的λ仅和Re有关，即$\lambda=f(Re)$。当Re增大时，层流边界层厚度变薄，若一直薄到粗糙的管壁内表面突出在层流边界层之外（称为水力粗糙管）时，其对液体的压力就会产生影响。这时的λ将和Re以及管壁的相对表面粗糙度δ/D（δ为管壁的绝对表面粗糙度，D为管子内径）有关，即$\lambda=f(Re,\ \delta/D)$。当液体流速进一步加快，Re再进一步增大时，λ将仅与相对表面粗糙度δ/D有关，即$\lambda=f(\delta/D)$，这时就称管流进入了阻力平方区。

圆管的沿程阻力系数λ的计算公式如表2－1所示。

表 2-1 圆管的沿程阻力系数 λ 的计算公式

流动区域		雷诺数		λ 计算公式
层流		$Re<2\,320$		$\lambda=\frac{64}{Re}$（理论） $\lambda=\frac{74}{Re}$（金属管） $\lambda=\frac{80}{Re}$（橡胶管）
紊流	水力光滑管	$Re<22\left(\frac{D}{\delta}\right)^{\frac{8}{7}}$	$2\,320<Re<10^5$	$\lambda=0.316\,4Re^{-0.25}$
			$10^5\leqslant Re\leqslant 10^8$	$\lambda=0.308\ (0.842-\lg Re)^{-2}$
	水力粗糙管	$22\left(\frac{D}{\delta}\right)<Re\leqslant 597\left(\frac{D}{\delta}\right)^{\frac{9}{8}}$		$\lambda=\left[1.14-2\lg\left(\frac{\delta}{D}+\frac{21.25}{Re^{0.9}}\right)\right]^{-2}$
	阻力平方区	$Re>597\left(\frac{D}{\delta}\right)^{\frac{9}{8}}$		$\lambda=0.11\left(\frac{\delta}{D}\right)^{0.25}$

管壁内表面绝对表面粗糙度 δ 的值，在粗估时，钢管取 0.04 mm，铜管取 0.001 5 ~ 0.01 mm，铝管取 0.001 5 ~ 0.06 mm，橡胶软管取 0.03 mm，铸铁管取 0.25 mm。

3. 局部压力损失

局部压力损失，就是液体流经管道的弯头、接头、阀口以及突然变化的截面等处时，因流速或流向发生急剧变化而在局部区域产生流动阻力所造成的压力损失。由于液体在这些局部阻碍处的流动状态相当复杂，影响因素较多，因此除少数（如液体流经突然扩大或突然缩小的截面时）能在理论上作一定的分析外，其他情况都必须通过实验来测定。

局部压力损失的计算公式为

$$\Delta p=\zeta\frac{\rho v^2}{2} \tag{2-30}$$

式中：ζ——局部阻力系数，由实验求得，也可查阅有关手册；

v——液体的平均流速，一般情况下均指局部阻力下游处的流速。

但是对于阀和过滤器等液压元件，往往并不能用式（2-30）来计算其局部压力损失，因为管道中液体情况比较复杂，难以计算。这些局部压力损失可以根据产品样本上提供的在额定流量 q_r 下的压力损失 Δp_r 通过换算得到。设实际通过的流量为 q，则实际的局部压力损失可表示为

$$\Delta p=\Delta p_r\left(\frac{q}{q_r}\right)^2 \tag{2-31}$$

4. 管路中总的压力损失

液压系统的管路由若干段直管和一些弯管、阀、过滤器、管接头等元件组成，因此管路总的压力损失就等于所有直管中的沿程压力损失之和与所有局部压力损失之和的叠加，即

$$\sum\Delta p=\sum\lambda\frac{l}{D}\frac{\rho v^2}{2}+\sum\zeta\frac{\rho v^2}{2} \tag{2-32}$$

必须指出，式（2-32）仅在两相邻局部压力损失之间的距离大于管道内径 10 ~ 20 倍时才是正确的。因为液流经过局部阻力区域后受到很大的扰动，要经过一段距离才能稳定下

来。如果距离太短，液流还未稳定就又要经历一个局部阻力，它所受到的扰动将更为严重，这时的阻力系数可能会比正常值大好几倍，按（2－32）算出的压力损失值比实际数值要小。

通常情况下，液压系统的管路并不长，所以沿程压力损失比较小，而阀等元件的局部压力损失却较大。因此管路总的压力损失一般以局部损失为主。

液压系统的压力损失绝大部分转换为热能，使油液温度升高、泄漏增多、传动效率减降低等。为了减少压力损失，常采用下列措施。

（1）尽量缩短管道，减少截面变化和管道弯曲。

（2）管道内壁尽量做得光滑，液体黏度恰当。

（3）由于流速的影响较大，应将液体的流速限制在适当的范围内。

任务实施

回到本任务的开头，解决图 2－8 所提出的问题。

解：（1）吸油管内油液的平均速度为

$$v_2 = \frac{q}{A} = \frac{4q}{\pi D^2} = 1.7\ \mathrm{m/s}$$

油液运动黏度

$$\upsilon = 20 \times 10^{-6}\mathrm{m^2/s}$$

油液在吸油管中的雷诺数为

$$Re = \frac{v_2 D}{\upsilon} = \frac{1.7 \times 20 \times 10^{-3}}{20 \times 10^{-6}} = 1\ 700$$

查相关手册可知油液在吸油管中的运动为层流状态。选取自由截面 1—1 和靠近吸油口的截面 2—2 列伯努利方程，以截面 1—1 为基准面，因此 $z_1 = 0$，$v_1 \approx 0$（设截面足够大，油箱下降速度相对于管道流动速度要小得多），$p_1 = p_a$（液面受大气压力的作用），得

$$\frac{p_a}{\rho g} = \frac{p_2}{\rho g} + z_2 + \frac{v_2^2}{g}$$

因为 $z_2 = h$，所以泵吸油口（截面 2—2）的真空度为

$$p_a - p_2 = \rho g h + \rho v_2^2 = 0.007\ \mathrm{MPa}$$

油液在管内的流动速度为

$$v_3 = \frac{4q}{\pi D^2} = 0.6\ \mathrm{m/s}$$

油液的雷诺数为

$$Re = \frac{v_3 D}{\upsilon} = \frac{0.6 \times 0.02}{20 \times 10^{-6}} = 600$$

因为金属管的 $Re_{cr}=2\ 320$，此处 $Re=600<2\ 320$，为层流，故选取 $\alpha=2$。

吸油管的沿程压力损失为

$$h_w=\frac{\Delta p}{\rho g}=\lambda\ \frac{l}{D}\frac{v^2}{2g}=\frac{75}{Re}\frac{l}{D}\frac{v^2}{2g}=0.51\ \text{m}$$

对截面 1—1 和 2—2 列伯努利方程，即

$$z_1+\frac{p_a}{\rho g}+\frac{\alpha_1 v_1^2}{2g}=z_2+\frac{p_2}{\rho g}+\frac{\alpha_2 v_2^2}{2g}+h_w$$

因为

$$p_b=p_a-p_2=0.007\ \text{MPa}$$

$$v_1\ll v_2$$

所以

$$h_{max}=z_2-z_1=\frac{p_a-p_2}{\rho g}-\frac{\alpha_2 v^2}{2g}-h_w\approx 4\ \text{m}$$

归纳总结

管路中的液体能量不仅包含势能、压力能、动能，同时还有液压系统中的压力损失。管路由若干段直管和一些弯管、阀、过滤器、管接头等元件组成，因此管路总的压力损失就等于所有直管中的沿程压力损失之和与所有局部压力损失之和的叠加。因此，管路中液体能量是势能、压力能、动能和压力损失之和。掌握液体流动特性及管路压力损失理论，为正确设计液压系统奠定基础。

任务三 同心圆环缝隙泄漏量计算

任务描述

如图 2-10 所示有一同心圆环缝隙，中心圆直径 $d=1$ cm，缝隙宽 $h=0.01$ mm，缝隙长度 $l=2$ mm，缝隙两端压力差 $\Delta p=21$ MPa，油的运动黏度 $\upsilon=4\times10^{-5}\ \text{m}^2/\text{s}$，油的密度 $\rho=900\ \text{kg/m}^3$，求其泄漏量。

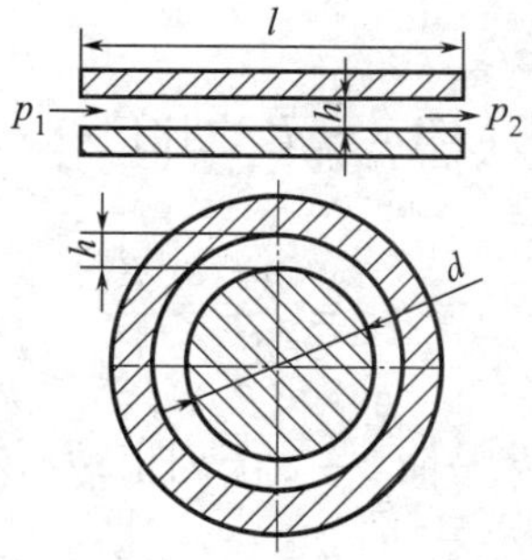

图 2-10 同心圆环缝隙漏量计算简图

任务分析

同心圆环缝隙泄漏是液压管路中常见的泄漏现象，依据管道中液体流经小孔和缝隙的流量压力特性计算同心圆环缝隙泄漏量具有实际工程价值。

相关知识

1. 液体流经小孔的流量压力特性

1）薄壁小孔的流量压力特性

在图 2－11 中，如小孔的长度为 l，小孔直径为 d，当长径之比 $\frac{l}{d}\leqslant 0.5$ 时，这种小孔称为薄壁小孔。一般孔口边缘做成刀刃口形式。各种结构形式阀口一般都属于薄壁小孔类型。

液体流过小孔时，因 $D\gg d$，相比之下，流过截面 1—1 时的速度较低。当液流流过小孔时在流体惯性力作用下，使通过小孔后的流体形成一个收缩截面 A_2（对于圆形小孔，大约至离孔口 $\frac{d}{2}$ 处收缩截面最小），然后再扩大，这一收缩和扩大过程便产生了局部能量损失，并以热的形式散发。当管道直径与小孔直径之比 $D/d\geqslant 7$ 时，流体的收缩作用不受孔前管道内壁的影响，这时称流体完全收缩；当 $D/d<7$ 时，孔前管道内壁对流体进入小孔有导向作用，这时称流体不完全收缩。

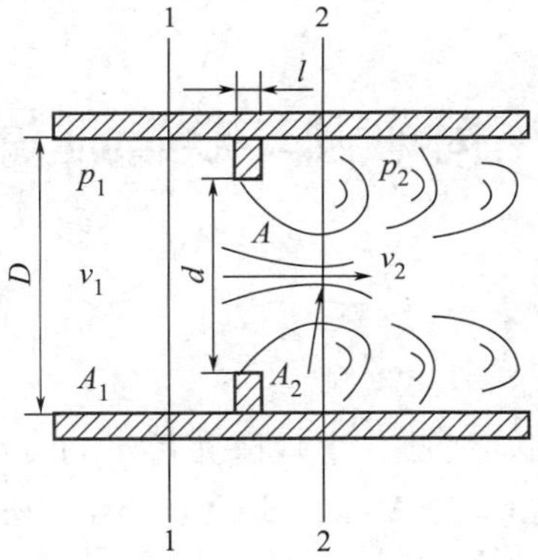

图 2－11　薄壁小孔的流量推导简图

设收缩截面 $A_2=\frac{\pi}{4}d_2^2$ 与孔口截面 $A=\frac{\pi}{4}d^2$ 之比值称为截面收缩系数 C_1，即

$$C_1=\frac{A_2}{A}=\frac{d_2^2}{d^2} \tag{2-33}$$

在图 2－11 中，在截面 1—1 及截面 2—2 上列出伯努利方程。由于 $D\gg d$，$v_1\ll v_2$，故 v_1 可忽略不计，得

$$\frac{p_1}{\rho g}=\frac{p_2}{\rho g}+\frac{\alpha_2 v_2^2}{2g}+\zeta\frac{v_2^2}{2g} \tag{2-34}$$

化简后得

$$v_2 = \frac{1}{\sqrt{\alpha_2 + \zeta}}\sqrt{\frac{2}{\rho}(p_1 - p_2)} = C_2\sqrt{\frac{2}{\rho}\Delta p} \tag{2-35}$$

式中：Δp——小孔前后压差，$\Delta p = p_1 - p_2$；

α_2——收缩截面2—2上的动能修正系数；

ζ——在收缩截面处按平均流速计算的局部阻力损失系数。

令 $C_2 = \frac{1}{\sqrt{\alpha_2 + \zeta}}$，称为速度系数，对薄壁小孔来说，收缩截面处的流速是均匀的，$\alpha_2 = 1$，故 $C_2 = \frac{1}{\sqrt{1+\zeta}}$。由此可得到通过薄壁小孔的流量为

$$q = A_2 v_2 = C_2\sqrt{\frac{2}{\rho}\Delta p}C_1 A = C_3 A\sqrt{\frac{2}{\rho}\Delta p} \tag{2-36}$$

式中：C_3——流量系数，$C_3 = C_1 C_2$；

A——小孔的截面积。

通常 C_1 的值可根据雷诺数的大小查有关手册。

而液体的流量系数 C_3 的值一般由实验测定。在流体完全收缩的情况下，对常用的液压油，流量系数可取 $C_3 = 0.62$；在流体不完全收缩时，因管壁离小孔较近，管壁对液流进入小孔起导向作用，流量系数 C_3 可增大至0.7～0.8，具体数值可查有关手册；当小孔不是刃口形式而是带棱边或小倒角的孔时，C_3 值将更大。

2）厚壁小孔和细长小孔的流量压力特性

（1）厚壁孔的流量压力特性。当小孔的长度和直径之比为 $0.5 < \frac{l}{d} \leqslant 4$ 时，此小孔称为厚壁小孔。其孔长 l 会影响液体流动情况，出口液体不再收缩，液流经过厚壁孔时的沿程压力损失很小，可以略去不计。厚壁小孔的流量计算公式仍然是式（2－36），只是流量系数 C_3 较薄壁小孔大，它的数值可查有关手册，一般取0.8左右。厚壁小孔加工比薄壁小孔容易得多，因此特别适用作要求不高的固定节流器使用。

（2）细长小孔的流量压力特性。当小孔的长度和直径之比为 $\frac{l}{d} > 4$ 时，此小孔称为细长小孔。由于液体流经细长小孔时一般都是层流状态，所以细长小孔的流量公式可以应用前面推导的式（2－26），即

$$q = \frac{\pi d^4}{128\mu l}\Delta p$$

由此式可知，液体流经细长小孔的流量和孔前后压差 Δp 的一次方成正比，而流经薄壁小孔的流量与小孔前后的压力差平方根成正比，所以细长小孔相对薄壁小孔而言，压力差对流量的影响要大些。同时流经薄壁小孔的流量和液体动力黏度成反比，当温度升高时，液体的黏度降低，因此流量受液体温度变化的影响较大，这一点和薄壁小孔的特性明显不同。它一般局限于用作阻尼器或在流量调节程度要求低的场合。

由上述三种小孔的流量公式，可以综合地用以下公式表示

$$q = KA\Delta p^{m} \tag{2-37}$$

式中：K——由流经小孔的液体性质所决定的系数；

A——小孔的通流截面积；

Δp——通过小孔前后的压力差；

m——由小孔形状所决定的指数，薄壁小孔 $m=0.5$，厚壁小孔 $0.5<m<1$，细长孔$m=1$。

2. 液体流经缝隙的流量压力特性

在液压系统中的阀、泵、马达、液压缸等部件中存在着大量的缝隙，这些缝隙构成了泄漏的主要原因，造成这些液压元件容积效率的降低、功率损失加大、系统发热增加。另外，缝隙过小也会造成相对运动表面之间的摩擦阻力增大。因此，适当的间隙是保证液压元件能正常工作的必要条件。

在液压系统中常见的缝隙形式有两种：一种是由两平行平面形成的平面缝隙，另一种是由内、外两个圆柱面形成的环状缝隙。液体在间隙中的流动状态一般是层流。

1）液体平行平板缝隙流动的流量压力特性

有两块平行平板如图 2－12 所示，其间充满了液体，设缝隙高度为 h，宽度为 b，长度为 l，且一般有$b \gg h$和 $l \gg h$。液体通过平行平板缝隙时的一般流动情况，是缝隙两端既存在压差 $\Delta p = p_1 - p_2$ 作用，产生压差流动；又受到平行平板间相对运动的作用，产生剪切流动。

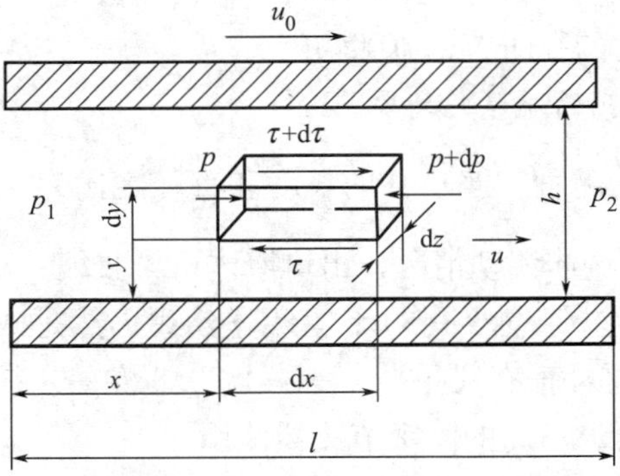

图 2－12　平行平板的流量推导简图

在液流中取一微小的平行六面体，平行于三个坐标方向的长度分别为 dx、dy、dz，如图 2－12 所示。此微小六面体在 x 方向作用于左右两端面的压力 p 和 $p+\mathrm{d}p$，以及作用于上下两表面上的切应力为$\tau+\mathrm{d}\tau$和τ，则此微元体的受力平衡方程为

$$p\mathrm{d}y\mathrm{d}z + (\tau + \mathrm{d}\tau)\mathrm{d}x\mathrm{d}z = (p + \mathrm{d}p)\mathrm{d}y\mathrm{d}z + \tau\mathrm{d}x\mathrm{d}z$$

整理后得

$$\frac{\mathrm{d}\tau}{\mathrm{d}y} = \frac{\mathrm{d}p}{\mathrm{d}x}$$

把 $\tau=\mu\dfrac{\mathrm{d}u}{\mathrm{d}y}$代入上式得

$$\frac{\mathrm{d}^2u}{\mathrm{d}y^2}=\frac{1}{\mu}\frac{\mathrm{d}p}{\mathrm{d}x}$$

将上式对 y 求两次积分得

$$u=\frac{l}{2\mu}\frac{\mathrm{d}p}{\mathrm{d}x}y^2+c_1y+c_2$$

式中，c_1、c_2 为积分常数，可利用边界条件求出，当 $y=0$ 时，$u=0$；当 $y=h$ 时，$u=u_0$。则得 $c_1=\dfrac{u_0}{h}-\dfrac{l}{2\mu}\dfrac{\mathrm{d}p}{\mathrm{d}x}h$，$c_2=0$；另外，当液流作层流时，$p$ 只是 x 的线性函数，即$\dfrac{\mathrm{d}p}{\mathrm{d}x}=\dfrac{p_2-p_1}{l}=\dfrac{\Delta p}{l}$，把这些式子代入上式并整理后得

$$u=\frac{y(h-y)}{2\mu l}\Delta p+\frac{u_0}{h}y \tag{2-38}$$

由此可求得通过平行平板缝隙的流量，设间隙沿 z 方向的总宽度为 b，取一层厚为 $\mathrm{d}y$ 的液体层的微元流量为

$$\mathrm{d}q=ub\mathrm{d}y$$

则

$$q=\int_0^h ub\mathrm{d}y=\int_0^h\left[\frac{y(h-y)}{2\mu l}\Delta p+\frac{u_0}{h}y\right]b\mathrm{d}y=\frac{bh^3}{12\mu l}\Delta p+\frac{bh}{2}u_0$$

即

$$q=\frac{bh^3}{12\mu l}\Delta p+\frac{bh}{2}u_0 \tag{2-39}$$

当平行平板间没有相对运动，即 $u_0=0$ 时，通过平板缝隙的液流完全由压力差引起，其值为

$$q=\frac{bh^3}{12\mu l}\Delta p \tag{2-40}$$

当平行平板两端不存在压力差，仅有平板运动时，经过缝隙的液体做纯剪切运动，流量为

$$q=\frac{bh}{2}u_0 \tag{2-41}$$

当平板的运动方向与压力差方向相反时，则通过平行平板缝隙的流量为

$$q=\frac{bh^3}{12\mu l}\Delta p-\frac{bh}{2}u_0 \tag{2-42}$$

综合以上情况，可得通过平行平板缝隙的流量为

$$q = \frac{bh^3}{12\mu l}\Delta p \pm \frac{bh}{2}u_0 \tag{2-43}$$

式（2-43）中，当剪切与压力差流动方向一致时，取正号；当剪切与压力差流动方向相反时，取负号。且从式（2-40）可知，通过平行平板缝隙的流量与缝隙高度的三次方成正比，说明缝隙的大小对泄漏量的影响是很大的。

2）液体同心圆环和偏心圆环的流量压力特性

液压和气压系统各零件间的配合间隙大多是圆环形间隙，如缸筒和活塞间、滑阀和阀套间等。所有这些情况理想状况下为同心环形缝隙，但在实际中，可能为偏心环形缝隙，下面分别讨论。

（1）同心圆环缝隙的流量。同心圆环如果间隙 h 和半径之比很小的话，上述所得平行平板缝隙流动的结论都适用于这种流动。若将环形断面管顺着轴向割开，展开成平面，就变成平行平板缝隙流动了。所以只要在平行平板缝隙的流量计算公式（2-43）中将宽度 b 用圆周长 πd 代替即可。

（2）偏心圆环缝隙的流量。如图 2-13 所示的偏心环形缝隙，设内外圆间的偏心距为 e，在任意角度 θ 处的缝隙为 h，h 沿着圆周方向是个变量。因缝隙很小，$R\approx r$，可以把微元圆弧 $\mathrm{d}b$ 所对应的环形缝隙间的流动近似看作是平行平板缝隙间的流动。将 $\mathrm{d}b = r\mathrm{d}\theta$ 代入式（2-43）得

$$\mathrm{d}q = \frac{r\mathrm{d}\theta h^3}{12\mu l}\Delta p + \frac{r\mathrm{d}\theta h}{2}u_0 \tag{2-44}$$

由图中的几何关系，可得到

$$h = R - (e\cos\theta + r\cos \mathrm{d}\theta) = R - r - e\cos\theta = h_0(1 - \varepsilon\cos\theta)$$

即

$$h = h_0(1 - \varepsilon\cos\theta) \tag{2-45}$$

式中：ε——相对偏心率，$\varepsilon = \dfrac{e}{h_0}$；

h_0——内外圆同心时的半径差，$h_0 = R - r$。

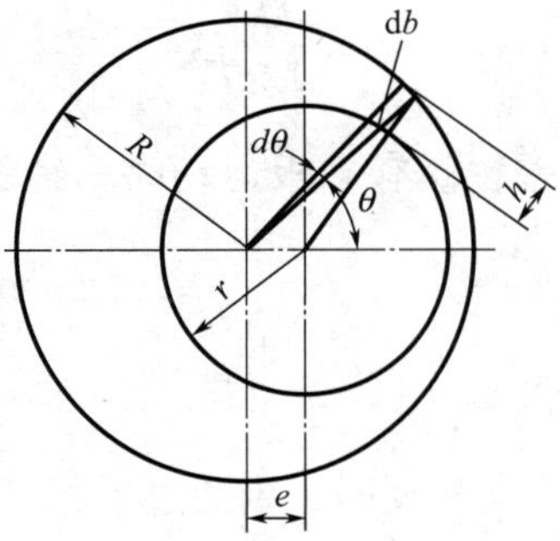

图 2-13　偏心圆环缝隙间的流量推导简图

将式（2-45）代入式（2-44）并积分之，得其流量公式为

$$q = \frac{\pi d h_0^3 \Delta p}{12\mu l}(1 + 1.5\varepsilon^2) + \frac{\pi d h_0 u_0}{2} \tag{2-46}$$

当内外圆相互间没有轴向相对移动时，即 $u_0 = 0$，其流量为

$$q = \frac{\pi d h_0^3 \Delta p}{12\mu l}(1 + 1.5\varepsilon^2) \tag{2-47}$$

由式（2－47）可看出，当 $\varepsilon = 0$ 时，它就是同心环形缝隙的流量公式。当 $\varepsilon = 1$ 时，存在最大偏心，理论上其流量为同心环形缝隙流量的 2.5 倍。所以在液压元件的制造装配中，为了减少流经缝隙的泄漏量，应尽量使配合件处于同心状态。

任务实施

回到本任务的开头，解决图 2－10 所提出的问题。

解：只在压力差作用下，流经环形缝隙流量公式为

$$q = \frac{\pi d \Delta p h^3}{12\mu l}$$

式中：$d = 0.01$ m；

$\Delta p = 21 \times 10^6$ Pa；

$h = 1 \times 10^{-5}$ m；

$\mu = \rho v = 900 \times 40 \times 10^{-6}$ Pa·s $= 36 \times 10^{-3}$ Pa·s；

$L = 0.002$ m。

所以

$$q = \frac{\pi \times 0.01 \times 21 \times 10^6 \times (1 \times 10^{-5})^3}{12 \times 36 \times 10^{-3} \times 0.002}\ \text{m}^3/\text{s} = 0.76\ \text{cm}^3/\text{s}$$

归纳总结

管路泄漏大多是由螺栓松动、密封圈损坏、灰尘进入等引起的，可相应地采取紧固螺栓、更换密封圈、清洗配合表面等方法解决。液压和气压系统各零件间的配合间隙大多是圆环形间隙，如缸筒和活塞间、滑阀和阀套间等，所有这些情况大多为环形缝隙，掌握同心或偏心环形缝隙泄漏理论，对液压和气压系统的正确装配具有指导意义。

任务拓展

1. 液压冲击和气蚀现象

1）*液压冲击*

在液压系统中，由于某种原因引起液体的压力在某一瞬间突然急剧升高，形成较大的压力峰值，这种现象叫做液压冲击。

产生液压冲击时，系统的瞬时压力峰值有时比正常工作压力高好几倍，会引起设备振动

和噪声，大大降低了液压传动的精度和寿命。液压冲击还会损坏液压元件、密封装置，甚至使管道爆裂。由于压力增高，还会使系统中的某些元件，如顺序阀和压力继电器等产生误动作，影响系统正常工作，甚至会造成工作中的事故。

产生液压冲击的原因主要有以下几个方面。

① 液压冲击多发生在液流突然停止运动的时候，如迅速关闭阀门时，液体的流动速度突然降为零，液体受到挤压，使液体的动能转换为液体的压力能，造成液体的压力急剧升高，而引起液压冲击。

② 在液压系统中，高速运动的工作部件的惯性力也会引起压力冲击。如工作部件换向或制动时，从液压缸出来的管路上常有一个控制阀关闭管路，液体不能从液压缸中排出，但此时运动部件因惯性的作用还不能立即停止运动，这样也会引起液压缸和管路中局部液压急剧升高而产生液压冲击。

③ 由于液压系统中某些元件反应动作不够灵敏，也会造成液压冲击。例如，溢流阀在超压时不能迅速打开；限压式变量液压泵在液压升高时不能及时减少流量等，都会造成液压冲击。

（1）液体突然停止运动时产生的液压冲击。有一液面恒定并能保持液面压力不变的容器，如图 2－14 所示。容器底部连一管道，在管道的输出端装有一个阀门。管道内的液体经阀门流出时，若将阀门突然关闭，则紧靠阀门的这部分液体立即停止运动，液体的动能瞬时转变为压力能，产生冲击压力，接着后面的液体依次停止运动，依次将动能转变为压力能，在管道内形成压力冲击波，并以一定速度从阀门向容器内传播。

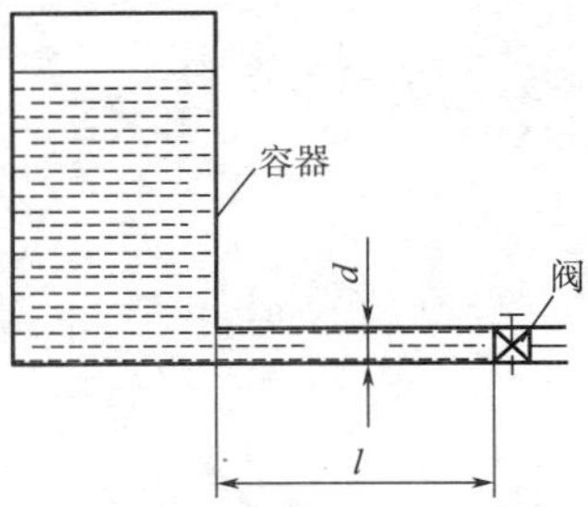

图 2－14　速度突变引起的液压冲击

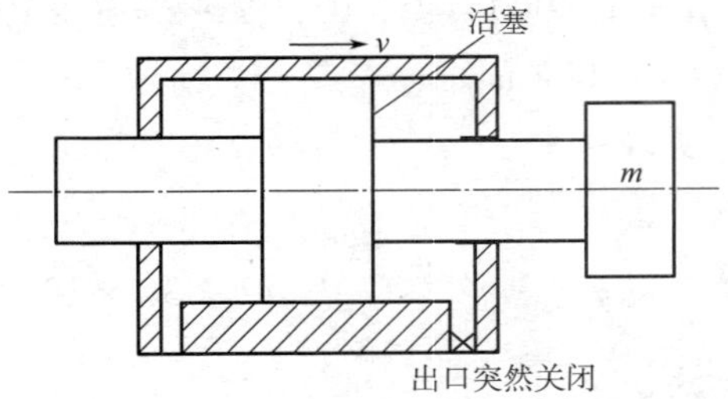

图 2－15　运动部件阀门突然关闭引起的液压冲击

（2）运动部件制动时引起的液压冲击。运动部件的惯性也是引起液压冲击的重要原因。如图 2－15 所示，设活塞以速度 v 驱动负载 m 向左运动，活塞和负载的总质量为 $\sum m$。当突然关闭出口通道时，液体被封闭在右腔中，但由于运动部件的惯性，活塞仍会向前运动一小段距离，使腔内液体受到挤压，引起液体压力急剧上升，活塞则因受到右腔内液体压力产生的阻力而制动。

因液压冲击有较大的危害性，所以可针对上述影响冲击压力的因素，采取以下措施来减小液压冲击。

（1）适当加大管径，限制管道流速 v，一般在液压系统中把 v 控制在 4.5 m/s 以内，使冲击压力 Δp_{max} 不超过 5 MPa 就可以认为是安全的。

（2）正确设计阀口或设置缓冲装置（如阻尼孔），使运动部件制动时速度变化比较均匀。

（3）缓慢开关阀门，可采用换向时间可调的换向阀。

（4）尽可能缩短管长，以减小压力冲击波的传播时间，变直接冲击为间接冲击。

（5）在容易发生液压冲击的部位采用橡胶软管或设置蓄能器，以吸收冲击压力；也可以在这些部位安装安全阀，以限制压力升高。

2）空穴现象

（1）空穴与气蚀。

① 空穴。在液压系统的工作介质中，不可避免地混有一定量的空气，当流动液体某处的压力低于空气分离压时，正常溶解于液体中的空气就成为过饱和状态，从而会从液体中迅速分离出来，使液体产生大量气泡。此外，当液体中某一点处的压力低于当时温度下的蒸汽压时，液体将沸腾汽化，也会大量形成气泡。这两种情况都会使气泡混杂在液体中，使原来充满在管道或元件中的液体成为不连续状态，这种现象就称为空穴现象。

② 气蚀。当气泡随着液流进入高压区时，会在高压作用下迅速破裂或急剧缩小，又凝结成液体，而原来气泡所占据的空间形成了局部真空，周围液体质点就会以极高速度来填补这一空间，质点间相互碰撞从而产生局部高压，形成液压冲击。如果这个局部液压冲击作用在零件的金属表面上，就会使金属表面腐蚀。这种因空穴产生的腐蚀就称为气蚀。

空穴、气蚀的危害：如果在液流中产生了空穴现象，就会使系统中的局部产生非常高的温度和冲击压力，引起噪声和振动，再加上气泡中有氧气，在高温、高压和氧化的作用下会使工作介质变质，使零件表面疲劳，还对金属产生气蚀作用。从而使液压元件表面产生腐蚀、剥落，出现海绵状的小洞穴，甚至造成元件失灵。尤其是当液压泵发生空穴现象时，除了会产生噪声和振动外，还会由于液体的连续性被破坏，降低抽吸能力，以致造成流量和压力的波动，使液压泵零件承受冲击载荷，缩短液压泵的使用寿命。

（2）节流气穴。当液体流到水平放置管道节流口的喉部时，通流截面积小，流速变得很高（见图2－16）。根据能量方程$\frac{p_1}{\rho g}+\frac{v_1^2}{2g}=\frac{p_2}{\rho g}+\frac{v_2^2}{2g}$，所以该处的压力会很低。若该处的压力低于液体工作温度下的空气分离压，就会出现气穴现象，这就是节流气穴。同样，在液压泵的自吸过程中，如果泵的入口通道太细、阻力太大、滤网堵塞，或泵安装位置过高、转速过快等，也会使其入口的压力低于工作温度下的空气分离压，从而产生气穴。

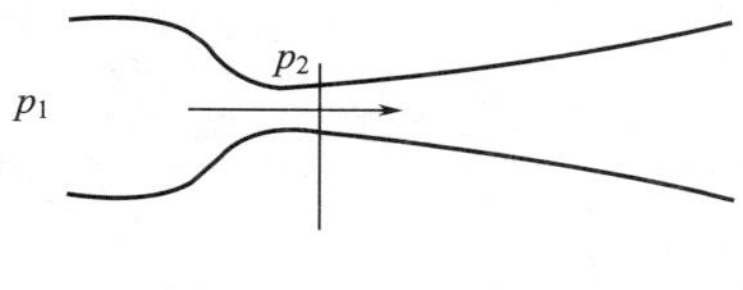

图2－16　节流气穴

在液压系统中，只要液体压力低于空气分离压，就会产生气穴现象。如要想完全消除空穴现象是十分困难的，但可尽力加以防止，必须从设计、结构、材料的选用上来考虑，具体措施有以下几条。

（1）保持液压系统中的压力高于空气分离的压力。对于管道来说，要求有足够大的管径，并尽量避免有狭窄处或急剧转弯处；对于阀来说，正确设计阀口，减少液体通过阀孔前后的压差；对于液压泵来说，离液面的高度不得过高，以保证液压泵入口管路中各处的压力都不低于空气分离压。

（2）降低液体中气体的含量，如管路的密封要好，不要漏气，以防空气侵入。

（3）对液压元件应选用抗腐蚀能力较强的金属材料，并进行合理的结构设计，适当提高零件的机械强度，以提高液压元件的抗气蚀能力。

思考与练习题

1. 如何计算静止液体某点的压力？

2. 什么是大气压力、相对压力、绝对压力和真空度？液压系统中的表压力指的是什么压力？

3. 说明连续性方程的本质及物理意义。

4. 什么是流量、流速和平均速度？液体在管道中的流速指的是什么速度？

5. 写出理想液体的伯努利方程，并说明它的物理意义。

6. 必须具备什么条件下才能应用伯努利方程解决实际问题？

7. 液体有几种流动状态？用什么来判断液体的流动状态？雷诺数的物理意义是什么？

8. 什么是空穴现象，有何危害？怎样防止？

9. 什么是液压冲击？产生的原因是什么？有何危害？怎样减少？

10. 一个潜水员在海面下300 m处工作，若海水密度$\rho=1\ 000\ kg/m^3$，问潜水员身体受到的静压力是多少？

11. 20℃时300 mL蒸馏水从恩氏黏度计中流尽所需的时间为75 s，若300 mL某液压油（$\rho=900\ kg/m^3$）在40℃时从恩氏黏度计中流尽所需的时间为300 s，求该液压油的恩氏黏度、运动黏度、动力黏度。

12. 若通过一薄壁小孔的流量$q=15\ L/min$时，孔前后压为差为0.3 MPa，孔的流量系数$C=0.62$，液体密度$\rho=900\ kg/m^3$。试求该小孔的通流面积。

项目三

液压传动工作介质选择

【项目描述】 依据液压传动介质特性选择液压千斤顶及磨床工作台液压系统工作介质。

【技能目标】 能根据液压系统工作环境正确选择传动介质。

【知识目标】 了解液压传动工作介质特性；掌握液压传动系统传动介质的选择方法。

在液压系统中，液压工作介质不仅有传递能量的作用，同时还有润滑、冷却、防腐及防锈等作用。大量的实践证明，液压系统的各类故障中75% ~85%是由于液压工作介质引起的。因此正确选择、使用、维护和保养液压工作介质能有效地避免许多潜在液压故障的发生，对于提高液压系统性能、安全性、可靠性以及寿命都有重要的意义。

任务一　液压千斤顶工作介质的选择

任务描述

根据图1-1所示千斤顶工作原理选择相应的工作介质。

任务分析

液压千斤顶在工作当中，工作介质的品质高低直接影响到液压千斤顶的工作性能，所以在液压千斤顶中使用的工作介质须满足以下几个要求。

（1）可压缩性：可压缩性小以确保传动的准确性。

（2）黏温特性：要有一个合适黏度并随温度变化小。

（3）润滑性：油膜对材料表面有牢固的吸附力，油膜抗挤压强度高。

(4) 安定性：不因热、氧化或水解而变化，使用寿命长。

(5) 相容性：对金属、密封件、橡胶软管、涂料等有良好的相容性。

(6) 防锈和抗腐蚀性：对铁和金属的腐蚀性小。

相关知识

1. 工作介质的物理性质

液体是液压传动的工作介质，最常用的是液压油，此外，还有乳化型传动液和合成型传动液。工作介质的物理性质中与液压传动性能密切相关的有以下几个。

1) 密度

单位体积液体所具有的质量就是该液体的密度，用公式表示为

$$\rho = \frac{m}{V} \tag{3-1}$$

式中：ρ——液体的密度，kg/m^3；

m——液体的质量，kg；

V——液体的体积，m^3。

严格来说，液体的密度会随着压力或温度的变化而变化，但变化量一般很小，在工程计算中可以忽略不计。在进行液压系统相关的计算时，通常取液压油的密度为 900 kg/m^3。

2) 可压缩性

液体受增大的压力作用而使体积缩小的性质称为液体的可压缩性。设容器中液体原来压力为 p_0，体积为 V_0，当液体压力增大 Δp 时，体积缩小 ΔV，则液体的可压缩性可用压缩系数 k 来表示，它是指液体在单位压力变化下的体积相对变化量，用公式表示为

$$k = -\frac{1}{\Delta p}\frac{\Delta V}{V_0} \tag{3-2}$$

式中：k——压缩系数，单位为 m^2/N。

由于压力增大时液体的体积减小，为了使 k 为正值，所以在式（3-2）右边须加一负号。

液体压缩系数 k 的倒数，称为液体的体积弹性模量，简称体积模量，用 K 表示，即

$$K = \frac{1}{k} = -\frac{\Delta p}{\Delta V}V_0 \tag{3-3}$$

表 3-1 列举了各种工作介质的体积模量。液体的体积模量与温度、压力有关。温度升高时，K 值减小；压力增大时，K 值增大，当 $p \geq 3$ MPa 时，K 值基本上不再增大。由于空气的压缩性很大，当液体中混有游离气泡时，K 值将大大减小。比如，当液体中混有 1% 空气气泡时，体积模量则降低到纯液体的 5% 左右；当液体中混有 5% 空气气泡时，体积模量则降低到纯液体的 1% 左右。故液压系统在设计和使用时，要采取措施尽量减少工作介质中的游离气泡的含量。

表 3－1　各种工作介质的体积模量（20℃，0.1 MPa）

介质种类	体积模量 K/MPa	介质种类	体积模量 K/MPa
石油基液压油	$(1.4 \sim 2.0) \times 10^3$	水－乙二醇基型	3.45×10^3
油包水乳化液	2.2×10^3	磷酸酯基型	2.65×10^3
水包油乳化液	1.95×10^3		

一般情况下，工作介质的可压缩性在研究液压系统静态（稳态）条件下工作的性能时，影响不大，可以不予考虑；但在高压下或研究系统动态性能及计算远距离操纵的液压系统时，必须予以考虑。

3）黏性

液体在外力作用下流动时，分子间的内聚力会阻碍分子间的相对运动从而产生一种内摩擦力。这一特性称作液体的黏性。液体只有在流动（或有流动趋势）时才会呈现出黏性，静止液体是不呈现黏性的。黏性是液体重要的物理特性，是选择液压油的主要依据。

度量黏性大小的物理量称为黏度。常用的黏度有三种：动力黏度、运动黏度、相对黏度。

① 动力粘度。在图 3－1 中，设两平行平板间充满液体，下平板不动，上平板以速度 u_0 向右平动。由于液体的黏性和液体与固体壁面间作用力的共同影响，导致液体流动时各层的速度大小不等，紧贴下平板的液体黏附于下平板上，其速度为零；紧贴上平板的液体黏附于上平板上，其速度为 u_0，中间各层的速度分布从上到下按线性规律变化。可以把这种流动看作是无限薄的液层在运动，速度快的液层带动速度慢的；速度慢的液层阻滞速度快的液层。

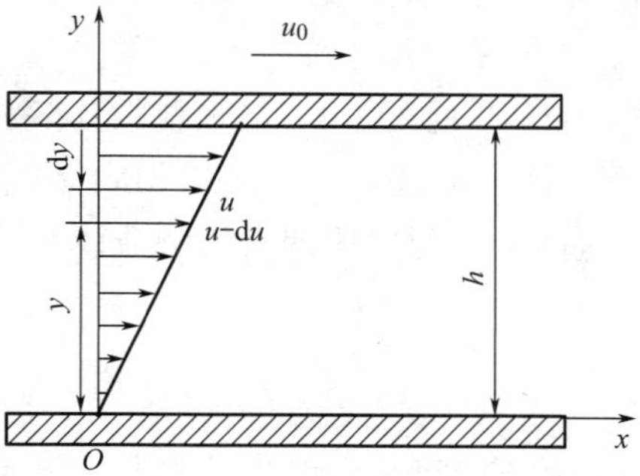

图 3－1　液体的黏性示意图

经实验测定：液体流动时相邻液层间的内摩擦力 F_f 与液层接触面积 A、液层间的相对速度 du 成正比，与液层的距离 dy 成反比，du/dy 称为两液层间的速度梯度，即

$$F_f = \mu A \frac{du}{dy} \qquad (3-4)$$

式中：μ——比例系数，称为黏性系数或动力黏度，也称绝对黏度。

以 $\tau = \frac{F_f}{A}$ 表示液层间的切应力，即单位面积上的内摩擦力，则有

$$\tau = \mu \frac{du}{dy} \qquad (3-5)$$

式（3－5）即为液体的牛顿内摩擦定律。动力黏度的物理意义就是液体在单位速度梯度下，单位面积上的内摩擦力大小。

在国际单位制和我国的法定计量单位中，μ 的单位为 Pa·s（帕·秒）或 $N \cdot s/m^2$（牛·秒/米²）；而在 CGS 制中，μ 的单位为 P（泊）、cP（厘泊）或 $dyn \cdot s/cm^2$（达因·秒/厘米²），$1Pa \cdot s = 10P = 10^3 cP$。从 μ 的单位可看出，μ 具有力、长度、时间的量纲，即具有动力学的量，故称为动力黏度。

（1）运动黏度。在同一温度下，液体的动力黏度 μ 与它的密度 ρ 之比称为运动黏度，即

$$v = \frac{\mu}{\rho} \tag{3-6}$$

在国际单位制和我国的法定计量单位中，v 的单位为 m^2/s；在 CGS 制中，v 的单位为 cm^2/s，通常称为 St（斯）。St 的单位较大，工程上常用 cSt（厘斯）来表示，1St＝100 cSt。因运动黏度具有长度和时间的量纲，即具有运动学的量，故称为运动黏度。

运动黏度 v 没有明确的物理意义，是一个在液压传动计算中经常遇到的物理量，习惯上常用来标志液体的黏度，如液压油牌号，就是这种油液在40℃时的运动黏度的平均值。例如，40 号液压油就是指这种液压油在40℃时的运动黏度的平均值为 40 cSt（厘斯）。

（3）相对黏度。动力黏度和运动黏度是理论分析和推导中常使用的黏度单位，但它们难以直接测量，所以实际应用中，要先求出相对黏度，然后再换算成动力黏度和运动黏度。相对黏度是特定测量条件下制定的，又称为条件黏度，测量条件不同，各国采用的相对黏度单位也不同。例如，中国、德国、俄罗斯用恩氏黏度（°E）；美国、英国采用通用赛氏秒（SUS）或商用雷氏秒（R_1S）；法国采用巴氏度（°B）等。

恩氏黏度的测定方法：将 200 mL 温度为 t℃的被测液体装入恩氏黏度计的容器内，让此液体从底部 ϕ2.8 mm 的小孔流尽所需时间 t_1，再测出相同体积温度为 20℃的蒸馏水在同一黏度计中流尽所需的时间 t_2，这两个时间之比即为被测液体在 t℃下的恩氏黏度，即

$$°E_t = \frac{t_1}{t_2} \tag{3-7}$$

恩氏黏度°E 与运动黏度 v(m^2/s) 间的换算关系式为

$$v = \left(7.31°E - \frac{6.31}{°E}\right) \times 10^{-6} \tag{3-8}$$

温度对液体黏度的影响很大，当温度升高时，其黏度显著下降，这一特性称为液体的黏温特性，它直接影响液压系统的性能和泄漏量，因此在液压系统中希望液体的黏度随温度的变化越小越好。

压力对黏度也有影响，当液体所受的压力加大时，其分子间的距离就缩小，内聚力增加，黏度会变大。但是这种变化在低压时并不明显，可以忽略不计；而在高压情况下，这种变化不可忽略。

2. 液压系统工作介质选用

液压系统虽都由泵、阀、缸等元件组成，但不同工作机械、不同使用条件的不同液压系

统对工作介质的要求有很大不同。为了使液压系统能正常工作，很好地传递运动和动力，使用的工作介质应具备以下几个主要性能。

（1）要有合适地黏度和较好的黏温特性，要有良好的润滑性能。

（2）防腐性、防锈性要好，抗泡沫性、抗乳化性、抗磨性要好。

（3）抗氧化性、抗剪切稳定性、抗空气释放性、抗水解安定性要好，抗低温性要好。

（4）与金属和密封件、橡胶软管、涂料等的相容性要好。

（5）流动点和凝固点要低，闪点和燃点高，比热容和热导率要大，体积膨胀要小。

工作介质要同时满足上述五项要求是不可能的，一般根据需要满足一项或几项要求即可。按国际标准化组织（ISO）的分类，工作介质的类型如表 1 – 2 所示。

目前，各种液压设备及液压系统所采用的工作介质主要有以下三类。

（1）石油基液压油，主要成分是精炼后的机械油按需要加入适当添加剂而成，具有润滑性能好、腐蚀性小和化学稳定性较好、黏度等级范围宽等优点，目前有 90% 以上的液压系统采用石油基液压油作为工作介质，但由于其抗燃性较差，所以只能用在压力较低和要求不高的场合。为了改善全损耗系统用油的性能，往往要加入各种添加剂，一般有两类：一类是改善油液化学性能的，如抗氧化剂、防腐剂、防锈剂等；另一类是改善油液物理性能的，如增黏剂、抗磨剂、防爬剂等。

（2）乳化型传动液，主要是水与其他不溶于水的物质所形成的乳化液。其中，水包油乳化液应用较广，其主要成分是水，加入 5% ~10% 的油和某些防锈和润滑剂等添加剂，具有价格便宜、抗燃等优点，但其润滑性差，腐蚀性大，适用于温度范围小，用液量特别大的液压系统，如矿山机械和液压支架等特殊场合。

（3）合成型传动液，该类液压介质抗燃性好，适用于冶金设备、汽轮机等高温、高压系统，也常用于大型民航客机。

表 3 – 2　工作介质的类型

<table>
<tr><th colspan="2">类别</th><th colspan="2">组成与特性</th><th colspan="2">代号</th></tr>
<tr><td colspan="2">石油基液压油</td><td colspan="2">无添加剂的石油基液压液
HH + 抗氧化剂、防锈剂
HL + 抗磨剂
HL + 增黏剂
HM + 增黏剂
HM + 防爬剂</td><td colspan="2">L – HH
L – HL
L – HM
L – HR
L – HV
L – HG</td></tr>
<tr><td rowspan="8">难燃液压油</td><td rowspan="4">乳化型传动液</td><td rowspan="2">高含水液压油</td><td>水包油乳化液</td><td rowspan="2">L – HFA</td><td>L – HFAE</td></tr>
<tr><td>水的化学溶液</td><td>L – HFAS</td></tr>
<tr><td>油包水乳化液</td><td></td><td colspan="2">L – HFB</td></tr>
<tr><td>水 – 乙二醇</td><td></td><td colspan="2">L – HFC</td></tr>
<tr><td rowspan="4">合成型传动液</td><td>磷酸脂</td><td></td><td colspan="2">L – HFDR</td></tr>
<tr><td>氯化烃</td><td></td><td colspan="2">L – HFDS</td></tr>
<tr><td>HFDR + HFDS</td><td></td><td colspan="2">L – HFDT</td></tr>
<tr><td>其他合成液压油</td><td></td><td colspan="2">L – HFDU</td></tr>
</table>

常用的工作介质类型及其用途如下。

1）HH 液压油

HH 液压油是一种不含任何添加剂的矿物油。这种油虽已列入分类之中，但在液压系统中已不使用。因为这种油安定性差、易起泡，在液压设备中使用寿命短。

2）HL 液压油

HL 液压油是由精制深度较高的中性基础油加抗氧和防锈添加剂制成的，在使用中也称为通用型机床工业用润滑油。HL 液压油按 40℃运动黏度可分为 15、22、32、46、68、100、150 共 7 个牌号。

（1）用途：HL 液压油主要用于对润滑油无特殊要求，环境温度在 0°C 以上的各类机床的轴承箱、齿轮箱、低压循环系统或类似机械设备循环系统的润滑。它的使用时间比机械油可延长一倍以上。该产品具有较好的橡胶密封适应性，其最高使用温度为 80℃。

（2）质量要求：

① 适宜的黏度和良好的黏温性能，要求油的黏度受温度变化的影响小，即温度变化不致影响液压系统的正常工作；

② 具有良好的防锈性、抗氧化安定性；

③ 具有较理想的空气释放值、抗泡性、分水性和橡胶密封适应性。

（3）注意事项：

① 使用前要彻底清洗原液压油箱，清除剩油、废油及沉淀物等，避免与其他油品混用。

② 本品不适用于工作条件苛刻，润滑要求高的专用机床。对油品质量要求较高的齿轮传动装置、液压系统及导轨，应选用中、重负荷齿轮油、抗磨液压油或 HG 液压油。

3）抗磨液压油（HM 液压油）

抗磨液压油（HM 液压油）是从防锈、抗氧液压油基础上发展而来的，它有碱性高锌、碱性低锌、中性高锌型及无灰型等系列产品，它们均按 40℃运动黏度分为 22、32、46、68、100、150 共 6 个牌号。

（1）用途：

① 抗磨液压油主要用于重负荷、中压、高压的叶片泵、柱塞泵和齿轮泵的液压系统，如 YB—D25 叶片泵、PF15 柱塞泵、CBN—E306 齿轮泵、YB—E80/40 双联泵等液压系统；

② 在中压、高压工程机械、引进设备和车辆的液压系统中也常用到抗磨液压油，如数控机床、隧道掘进机、履带式起重机、液压反铲挖掘机和采煤机等的液压系统；

③ 除适用于各种液压泵的中、高压液压系统外，抗磨液压油也可用于中等负荷工业齿轮（蜗轮、双曲线齿轮除外）的润滑，其应用的环境温度为 10 ~ 40℃。另外，该产品与丁腈橡胶具有良好的适应性。

（2）质量要求：

① 合适的黏度和良好的黏温性能，以保证液压元件在工作压力和工作温度发生变化的条件下得到良好的润滑、冷却和密封；

② 良好的极压抗磨性，以保证油泵、液压马达、控制阀和油缸中的摩擦副在高压、高速苛刻条件下得到正常的润滑，减少磨损；

③ 优良的抗氧化安定性、水解安定性和热稳定性，以抵抗空气、水分和高温、高压等

因素的影响或作用，使其不易老化变质，延长使用寿命；

④ 良好的抗泡性和空气释放值，以保证在运转中受到机械剧烈搅拌的条件下产生的泡沫能迅速消失，并能将混入油中的空气在较短时间内释放出来，以实现准确、灵敏、平稳地传递静压；

⑤ 良好的抗乳化性，能与混入油中的水分迅速分离，以免形成乳化液，引起液压系统的金属材质锈蚀和降低使用性能；

⑥ 良好的防锈性，以防止金属表面锈蚀。

（3）注意事项：

① 要保持液压系统的清洁，及时清除油箱内的油泥和金属屑；

② 按换油参考指标进行换油，换油时应将设备各部件清洗干净，以免杂质等混入油中，影响使用效果；

③ 储存和使用时，容器和加油工具必须清洁，防止被污染；

④ 该液压油主要适用于钢—钢摩擦副的液压油泵，用于其他材质摩擦副的液压油泵时，必须要有油泵制造厂或供油单位推荐本产品所适用的油泵负荷限值。

4）HR、HG 液压油

HR 液压油是在环境温度变化大的中、低压液压系统中使用的液压油。该油具有良好的防锈、抗氧化性能，并在此基础上加入了黏度指数改进剂，使其具有较好的黏温特性。该类液压油由于用量小至今尚未大力开发，在此不作详细介绍。

HG 液压油原为普通液压油中的 32G 和 68G 液压油，曾用名为液压导轨油，该产品是在 HM 液压油基础上添加油性剂或减磨剂构成的一类液压油。HG 液压油不仅具有优良的防锈、抗氧、抗磨性能，而且具有优良的抗黏滑性，主要适用于各种机床液压和导轨合用的润滑系统或机床导轨润滑系统及机床液压系统，在低速情况下，防爬效果良好。

5）HV、HS 液压油（低温液压油）

HV、HS 液压油是两种不同档次的液压油，均属宽温度变化范围下使用的液压油。其都有低的倾点，优良的抗磨性、低温流动性和低温泵送性。按 40°C 运动黏度，HV 油可分为 10、15、22、32、46、68、100 共 7 个牌号，HS 油可分为 10、15、32、32、46 共 5 个牌号。

（1）用途：

① HV 低温液压油主要用于寒区或温度变化范围较大和工作条件苛刻的工程机械、引进设备和车辆的中压或高压液压系统，如数控机床、电缆井泵、船舶起重机、挖掘机、大型吊车等液压系统，一般使用温度在 -30℃以上；

② HS 低温液压油主要用于严寒地区工作的设备，使用温度一般在 -30℃以下。

（2）质量要求：

① 适宜的黏度；

② 良好的极压抗磨性能；

③ 优良的低温性能，倾点较低，能保证工程机械或设备在寒区或严寒区环境下易于启动和正常运转；

④ 优良的黏温性能，黏度指数均在 130 以上，保证液压设备在温度变化幅度较大的情况下能得到良好的润滑、冷却和密封；

⑤ 良好的抗乳化性和防锈性能；

⑥ 良好的氧化安定性、水解安定性和热稳定性能。

(3) 注意事项:

① 低温液压油是一种既具有抗磨又具有高低温性能的高级液压油，应注意合理使用；

② 低温液压油不能用于有银元素部件的液压设备；

③ HV 液压油和 HS 液压油由于基础油组成不同，所以不能混装混用以免影响使用性能。

任务实施

回到本任务的开头、解决所提出的问题。

通常依据液压千斤顶的功能和作业环境等要素断定液压油的种类，当种类断定后，首要思考液压油的黏度，就要知道工作压力、环境温度及作业部件的运动速度。当工作压力大，环境温度较高，作业部件运动速度较大时，为了降低泄露，宜选用黏度较高的液压油；当工作压力小，环境温度较低，而作业部件运动速度较高时，为了降低泄露，宜选用黏度较低的液压油。

由液压油的类型及其用途相关知识点可知：抗磨液压油（HM 液压油）主要用于重负荷、中压、高压工程机械、牵引设备和车辆的液压系统，其应用的环境温度为 10 ~ 40℃。该产品与丁腈橡胶具有良好的适应性。HV、HS 液压油（低温液压油）均属宽温度变化范围下使用的液压油，都具有低的倾点，优良的抗磨性、低温流动性和低温泵送性。HV 液压油的使用温度在 -30℃以上，HS 液压油的使用温度在 -30℃以下。因此，可以根据使用环境有针对地选用相应类型的液压油，当使用环境温度为 10 ~ 40℃时，选择抗磨液压油；当使用温度低时，选择 HV、HS 液压油。

任务二　磨床工作台液压传动工作介质选择

任务描述

根据图 1-2 所示磨床工作台液压传动系统工作原理图，正确选择该液压系统的工作介质。

任务分析

该磨床工作台液压传动系统工作压力较低，液压油应具备润滑性好、抗磨损的性能。

任务实施

磨床工作台液压传动系统的整体工作压力较低，一般有以下两种力：一种是系统主压力，即工作台油缸压力，一般在 0.8 ~ 1.2 MPa；一种是各类阀的控制压力，一般在 0.6 ~ 0.8 MPa；还有就是导轨的润滑压力，一般在 0.15 ~ 0.2 MPa。因此，根据液压油的类型及用途可知：HL 液压油（也称通用型机床工业用润滑油）较适合作为磨床工作台液压系统工作介质。

HL液压油是由精制深度较高的中性基础油加抗氧和防锈添加剂制成的，对润滑油无特殊要求，环境温度在0℃以上的各类机床的轴承箱、齿轮箱、低压循环系统或类似机械设备循环系统都可采用其润滑。该液压油具有较好的橡胶密封适应性，其最高使用温度为80℃。同时，HL液压油黏度受温度变化的影响小，即温度变化不致影响液压系统的正常工作；具有良好的防锈性、抗氧化安定性；具有较理想的空气释放值、抗泡性、分水性和橡胶密封适应性。

归纳总结

根据液压设备的工作环境，有针对地选择液压油类型是保证液压系统正常工作的关键。当选购不到适宜黏度的液压油时，可选用含抗氧、防腐添加剂并采用三类基础油调合的方法得到满足需求的谐和油。当液压油的某些功能指标不能满足需求时，可在液压油中掺入各种改善其功能的添加剂，如抗氧化、抗泡沫、抗磨损、防锈以及改善黏温特性的添加剂，使之适用于特定的场合。

任务拓展

据调查统计可知，液压油被污染是系统发生故障的重要原因，它严重影响着液压系统的可靠性及元件的寿命。所以了解液压油的污染途径，控制液压油污染程度是非常重要的。

1. 污染产生的原因

凡是液压油成分以外的任何物质都可以认为是污染物。液压油中的污染物主要是固体颗粒物、空气、水及各种化学物质。另外，系统的静电能、热能、磁场能和放射能等也是以能量形式存在的对液压油产生危害的污染物质。液压油污染物的来源主要有以下两方面。

（1）外界侵入物的污染。它主要指液压油在运输过程中带进的和从周围环境中混入的空气、水滴、尘埃等。另外还有液压装置在制造、安装和维修时残留下来的沙石、铁屑、型砂、磨粒、焊渣、铁锈、清洗溶剂等。

（2）工作过程中产生的污染。它主要指液压元件相对运动磨损时产生的金属微粒、锈斑、密封材料磨损颗粒、涂料剥离片、水分、压力变化产生的气泡、液压油和密封材料等变质后产生的胶状生成物等。

2. 污染的危害

液压油被污染后，将会对系统及元件产生以下不良后果。

（1）固体颗粒及胶状生成物会加速元件磨损，堵塞泵及过滤器，堵塞元件相对运动缝隙，使液压泵和阀性能下降、泄漏增加，产生气蚀和噪声。

（2）空气的侵入会降低液压油的体积模量，使系统响应变差，刚性下降，系统更易产生振动、爬行等现象。

（3）水和悬浮气泡显著削弱运动副间的油膜强度，降低液压油的润滑性。油液中的空气、水、热量、金属磨粒等加速了液压油的氧化变质，同时产生气蚀，使液压元件加速损坏。

3. 污染测定的方法与标准

1）污染测定的方法

液压油污染程度是指单位体积油液中固体颗粒物的含量，即液压油中固体颗粒物的浓度。对于其他污染物，如水和空气，则用水含量和空气含量表述，下面仅讨论液压油中固体颗粒污染物的测定问题。目前采用的液压油污染程度测量方法如下。

（1）质量分析法：将一定体积样液中的固体颗粒全部收集在微孔滤膜上，通过测量滤膜过滤前后的质量，来计算污染物的含量。

（2）显微镜计数法：将一定体积样液中的滤膜在光学显微镜下观察，对收集在滤膜上的颗粒物按给定的尺寸范围计数。

（3）显微镜比较法：在专用显微镜下，将过滤样液的滤膜和标准污染度样片（具有不同等级）进行比较，从而判断污染度等级。

（4）自动颗粒计数法：利用自动颗粒计数器对油液中颗粒的大小和数量进行自动检测。

（5）滤膜（网）堵塞法：通过检测颗粒物对滤膜（网）堵塞而引起的流量或压差的变化来确定油液的污染程度。

（6）扫描电子显微镜法：利用扫描电子显微镜和统计学方法对收集在滤膜上的颗粒物进行尺寸和数量的测定。

（7）图像分析法：利用摄像机将滤膜上收集的颗粒物或直接将油液中的颗粒物转换为显示屏上的影像，并利用计算机进行图像分析。

2）污染测定的标准

我国早期制定的液压油颗粒污染度等级标准中，固体颗粒污染度等级代码，按照颗粒含量大小划分为26个等级，即0.9、0、1～24。根据液压油分析的颗粒计数结果，用不小于5 μm和不小于15 μm两个报告尺寸的颗粒含量等级数码表示液压油的污染度。前面的数码代表1 mL液压油中尺寸不小于5 μm的颗粒数等级，后面的数码代表1 mL液压油中不小于15 μm的颗粒数等级，两个数码用一斜线分隔。例如，污染度等级为18/15的液压油，表示在每毫升液压油内不小于5 μm的颗粒数在1 300～2 500之间，不小于15 μm的颗粒数在160～320之间。具体数据如表3－3所示。

表3－3　液压油颗粒污染度等级

每毫升颗粒数	等级	每毫升颗粒数	等级
>80 000～160 000	24	>10～20	11
>40 000～80 000	23	>5～10	10
>20 000～40 000	22	>2.5～5	9
>10 000～20 000	21	>1.3～2.5	8
>5 000～10 000	20	>0.64～1.3	7
>2 500～5 000	19	>0.32～0.64	6
>1 300～2 500	18	>0.16～0.32	5
>640～1 300	17	>0.08～0.16	4
>320～640	16	>0.04～0.08	3

续表

每毫升颗粒数	等级	每毫升颗粒数	等级
>160~320	15	>0.02~0.04	2
>80~160	14	>0.01~0.02	1
>40~80	13	>0.005~0.01	0
>20~40	12	>0.0025~0.005	0.9

后来该标准进行了修订，修订后的标准规定：对于颗粒计数器计数采用≥4 μm、≥6 μm、≥14 μm的颗粒含量等级代码表示液压油的污染度，还增加了25、26、27、28和>28五个等级代码。

4. 防止污染的措施

为了延长液压元件的使用寿命，保证液压传动系统的正常工作，应将液压油的污染控制在规定范围内。一般常用以下一些措施来控制液压油的污染。

（1）使用前严格清洗元件和系统。液压元件在加工的每道工序后都应净化，液压系统在装配前后必须严格清洗，用机械的方法除去残渣和表面氧化物，最好用系统工作时使用的油液清洗，不能用煤油、汽油、酒精和蒸汽等作为清洗介质，以免腐蚀元件。清洗时要用绸布或乙烯树脂海绵等，不能用棉布或棉纱。

（2）防止污染物从外界侵入。在贮存、搬运和加注的各个阶段都应防止液压油被污染。给油箱加油时要用过滤器，油箱通气孔要加空气过滤器，对外露件应进行防尘密封，保持系统所有部位良好的密封性，并经常检查，定期更换，防止运行时尘土、磨粒和冷却物侵入系统。

（3）用合适的过滤器。这是控制液压油污染的重要手段。根据系统的不同使用要求选用不同过滤精度过滤器，并定期检查、清洗或更换滤芯。

（4）控制液压油的工作温度。液压油的工作温度过高对液压装置将产生不利影响，也会加速油液的氧化变质，产生各种生成物，缩短它的使用期限。所以液压装置必须具有良好的散热条件，以限制液压油的最高使用温度。

（5）定期检查和更换液压油。每隔一定时间，应对系统中的液压油进行抽样检查、分析，如发现污染度超过标准，必须立即更换，更换液压油时也必须清洗整个系统。

思考与练习题

1. 为什么在液压系统计算时常常忽略液压油的压缩性？
2. 什么是液压油的黏性？用什么衡量液压油的黏性？
3. 在选用工作介质时，需考虑的主要因素是什么？
4. 液压系统所采用的工作介质主要有哪几类？
5. 油液为什么会被污染？如何减少与防止其污染？
6. 污染测定的方法有哪些？
7. 污染产生的原因有哪些？
8. 防止液压油的污染一般有哪些措施？
9. 液压油选用的基本依据是什么？

项目四

液压动力元件的选用

【项目描述】 根据液压传动系统的要求选择合适的液压动力元件。

【技能目标】 能根据液压泵的工作条件，分析计算性能参数，查手册确定液压泵的型号。

【知识目标】 掌握液压泵的分类、结构特点及其性能参数的选择方法；理解液压泵的工作原理。

液压泵是液压传动系统中的动力装置，是能量转换元件。其由原动机（电动机或柴油机）驱动，把输入的机械能转换成为液压油的压力能再输出到系统中，为执行元件提供动力，是液压传动系统的核心元件。

液压泵按结构形式可分为齿轮式液压泵、叶片式液压泵、柱塞式液压泵、螺杆式液压泵等；液压泵按压力等级又可分为低压泵、中压泵和高压泵；若按输出流量能否变化则可分为定量泵和变量泵。

下面简要介绍液压泵的工作原理。

图 4－1 所示为单柱塞液压泵的工作原理图。图中柱塞装在泵体中形成一个密封容积 a，柱塞在弹簧的作用下始终压紧在偏心轮上。原动机驱动偏心轮旋转使柱塞作往复运动，密封容积 a 的大小随之发生周期性的变化。当密封容积 a 由小变大时，腔内形成部分真空，油箱中的油液便在大气压力的作用下，经油管顶开单向阀（6）进入密封容积 a 中实现吸油，此时单向阀（5）处于关闭状态；随着偏心轮的转动，密封容积 a 由大变小，其内油液压力则由小变大。当压力达到一定值时，便顶开单向阀（5）进入系统而实现压油，此时单向阀（6）关闭，这样液压泵就将原动机输入的机械能转换为液体的压力能。随着原动机驱动偏心轮不断地旋转，液压泵就不断地吸油和压油。由此可知，液压泵是通过密封容积的变化来完成吸油和压油的，其排量的大小取决于密封容积 a 变化的大小，而与偏心轮转动的次数及油液压力的大小无关，故称为容积式液压泵。

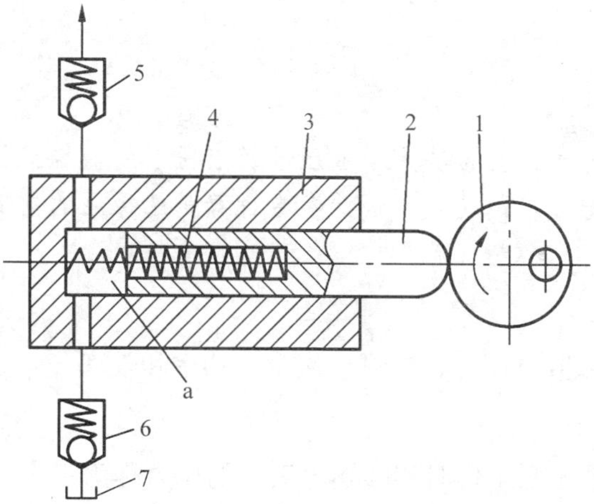

图 4－1 单柱塞液压泵的工作原理图

1—偏心轮；2—柱塞；3—泵体；4—弹簧；5、6—单向阀；7—油箱

容积式液压泵具有以下几个特点。

（1）应具有相应的配流机构，将吸、压油腔分开，保证液压泵有规律地吸、压油。

（2）油箱内液体的绝对压力必须恒等于或大于大气压力，为保证液压泵能正常吸油，油箱必须和大气相通以保证液压泵吸油充分。

（3）具有若干个密封并且又可以周期性变化的空间。

任务一 齿轮泵的选用

任务描述

如图 4－2 所示的齿轮泵，转速为 950 r/min，排量为 168 mL/r，在额定压力 29.5 MPa 和同样转速下，测的实际流量为 150 L/min，额定工况下的总效率为 0.87，求：①泵的理论流量；②泵的容积效率和机械效率；③泵在额定工况下，所需电动机驱动功率；④选出齿轮泵的型号。

图 4－2 齿轮泵

任务分析

齿轮泵的选型正确与否，直接决定了液压泵及液压系统能否正常工作，而泵的选型取决于相关参数的正确计算与数值的确定，因此参数计算是选择泵的前提。

相关知识

液压泵的主要性能参数有压力、排量、流量、功率和效率。

1. 压力

（1）工作压力 p：液压泵工作时实际输出液体的压力称为工作压力。其大小取决于外负载，与液压泵的流量无关，单位为 Pa 或 MPa。

（2）额定压力 p_n：液压泵在正常工作时，按试验标准的规定连续运转的最高压力称为液压泵的额定压力。其大小受液压泵本身的泄漏和结构强度等限制，主要受泄漏的限制。

（3）最高允许压力 p_m：在超过额定压力的情况下，根据试验标准规定，允许液压泵短时运行的最高压力值。泵在正常工作时，不允许长时间处于这种工作状态。

综上，这三种压力的关系为：工作压力 < 额定压力 < 最高允许压力。

2. 排量和流量

1）液压泵的排量

泵的主轴每旋转一转，其密封容积发生变化所排出液体的体积称为液压泵的排量 V。

排量 V 的单位为 m^3/r，其大小只与泵的密封腔几何尺寸有关，与泵的转速 n 无关。排量不可调节的液压泵为定量泵；反之，为变量泵。

2）液压泵的流量

（1）理论流量 q_t：指泵在不考虑泄漏的情况下，单位时间内所排出液体的体积称为理论流量。当液压泵的排量为 V，其主轴转速为 n 时，则液压泵的理论流量 q_t 为

$$q_t = Vn \tag{4-1}$$

（2）实际流量 q：泵在某一工作压力下，单位时间内实际排出液体的体积称为实际流量。它等于理论流量 q_t 减去泄漏流量 Δq，即

$$q = q_t - \Delta q \tag{4-2}$$

其中，泵的泄漏流量与压力有关，压力越高，泄漏流量就越大，故实际流量随压力的增大而减小。

（3）额定流量 q_n：泵在正常工作条件下，按试验标准规定（在额定压力和额定转速下）必须保证的流量称为额定流量。

综上，这三种流量的关系为：实际流量≤额定流量≤理论流量。

3. 功率和效率

1）液压泵的功率

① 输入功率 P_i：指作用在液压泵主轴上的机械功率，它是以机械能的形式表现的。当

实际输入转矩为 T_i，角速度为 ω 时，则有

$$P_i = T_i\omega \tag{4-3}$$

② 输出功率 P_o：指液压泵在实际工作中所建立起的压力 p 和实际输出流量 q 的乘积，它是以液压能的形式表现的，即

$$P_o = pq \tag{4-4}$$

2）液压泵的效率

（1）容积损失（容积效率）。容积损失是指液压泵在流量上的损失，即液压泵的实际流量小于其理论流量。造成损失的主要原因有：液压泵内部油液的泄漏、油液的压缩、吸油过程中油阻太大和油液黏度大，以及液压泵转速过高等。

液压泵的容积损失通常用容积效率 η_V 表示。它等于液压泵的实际输出流量 q 与理论流量 q_t 之比，即

$$\eta_V = \frac{q}{q_t} = \frac{q}{Vn} \tag{4-5}$$

则液压泵的实际流量 q 为

$$q = q_t \cdot \eta_V = Vn \cdot \eta_V \tag{4-6}$$

容积效率随着液压泵工作压力的增大而减小，并随液压泵的结构类型不同而异，但恒小于1。

（2）机械损失（机械效率）。机械损失是指液压泵在转矩上的损失，即液压泵的实际输入转矩大于理论上所需要的转矩，主要是由于液压泵内相对运动部件之间的摩擦损失以及液体的黏性而引起的摩擦损失。液压泵的机械损失用机械效率 η_n 表示。

设液压泵的理论转矩为 T_t，实际输入转矩为 T_i，则液压泵的机械效率为

$$\eta_n = \frac{T_t}{T_i}$$

式中理论转矩可根据能量守恒原理得出，即液压泵的理论输出功率 pq_t 等于液压泵的理论输入功率 $T_t\omega$，则

$$T_t = \frac{pV}{2\pi}$$

则液压泵的机械效率为

$$\eta_n = \frac{pV}{T_i 2\pi} \tag{4-7}$$

式中：p——液压泵内的压力，N/m^2；

V——液压泵的排量，m^3/r；

T_i——液压泵的实际输入转矩，N·m。

液压泵的总效率是指液压泵的输出功率 P_o 与输入功率 P_i 的比值，即

$$\eta = \frac{P_o}{P_i} = \frac{pq}{2\pi n T_i} = \frac{pV}{2\pi T_i} \cdot \frac{q}{Vn} = \eta_V \cdot \eta_n \qquad (4-8)$$

由上式可知，液压泵的总效率等于泵的容积效率与机械效率的乘积，即提高泵的容积效率或机械效率都可以提高泵的总效率。

任务实施

回到本任务的开头，解决图 4－2 提出的问题。

解：（1）泵的理论流量 q_t 为

$$q_t = Vn = 168 \times 10^{-3}\text{ L/r} \times 950\text{ r/min} \approx 159.6\text{ L/min}$$

（2）泵的容积效率和机械效率分别为

$$\eta_V = \frac{q}{q_t} = \frac{150}{159.6} \approx 0.94$$

$$\eta_n = \frac{\eta}{\eta_V} = \frac{0.87}{0.94} \approx 0.93$$

（3）泵所需的电动机功率为

$$P_i = \frac{P_o}{\eta} = \frac{pq}{\eta} = \frac{29.5 \times 150}{0.87 \times 60}\text{kW} \approx 85\text{ kW}$$

（4）齿轮泵型号为 CB3100。

归纳总结

齿轮泵是一种常用的液压泵，它一般做成定量泵。按结构不同，齿轮泵分为外啮合齿轮泵和内啮合齿轮泵，如图 4－3 所示。外啮合齿轮泵结构简单，制造方便，价格低廉，体积小，重量轻，自吸性能好，对油的污染不敏感，工作可靠，便于维护修理，因此应用广泛。

（a）外啮合齿轮泵　　（b）内啮合齿轮泵

图 4－3　齿轮泵

1. 外啮合齿轮泵

1）工作原理

外啮合齿轮泵如图4－4所示，在泵体内有一对齿数相同的外啮合齿轮，齿轮的两端有端盖盖住。泵体、端盖和齿轮之间形成了密封工作腔，并由两个齿轮的齿面啮合线将它们分隔成吸油腔和压油腔。当齿轮按图示方向旋转时，吸油腔内的轮齿相继脱开啮合，使密封容积增大，形成局部真空，油箱中的油在大气压力作用下进入吸油腔，并被旋转的轮齿带入排油腔，排油腔的轮齿则不断进入啮合，使密封容积减小，油液被挤出。齿轮泵没有单独的配流装置，齿轮的啮合线就起配流作用。

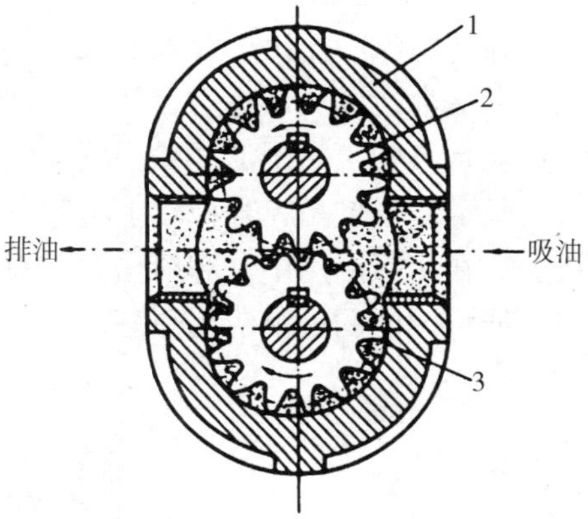

图4－4　外啮合齿轮泵的工作原理

1—壳体；2—主动齿轮；3—从动齿轮

2）排量和流量计算

外啮合齿轮泵的排量可认为等于两个齿轮的齿槽容积之和。假设齿槽容积等于轮齿体积，那么其排量就等于一个齿轮的齿槽容积和轮齿体积的总和。齿轮的模数 m、齿数 z、节圆直径 d、有效齿高 h、齿宽 B 可得排量为

$$V = \pi dhB = 2\pi zm^2B \tag{4-9}$$

实际上，齿间槽容积比轮齿体积稍大一些，所以通常取3.33代替式中的 π 加以修正，则式（4－9）变为

$$V = 6.66zm^2B \tag{4-10}$$

所以外啮合齿轮泵的实际输出流量为

$$q = 6.66zm^2Bn\eta_V \tag{4-11}$$

式（4－11）得出的流量 q 是外啮合齿轮泵的平均流量，实际上，由于齿轮啮合过程中排油腔的容积变化率是不均匀的，因此泵的瞬时流量是脉动的，齿数愈少，脉动愈大。流量脉动引起压力脉动，随之产生振动与噪声，所以精度要求高的场合不宜采用外啮合齿轮泵。

3）结构及特点

图4－5所示为CB－B型外啮合齿轮泵结构图，泵体内有一对齿数相等又相互啮合的齿

轮，分别用键固定在主动轴和从动轴上，两根轴依靠滚针轴承支承在前后端盖中，前后端盖与泵体用两个定位销定位后，靠六个螺钉固紧。泵体的两端面开有封油槽，此槽与吸油口相通，用来防止泵内油液从泵体与泵盖接合面外泄。在前后端盖中的轴承处钻有油孔，使轴承处泄漏油液经短轴中心通孔及通道流回吸油腔。该泵工作压力为2.5 MPa，属于低压齿轮泵，主要用于负载小、功率小的液压设备上。

外啮合齿轮泵的结构有如下几个特点。

(1) 困油。外啮合齿轮泵要平稳地工作，齿轮啮合的重合度必须大于1，于是会有两对轮齿同时啮合。此时，就有一部分油液被围困在两对轮齿所形成的封闭腔之内，如图4－6 (a) 所示。这个封闭腔容积先随齿轮转动逐渐减小，以后又逐渐增大。封闭腔容积减小会使被困油液受挤压而产生高压，并从缝隙中流出，导致油液发热，轴承等机件也受到附加的不平衡负载作用；封闭腔容积增大又会造成局部真空，使溶于油中的气体分离出来，产生气穴，引起噪声、振动和气蚀，这就是齿轮泵的困油现象。消除困油的方法，通常是在两侧端盖上开卸荷槽，如图4－6 (b) 所示，当封闭腔容积减小时卸荷槽与排油腔相通，当封闭腔容积增大时卸荷槽与吸油腔相通。在实际应用中，卸荷槽并不对称于中心线分布，而是偏向吸油腔，实践证明这样的布局，能将困油问题解决得更好。

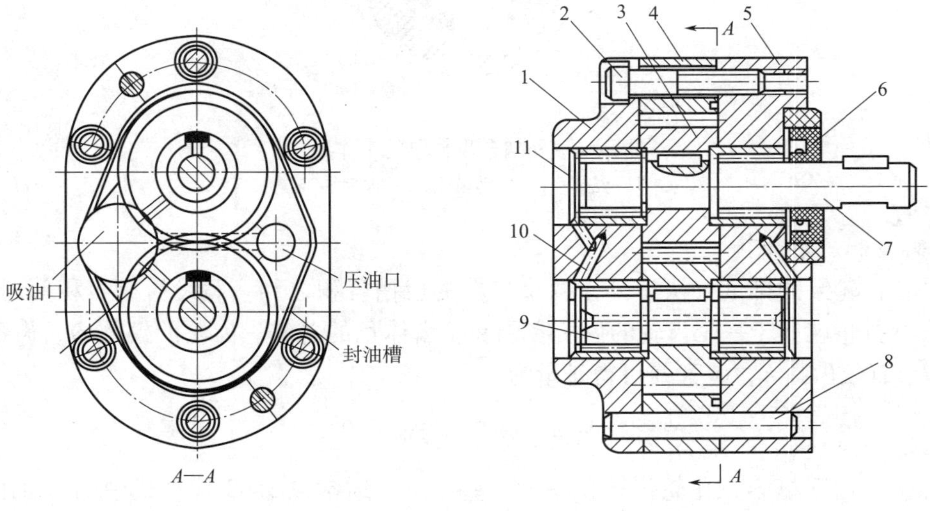

图4－5　CB－B型外啮合齿轮泵结构

1—前端盖；2—螺钉；3—齿轮；4—泵体；5—后端盖；6—密封圈；7—主动轴；8—定位销；9—从动轴；10—滚针轴承；11—堵头

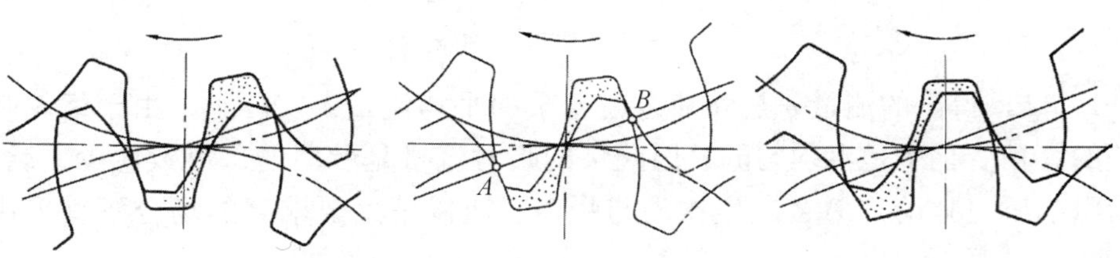

(a) 齿轮泵的困油现象

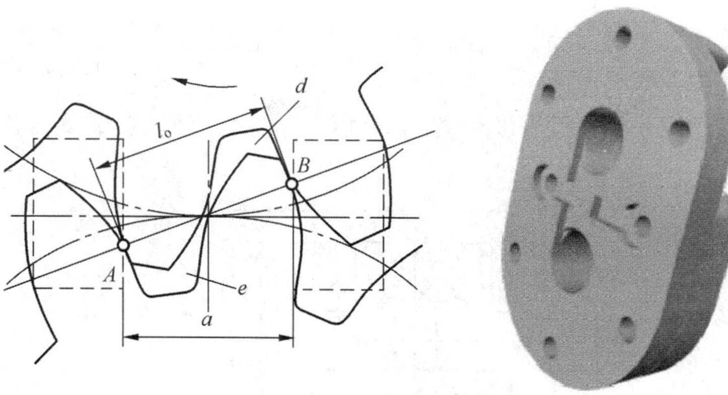

（b）端盖行开设的卸荷槽

图 4－6　齿轮泵的困油现象及消除方法

（2）径向作用力不平衡。在外啮合齿轮泵中，油液作用在齿轮外缘的压力是不均匀的，吸油腔的压力最低，一般低于大气压力，排油腔压力最高，也就是工作压力。由于齿顶与泵内表面有径向间隙，所以在齿轮外圆上从排油腔到吸油腔油液的压力是分级逐步降低的，这样，齿轮轴和轴承上都受到一个径向不平衡力的作用（见图 4－7）。工作压力越高，径向不平衡力也越大。径向不平衡力足够大时能使齿轮轴弯曲，导致齿顶接触泵体，产生摩擦；同时也加速轴承的磨损，降低轴承使用寿命。为了减小径向不平衡力的影响，可采取缩小排油口的办法，使排油腔的压力仅作用在一个齿到两个齿的范围内；同时适当增大径向间隙使齿顶不能和泵体接触。

（3）泄漏。外啮合齿轮泵排油腔的压力油可通过三条途径泄漏：一是通过齿轮啮合处的间隙；二是通过泵体内孔和齿顶圆间的径向间隙；三是通过齿轮两端面和端盖间的端面间隙。在这三类间隙中，以端面间隙的泄漏量最大，占总泄漏量的 75%～80%。泵的压力愈高，间隙泄漏就愈大，容积效率亦愈低。

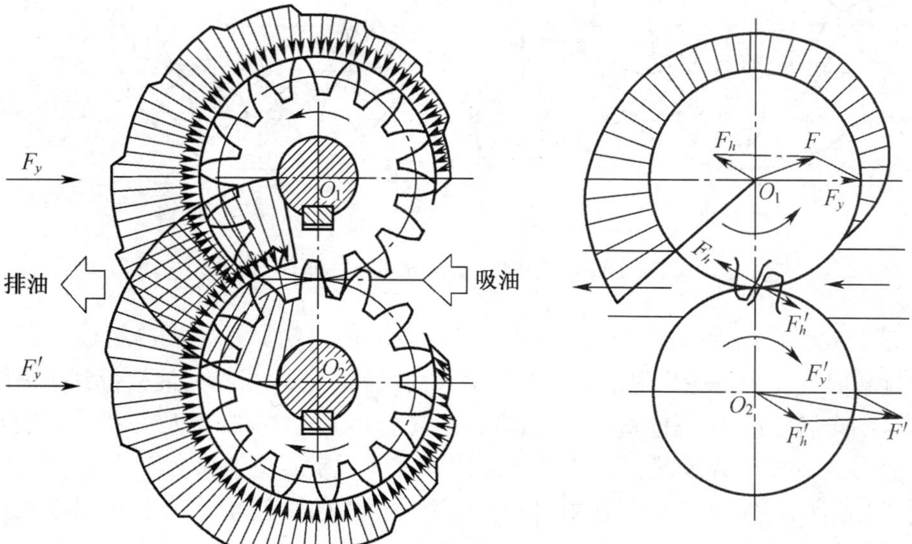

图 4－7　齿轮径向液压力分布及齿轮受力分析

外啮合齿轮泵由于泄漏大和存在径向不平衡力，因而限制了压力的提高。为使外啮合齿轮泵能在高压下工作，常采取的措施为：减小径向不平衡力，提高轴与轴承的刚度，同时对泄漏量最大的端面间隙采用自动补偿装置等。例如，采用浮动轴套的高压齿轮泵如图 4－8 所示。

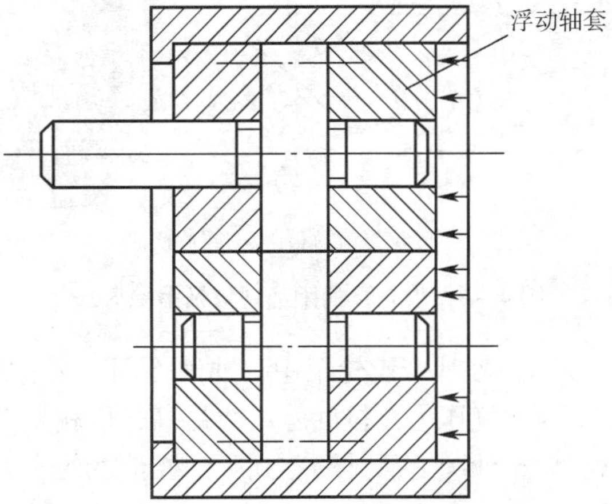

图 4－8　采用浮动轴套进行自动补偿

2. 内啮合齿轮泵

内啮合齿轮泵与外啮合齿轮泵大致相同，只是两个齿轮的大小不同，且相互偏置。内啮合齿轮泵有渐开线齿形和摆线齿形两种，其工作原理如图 4－9 所示。

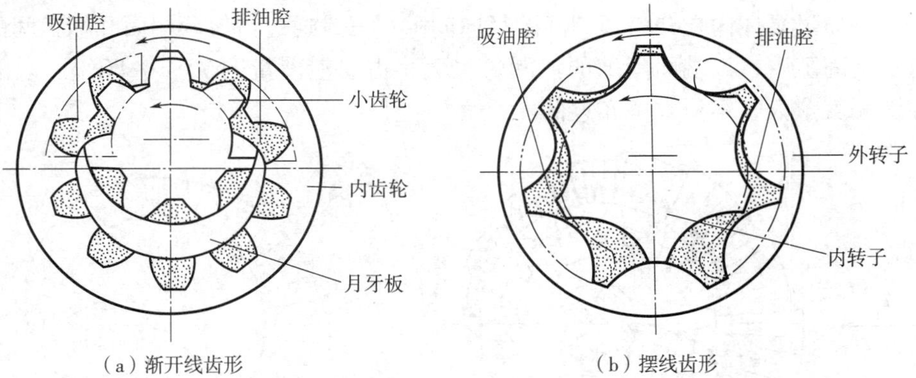

图 4－9　内啮合齿轮泵的工作原理

(1) 渐开线齿形内啮合齿轮泵。该泵由小齿轮、内齿轮、月牙板等组成。当小齿轮带动内齿轮旋转时，左半部轮齿退出啮合容积增大而吸油，进入齿槽的油被带到排油腔，右半部轮齿进入啮合容积减小而压油。月牙板在内齿轮和小齿轮之间，将吸、排油腔隔开。

(2) 摆线齿形内啮合齿轮泵。这种泵又称摆线转子泵，主要由一对内啮合的齿轮（即内、外转子）组成。外转子齿数比内转子齿数多一个，两个转子之间有一偏心距。内转子带动外转子异速同向旋转时，所有内转子的齿都进入啮合，形成六个独立的密封腔。左半部轮齿退出啮合，容积增大而吸油；右半部轮齿进入啮合，容积减小而压油。

与外啮合齿轮泵相比，内啮合齿轮泵结构更紧凑，体积小，流量脉动小，运转平稳，噪声小。但内啮合齿轮泵齿形复杂，加工困难，价格较贵。

任务二　叶片泵的选用

任务1描述

已知液压系统的负载 $F=30\ 000$ N，活塞有效面积 $A=0.01\ m^2$，空载时的快速前进的速度为0.05 m/s，负载工作时的前进速度为0.025 m/s，选取压力补偿系数1.5，流量补偿系数1.3，试从下列已知泵中选择一台合适的泵，若泵的效率为0.85，并计算其相应的电动机功率。

已知泵如下：

YB－32型叶片泵，$q_n=32$ L/min，$p_n=63\ kgf/cm^2$（$1\ kgf/cm^2=0.098$ MPa）；

YB－40型叶片泵，$q_n=40$ L/min，$p_n=63\ kgf/cm^2$；

YB－50型叶片泵，$q_n=50$ L/min，$p_n=63\ kgf/cm^2$。

任务1分析

在选择叶片泵时，首先要求出液压缸所需的最大工作压力和最大流量，然后要根据系统的特点，推出或经过试验得到从泵到液压缸的压力补偿系数和流量补偿系数，进而求出液压泵所需的输出流量和输出压力，最后查液压泵手册选择液压泵，液压泵的额定压力和额定流量一定不能小于所计算出的最大工作压力和最大流量。

相关知识

1. 液压泵大小的选用

1）压力的选择

液压泵的的工作压力是根据执行元件的最大工作压力来决定的，考虑到各种压力损失，泵的最大工作压力 p 为

$$p \geqslant k_p \times p_0$$

式中：p——液压泵的最大工作压力，Pa；

k_p——系统的压力损失系数，取1.3 ～ 1.5；

p_0——液压缸的最大工作压力，Pa。

2）流量的选择

液压泵的输出流量取决于系统所需最大流量及泄漏量，即

$$q \geqslant k_q \times q_0$$

式中：q——液压泵的最大流量，m^3/min；

k_q——系统的泄漏系数，取 1.1～1.3；

q_0——液压缸的最大流量，m^3/min。

2. 电动机参数的选择

驱动液压泵所需的电动机功率为

$$P_i = \frac{p \times q}{60\eta}$$

式中：P_i——电动机的功率，kW；

p——液压泵的最大工作压力，Pa；

q——与最大工作压力相对应输出的最大流量（如果是变量泵或双联泵，要根据工作曲线，分别计算出压力和流量的峰值点的功率，经过比较后取其最大值），m^3/min；

η——液压泵的总效率。

各种液压泵的总效率大致为：齿轮泵 0.6～0.7；叶片泵 0.6～0.75；柱塞泵 0.8～0.85。

任务1实施

回到本任务开头，解决所提出的问题。

解：（1）泵的流量为

$$q = k_q \times vA = (1.3 \times 0.05 \times 0.01 \times 10^3 \times 60)\,\text{L/min} = 39\ \text{L/min}$$

（2）泵的压力为

$$p = k_p \times p_0 = k_p \times F/A = 1.5 \times 30\,000/0.01\ \text{Pa} = 4.5\ \text{MPa}$$

所以应选 YB－40 型叶片泵。

（3）泵所需电动机功率为

$$P_i = \frac{p \times q}{\eta} = \frac{(6.3 \times 10^6)\,\text{N/m}^2 \times (40 \times 10^{-3})\,\text{m}^3/60\ \text{s}}{0.85} \approx 4.94\ \text{kW}$$

查手册得电动机功率为 5.5 kW。

任务2描述

已知某液压系统工作时所需最大流量 $q_m = 5 \times 10^{-4} m^3/s$，最大工作压力 $p_m = 40 \times 10^5$ Pa，取 $k_p = 1.3$，$k_q = 1.1$，试从液压元件手册中选择叶片泵。若泵的效率为 0.7，计算电动机功率。

任务2分析

本任务与第一个任务的不同点是要查手册方能选型。查表时要注意压力、流量、转速要和手册的推荐值相符合，如果计算结果不符，应取手册中的较大值。

任务2实施

解：(1) 泵的流量为

$$q = k_q \times q_m = 1.1 \times 5 \times 10^{-4} \times 10^3 \times 60\ \text{L/min} = 33\ \text{L/min}$$

(2) 泵的压力为

$$p = k_p \times p_m = 1.3 \times 40 \times 10^5\ \text{Pa} = 5.2\ \text{MPa}$$

(3) 泵所需的电动机功率为

$$P_i = \frac{p \times Q}{\eta} = \frac{5.2 \times 10^6\ \text{N/m}^2 \times 33 \times 10^{-3}\text{m}^3/60\text{s}}{0.7} = 4.1\ \text{kW}$$

查手册后可选电动机功率为5.5 kW。

(4) 泵型号为YB40。

归纳总结

叶片泵不同于齿轮泵，其具有结构紧凑、外形尺寸小、工作压力较高、流量脉动小，工作平稳、噪声较小、寿命较长等优点，所以在机床液压系统中和部分工程机械中应用很广，但其也存在着结构复杂、自吸能力差、对油污敏感等缺点。叶片泵按其工作时转子上所受的径向力不同可分为单作用叶片泵和双作用叶片泵。

1. 单作用叶片泵

1) 结构与工作原理

图4-10所示为单作用叶片泵。它由定子、转子、叶片、配油盘（图中未画出）等组成。定子固定不动且具有圆柱形内表面，而转子沿轴线可左、右移动，定子和转子间有偏心距e，且偏心距e的大小是可调的。叶片装在转子槽中，并可在槽内滑动，当转子旋转时，在离心力的作用下叶片紧压在定子内表面，这样在定子、转子、相邻两叶片间和两侧配油盘间形成一个个密封容积腔。当叶片转至下侧时，在离心力的作用下叶片逐渐伸出叶片槽，使

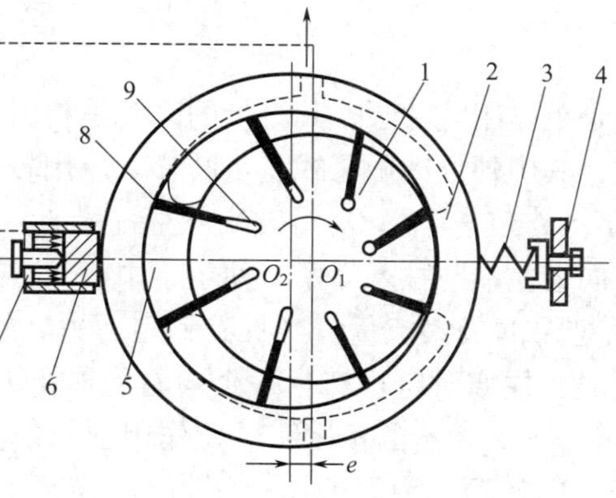

图4-10　单作用叶片泵

1—转子；2—定子；3—限压弹簧；4—限压螺钉；5—密封容积腔；6—柱塞；7—螺钉；8—叶片；9—转子槽

密封容积腔逐渐增大，腔内压力减小，油液从吸油口被吸入，此区为吸油腔。当叶片转至上侧时，叶片被定子内壁逐渐压进槽内，密封容积腔逐渐减小，腔内油液的压力逐渐增大，增大压力的油液从排油口压出，则此区为排油腔。吸油腔和排油腔之间有一段油区，当叶片转至此区时，既不吸油也不排油从而将吸、排油腔分开，则称此区为封油区。叶片泵转子每转一周，每个密封容积将吸、排油各一次，故称为单作用叶片泵。又因这种泵的转子在工作时所受到的径向液压力不平衡，又称为非平衡式叶片泵。

2）排量和流量

由叶片泵的工作原理可知，叶片泵每转一周所排出液体的体积即为排量。排量等于长短半径（$R-r$）所扫过的环形体体积，为

$$V = \pi(R^2 - r^2)B \tag{4-12}$$

式中：B——叶片泵的长度。

若定子内径为 D、定子与转子偏心距为 e、叶片数为 z 时，排量为

$$V = 2BzeD\sin(\pi/z) \tag{4-13}$$

若泵的转速为 n，容积效率为 η_V，则泵的实际流量 q 为

$$q = 2BzeD\sin(\pi/z)n\eta_V \tag{4-14}$$

3）单作用叶片泵的结构特点

单作用叶片泵的结构特点有以下几点。

（1）叶片采用后倾24°安放，其目的是有利于叶片从槽中甩出。

（2）只要改变偏心距 e 的大小就可改变泵输出的流量。由式（4－13）和（4－14）可知，叶片泵的排量 V 和流量 q 均和偏心距 e 成正比。

（3）转子上所受的不平衡径向液压力，随泵内压力的增大而增大，此力使泵轴产生一定弯曲，加重了转子对定子内表面的摩擦，所以不宜用于高压环境。

（4）单作用叶片泵的流量具有脉动性。泵内叶片数越多，流量脉动率越小，奇数叶片泵的脉动率比偶数叶片泵的脉动率小，所以单作用泵的叶片数均为奇数，一般为 13 片或 15 片。

4）限压式变量叶片泵

限压式变量叶片泵也是单作用叶片泵，其流量的改变是利用压力的反馈来实现的。它有内反馈和外反馈两种形式，其中外反馈限压式变量叶片泵应用较广，其工作原理如图 4－10 所示，转子中心 O_1 固定不动，定子中心 O_2 沿轴线可左右移动，螺钉（7）调定后，定子在限压弹簧的作用下，被推向最左端与柱塞靠紧，使定子中心 O_2 与转子中心 O_1 之间有了初始的偏心距 e，e 的大小可决定泵的最大流量。当具有一定压力 p 的液压油，经一定的通道作用于柱塞的定值面积 A 上时，柱塞对定子产生一个向右的作用力 pA，它与限压弹簧的预紧力 kx（k 为弹簧的刚度系数，x 为弹簧的预压缩量）作用于一条直线上，且方向相反，具有压缩弹簧减小初始偏心距 e 的作用。当泵的出口压力 p_0 小于或等于限定工作压力（$p_c = kx_0$）时，则有 $p_0A \leq kx_0$，定子不移动，初始偏心距 e 保持最大，泵的输出流量保持最大；随着外负载的增大，泵的出口压力逐渐增大，直到大于泵的限定压力时，$p_0A > kx_0$，限压弹簧被压缩，定子右移，偏心距 e 减小，泵的流量随之减小。若泵建立的工作压力越高（p_0A 值

越大）而 e 越小，则泵的流量就越小。当泵的压力大到某一极限压力 p_m 时，限定弹簧被压缩到最短，定子移动到最右端位置，e 减到最小，泵的流量也达到了最小，此时的流量仅用于补偿泵的泄漏量，如图 4－11 所示。

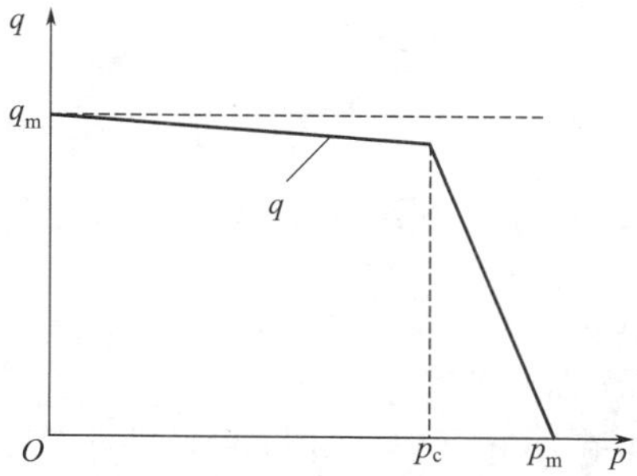

图 4－11 限压式变量叶片泵流量压力的特性曲线

限压式变量叶片泵的排量和流量可近似地用式（4－13）和式（4－14）计算。

2. 双作用叶片泵

1）结构与工作原理

双作用叶片泵如图 4－12 所示，它由定子、转子、叶片、配油盘、转动轴和泵体组成。转子和定子中心重合，定子内表面由 2 段长半径圆弧、2 段短半径圆弧和 4 段过渡曲线组成，近似椭圆柱形，叶片在离心力和作用在根部液压油的作用下从槽中伸出紧压在定子内表面。这样在两叶片之间、定子的内表面、转子的外表面和两侧配油盘间形成了一个个密封容积腔。当转子按图 4－12 所示方向旋转时，密封容积腔的容积在经过渡曲线运动到短半径圆弧的过程中，叶片外伸，密封容积腔的容积增大，形成部分真空而吸入油液；转子继续转动，密封容积腔的容积从短半径圆弧经过渡曲线运动到长半径圆弧时，叶片被定子内壁逐渐压入槽内，密封容积腔的容积减小，将油液从排油口压出。在吸、排油腔之间有一段封油区，将吸、排油腔分开。因此，转子每转一周，每个密封容积腔吸油和排油各两次，故称为双作用叶片泵。另外，这种叶片泵的两个吸油腔和两个排油腔是径向对称的，作用在转子上的径向液压力相互平衡，因此该泵又可称为平衡式叶片泵。

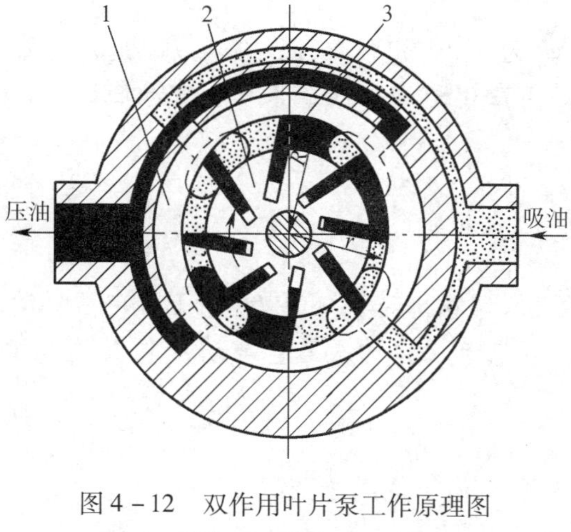

图 4－12 双作用叶片泵工作原理图

1—定子；2—转子；3—叶片

2）排量和流量

在不计叶片所占容积时，设定子内表面长半径为 R(m)，短半径为 r(m)，叶片宽度为 b(m)，转子转速为 n(r/s)，容积效率为 η_V，则叶片泵的排量近似为

$$V = 2\pi b(R^2 - r^2) \tag{4-15}$$

叶片泵的实际流量为

$$q = 2\pi b(R^2 - r^2)n\eta_V \tag{4-16}$$

3）双作用叶片泵的结构特点

双作用叶片泵的结构特点有以下几点。

（1）双作用叶片泵叶片前倾 10°～14°，其目的是减小压力角，减小叶片与槽之间的摩擦，以便叶片在槽内滑动。

（2）双作用叶片泵不能改变排量，只作定量泵使用。

（3）为使径向力完全平衡，密封容积腔数（即叶片数）应当为双数。

（4）为保证叶片紧贴定子内表面，可靠密封，在配油盘对应于叶片根部处开有一环形槽，槽内有两通孔与压油孔道相通，从而引入液压油作用于叶片根部。

（5）定子内曲线利用综合性能较好的等加速等减速曲线作为过渡曲线，且过渡曲线与弧线交接处圆滑过渡，以保证叶片能紧压在定子内表面保证密封性，减少冲击、降低噪声和磨损。

（6）双作用叶片泵具有径向力平衡、运转平稳、输油量均匀和噪声小的特点。但它的结构复杂，吸油特性差，对油液的污染也比较敏感，故一般用于中压液压系统中。

任务三　柱塞泵的选用

任务描述

某柱塞泵的额定流量为 q_n = 32 L/min，额定压力 p_n = 2.5 MPa，额定转速 n_n = 1 450 r/min，泵的机械效率 η_n = 0.85。请确定并求出泵的容积效率和总效率的方案，并确定泵所需的电动机功率。

任务分析

根据泵的已知条件确定泵的容积效率和总效率是选取电动机功率的基础。这里首先要理解泵的理论流量的含义，即它与压力的关系；其次要理解容积效率和总效率与哪些参数有关。

任务实施

解：（1）求泵的容积效率和总效率。

液压泵的出口压力为零时的流量为理论流量。因此可使泵的负载为零，得泵的理论流量为 $q_t = 35.6\ \text{L/min}$。于是泵的容积效率为

$$\eta_V = \frac{q}{q_t} = \frac{32}{35.6} \approx 0.9$$

（2）泵的总效率为

$$\eta = \eta_V \eta_n = 0.9 \times 0.85 \approx 0.77$$

（3）泵的排量为

$$V = \frac{q_t}{n_n} = \frac{35.6\ \text{L/min}}{1\ 450\ \text{r/min}} \approx 25\ \text{mL/r}$$

（4）泵所需的电机功率为

$$P_i = \frac{p_n \times q_n}{\eta} = \frac{2.5 \times 10^6 \text{N/m}^2 \times 32 \times 10^{-3} \text{m}^3/60\text{s}}{0.77} \approx 1.74\ \text{kW}$$

查手册后可选电动机功率为 2.2 kW。

归纳总结

柱塞泵是利用柱塞在缸体中作往复运动，使密封容积发生变化来实现吸油与压油的液压泵，其具有以下一些优点。

（1）组成密封容积的零件为圆柱形的柱塞和缸孔，加工方便，配合精度高，密封性能好，在高压情况下仍有较高的容积效率，因此常用于高压场合。

（2）柱塞泵中的主要零件均处于受压状态，材料强度性能可得到充分发挥。

（3）柱塞泵结构紧凑，效率高，调节流量只需改变柱塞的工作行程就能实现。因此在需要高压、大流量、大功率的系统中和流量需要调节的场合（如在龙门刨床、拉床、液压机、工程机械、矿山冶金机械、船舶上）得到广泛的应用。

由于单向柱塞泵只能断续供油，因此作为实用的柱塞泵，常以多个柱塞泵组合而成。按柱塞的排列和运动方向不同，可分为径向柱塞泵和轴向柱塞泵两大类。径向柱塞泵由于径向尺寸大、结构复杂、噪声大等缺点，逐渐被轴向柱塞泵所替代。

1. 柱塞泵的工作原理

如图 4 – 13 所示为斜盘式轴向柱塞泵，其主要由柱塞、缸体、配油盘和斜盘等主要零件组成。轴向柱塞泵的柱塞平行于缸体轴心线，斜盘和配油盘固定不动，斜盘法线和缸体轴线间的交角为 γ。缸体由轴带动旋转，缸体上均匀分布着若干个轴向柱塞孔，孔内装有柱塞，内套筒在定心弹簧的作用下，通过压盘使柱塞头部的滑履和斜盘靠牢，同时外套筒使缸体和配油盘紧密接触，起密封作用。当缸体按图 2 – 13 所示方向转动时，由于斜盘和压盘的作用，迫使柱塞在缸体内作往复运动，柱塞在转角 $0 \sim \pi$ 范围内逐渐向外伸出，柱塞底部缸孔的密封工作容积增大，通过配油盘的吸油口吸油；在 $\pi \sim 2\pi$ 范围内，柱塞被斜盘逐渐推入缸体，使柱塞底部缸孔容积减小，通过配油盘的排油口排油。缸体每转一周，每个柱塞各完成一次吸、排油。

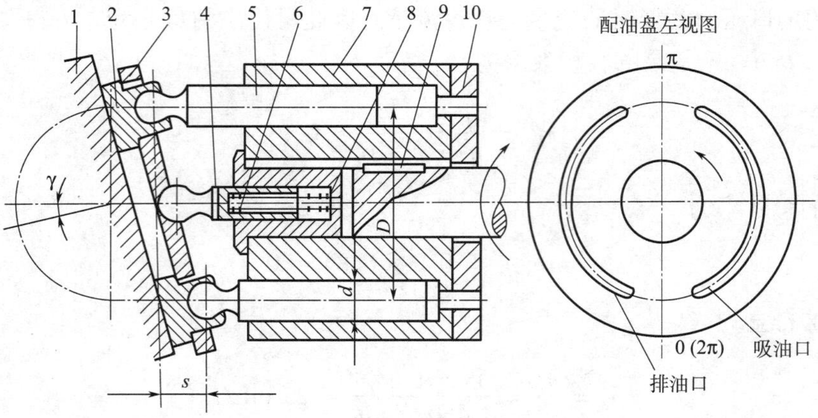

图 4－13 斜盘式轴向柱塞泵

1—斜盘；2—滑履；3—压盘；4—内套筒；5—柱塞；6—定心弹簧；7—缸体；8—外套筒；9—轴；10—配油盘

2. 柱塞泵的排量和流量计算

如图 4－12 所示，若柱塞个数为 z，柱塞的直径为 d，柱塞分布圆直径为 D，斜盘倾角为 γ 时，每个柱塞的行程为 $L = D\tan\gamma$ 。z 个柱塞的排量为

$$V = \frac{\pi}{4} d^2 Dz\tan\gamma \tag{4-17}$$

若泵的转数为 n，容积效率为 η_V，则泵的实际输出流量为

$$q = \frac{\pi}{4} d^2 Dzn\eta_V\tan\gamma \tag{4-18}$$

3. 柱塞泵的特点

柱塞泵的特点有以下几条。

（1）改变斜盘倾角 γ 的大小，就能改变柱塞行程的长度，从而改变柱塞泵的排量和流量；改变斜盘倾角方向，就能改变吸油和压油的方向，使其成为双向变量泵。

（2）柱塞泵柱塞数一般为奇数，且随着柱塞数的增多，流量的脉动性也相应减小，因而一般柱塞泵的柱塞数为单数 $z=7$ 或 $z=9$。

思考与练习题

1. 液压泵按结构形式可分为哪几种？按压力的大小可分为哪几种？若按输出流量能否变化可分为哪几种？

2. 什么是定量泵和变量泵？

3. 简述理论流量、实际流量和额定流量的含义及关系。

4. 何为泵工作压力、额定压力、最高允许压力？按从大到小将其进行排序。

5. 液压泵的排量和流量取决于哪些参数？

6. 齿轮泵、叶片泵的压力提高受哪些因素的影响？可采取哪些措施来提高齿轮泵和叶片泵的压力？

7. 简述齿轮泵、叶片泵、轴向柱塞泵的在吸、排油时的特点。

8. 为什么齿轮泵通常只能做低压泵使用？

9. 简述齿轮泵的困油现象产生的原因、危害，以及解决方法。

10. 已知某液压系统工作时活塞所受的外载荷为 $F=9\ 720$ N，活塞有效工作面积 $A=0.008\ m^2$，活塞运动速度 $v=0..04$ m/s。问：应选择额定压力和额定流量为多少的液压泵？驱动电动机功率应为多少？

11. 某液压泵的工作压力为 $p=8$ MPa，排量 $V=90\ cm^3/r$，转速 $n=1\ 450$ r/min，容积效率 $\eta_V=0.9$，总效率 $\eta=0.8$。试求：①液压泵的输出功率；②电动机的驱动功率。

12. 某液压泵排量 $V=10$ mL/r，转速 $n=1\ 450$ r/min，泵的输出压力 $p=5$ MPa，容积效率 $\eta_V=0.92$，总效率 $\eta=0.9$。求泵的理论流量、实际流量、泵的输出功率和电动机驱动功率。

13. 某一齿轮泵，测得其参数如下：齿轮模数 $m=2$ mm，齿数 $z=17$，齿宽 $b=32$ mm，若齿轮泵的容积效率 $\eta_V=0.80$，机械效率 $\eta=0.90$，转速 $n=1\ 450$ r/min，工作压力 $p=2.5$ MPa。试计算：齿轮泵的理论流量、实际流量、泵的输出功率和电动机驱动功率。

14. 变量叶片泵的转子外径 $d=82$ mm，定子内径 $D=88$ mm，定子宽 $b=30$ mm。试求：①当泵的排量 $V=16$ mL/r 时，定子与转子间的偏心量 e 为多大？②泵的最大排量是多少？

15. 某一柱塞泵，柱塞直径 $d=30$ mm，分布圆直径 $D=65$ mm，柱塞数 $z=7$，斜盘倾角 $r=22°30'$，转速 $n=1\ 450$ r/min，输出压力 $p=10$ MPa，容积效率 $\eta_V=0.95$，机械效率 $\eta=0.90$。试求：①柱塞泵的理论流量、实际流量；②驱动泵所需电动机的功率。

项目五

液压执行元件的选择

【项目描述】 根据工作条件选择合适的液压执行元件。

【技能目标】 能够根据工作条件选用液压马达的型号；能够根据工作状况确定液压缸的主要结构参数并选型。

【知识目标】 了解活塞式液压缸的工作原理；理解液压缸的结构和安装形式；掌握活塞式液压缸的主要性能参数及计算；掌握液压马达的主要性能参数及计算；了解液压马达的分类、工作原理和结构。

液压系统的执行元件是液压缸和液压马达，它们是一种能量转换装置，可将液压能转变为机械能。液压缸主要用于实现直线的往复运动或摆动，输出力、速度或角速度；而液压马达主要用于实现连续回转运动，输出转矩与转速，如图 5－1 所示。

任务一　液压马达的选择

任务描述

某马达的排量 $V = 50\ \text{cm}^3/\text{r}$，总效率 $\eta = 0.75$，机械效率 $\eta_n = 0.9$，马达的进油压力 $p_1 = 10\ \text{MPa}$，出油压力 $p_2 = 0.2\ \text{MPa}$。

① 求马达的实际输出转矩；

② 若马达的转速 $n = 460\ \text{r/min}$，求马达的实际输入流量；

③ 当负载 $T = 250\ \text{N} \cdot \text{m}$，$n = 460\ \text{r/min}$，求马达的输入功率和输出功率；

④ 选取马达型号。

图 5-1　液压马达

任务分析

在计算相关技术参数时，要注意到液压马达和液压泵的区别：液压马达输入的是压力能，输出的是机械能，液压泵输入的是机械能，输出的是压力能；无论是液压泵还是液压马达，都是输出功率小于输入功率。

相关知识

从液压马达的功用来看，其主要性能转速 n、转矩 T 和效率 η 。

1. 转速

液压马达的转速为

$$n = \frac{q}{V}\eta_V \tag{5-1}$$

式中：V——液压马达的排量；

q——实际供给液压马达的流量；

η_V——容积效率。

2. 转矩

液压马达的输出转矩为

$$T = T_t\eta_n = \frac{\Delta pV}{2\pi}\eta_n \tag{5-2}$$

式中：T_t——马达的理论输出转矩，即 $T_t = \frac{\Delta pV}{2\pi}$；

Δp——马达出、入口的压差；

V——液压马达的排量；

η_n——机械效率。

3. 总效率

液压马达的总效率为马达的输出效率和输入效率之比，即

$$\eta = \frac{2\pi nT}{pq} = \eta_V \eta_n \tag{5-3}$$

式中：p——油液压力；

q——实际供给液压马达的流量；

η_V, η_n——分别为液压马达的容积效率和机械效率。

从式（5-3）可知，液压马达的总效率等于液压马达的机械效率与容积效率的乘积。

任务实施

回到本任务的开头，解决所提出的问题。

解：（1）马达的输出转矩为

$$T = \frac{\Delta pV}{2\pi}\eta_n = \frac{(p_1 - p_2)V}{2\pi}\eta_n$$
$$= \frac{(10 - 0.2) \times 10^6\ \mathrm{N/m^2} \times 50 \times 10^{-6}\ \mathrm{m^3/r}}{2\pi} \times 0.9 \approx 70.2\ \mathrm{N \cdot m}$$

（2）马达的实际输入流量为

$$q = \frac{nV}{\eta_V} = \frac{Vn}{\dfrac{\eta}{\eta_n}}$$
$$= \frac{50 \times 10^{-3}\ \mathrm{L/r} \times 460\ \mathrm{r/min} \times 0.9}{0.75} = 27.6\ \mathrm{L/min}$$

（3）马达的输出功率和输入功率为

$$P_o = T\omega = T2\pi n$$
$$= 250\ \mathrm{N \cdot m} \times 2\pi \times 460\ \mathrm{r/(60s)} \approx 12.043\ \mathrm{kW}$$
$$P_i = \frac{P_o}{\eta} = \frac{12.043\ \mathrm{kW}}{0.75} \approx 16.075\ \mathrm{kW}$$

（4）查马达手册得到该液压马达为齿轮马达，型号为：CMA3050。

归纳总结

计算马达参数时要注意单位的换算，效率总是小于1的。在选择马达型号时，要根据工作状况先确定类型，再确定规格，一般是低压时优先选择齿轮泵，中压时可考虑选择叶片泵，高压时选择柱塞泵，高压低速时选择径向柱塞马达。

任务拓展

液压马达按其结构类型分类，可以分为齿轮式、叶片式、柱塞式等形式；也可按液压马达的额定转速分类，分为高速和低速两类：额定转速高于 500 r/min 的属于高速液压马达，额定转速低于 500 r/min 的属于低速液压马达。

图 5-2 所示为轴向柱塞式液压马达，当液压油经配油盘进入缸体的柱塞孔时，柱塞在液压油的作用下被顶出柱塞孔压在斜盘上，设斜盘作用在某一柱塞上的反作用力为 F，F 可分解为 F_r 和 F_t 两个分力。其中轴向分力 F_r 和作用在柱塞后端的液压力相平衡，其值为 $F_r=\frac{\pi d^2 p}{4}$，而垂直于轴向的分力 $F_t = F_r\tan\gamma$，使缸体产生一定的转矩，其大小为

$$T_i = F_t a = F_r R\sin\varphi = F\tan\gamma R\sin\varphi = \frac{\pi d^2}{4}pR\tan\gamma\sin\varphi \qquad (5-4)$$

液压马达输出的转矩应该是处于高压腔柱塞产生转矩的总和，即

$$T_o = \sum\frac{\pi d^2}{4}pR\tan\gamma\sin\varphi \qquad (5-5)$$

由于柱塞的瞬时方位角 φ 是变化的，柱塞产生的转矩也随之变化，故液压马达产生的总转矩是脉动的。若互换液压马达的进、回油路时，液压马达将反向转动；若改变斜盘倾角，液压马达的排量便随之发生改变，从而可以调节输出转矩或转速。

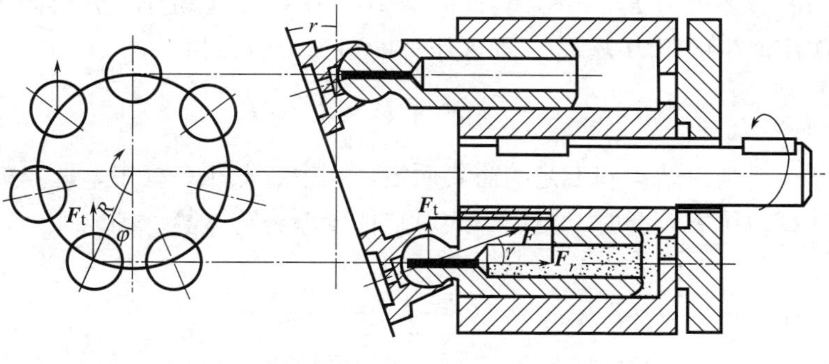

图 5-2 轴向柱塞式液压马达

任务二 液压缸的设计

任务描述

卧式钻镗专用机床如图 5-3 所示，其液压系统在加工时的最大切削力 $F_{切}=12$ kN，运动部件自重 $G=10$ kN，采用矩形导轨，摩擦因数 $f=0.1$，工进速度 $v_{工}=5$ cm/min，快进和快退的速度要求相同为 $v_{快}=5$ m/min，试确定液压缸的尺寸、工作压力和流量。

图 5-3 卧式钻镗专用机床

任务分析

液压缸的结构尺寸计算与选型、主要性能参数的计算是保证镗床正常工作的基础。

相关知识

液压缸的牵引力应能克服所受的总阻力。总阻力包括：阻碍工作运动的切削力 F_1、运动部件与导轨间的摩擦阻力 F_2、密封装置的摩擦阻力 F_3、起动/制动/换向时的惯性力 F_4、回油腔因背压作用产生的阻力 F_5 等，即液压缸的最大牵引力为

$$F = F_1 + F_2 + F_3 + F_4 + F_5$$

液压缸壁厚一般是由结构和工艺的需要而定。在中、低压系统中，壁厚强度不是主要问题，通常不用计算。压力较高时，可用下式对缸体壁厚进行验算，即

$$\delta \geqslant \frac{p_y D}{2[\sigma]}$$

式中：$[\sigma]$——缸体材料的许用应力，当 $p<20$ MPa 时，用钢材，$[\sigma]=100\sim110$ MPa；当 $p<10$ MPa 时，用铸铁，$[\sigma]=60$ MPa。

上式中，$p_y=(1.2\sim1.3)p$。应当指出，上式只适用于 $D/\delta\geqslant10$ 的情况，当 $D/\delta<10$ 时，应按材料力学中厚壁筒的公式进行验算。

任务实施

解：(1) 确定液压缸的工作压力。

① 液压缸的推力为

$$F = F_1 + F_2 + F_3 + F_4 + F_5$$

由题意：$F_1 = 1.2\times10^4$ N(已知)；

$F_2 = fG = 0.1 \times 10\ \text{kN} = 1\ \text{kN}$；

$F_3 = 0.1F$；

F_4——由于运动部件等速运动，则 $F_{惯}=0$；

F_5——一般较小，初算时可忽略不计。

于是

$$F = 1.2 \times 10^4\ \text{N} + 1\ 000\ \text{N} + 0.1F$$

解得：$F \approx 14.4\ \text{kN}$，取 $F \approx 15\ \text{kN}$。

② 确定工作压力。

查表得，液压缸的工作压力为 $p=3\ \text{MPa}$。

（2）确定液压缸的结构尺寸。

① 液压缸的内径为

$$D = \sqrt{\frac{4F}{\pi p}} = \sqrt{\frac{4 \times 15 \times 10^3}{\pi \times 3 \times 10^6}}\text{m} \approx 79\ \text{mm}$$

查表取标准内径 $D=80\ \text{mm}$。

② 活塞杆直径 d。由于快进和快退的速度相同，即

$$\frac{4q}{\pi d^2} = \frac{4q}{\pi(D^2 - d^2)}$$

于是

$$d = \frac{\sqrt{2}}{2}D = \frac{\sqrt{2}}{2} \times 80\ \text{mm} \approx 56.7\ \text{mm}$$

查表取 $d=55\ \text{mm}$。

③ 求缸筒壁厚。由于液压缸的工作压力 $p=3\ \text{MPa}$，压力不算高，可用材料力学薄壁筒公式进行验算，即

$$\delta \geqslant \frac{p_Y D}{2[\sigma]} = \frac{1.3pD}{2[\sigma]} = \frac{1.3 \times 3 \times 10^6 \times 80\ \text{mm}}{2 \times 100 \times 10^6} = 1.56\ \text{mm}$$

（3）确定液压缸的流量。

① 工进时液压缸所需流量为

$$q_{工} = v_{工}\frac{\pi D^2}{4} = 5\ \text{cm/min} \times \frac{\pi \times 8^2\ \text{cm}^2}{4}$$
$$\approx 251.3\ \text{cm}^3/\text{min} \approx 0.251\ \text{L/min}$$

② 快进时液压缸所需流量为

$$q_{进} = v_k\frac{\pi d^2}{4} = 500\ \text{cm/min} \times \frac{\pi \times 5.5^2\ \text{cm}^2}{4} \approx 11.88\ \text{L/min}$$

③ 快退时液压缸所需流量

$$q_{退} = v_{快}\frac{\pi(D^2 - d^2)}{4} = 500\ \text{cm/min} \times \frac{\pi \times (8^2 - 5.5^2)\text{cm}^2}{4}$$

$\approx 13.25\ L/min$

归纳总结

因为活塞和活塞杆还要与其他零件相配，如密封圈等，而密封圈已经标准化，有专门的厂家生产，所以活塞和活塞杆也应标准化，以便选取标准件，这就是计算出活塞和活塞杆后直径要圆整的原因。

任务拓展

1. 液压缸的主要参数

液压缸的结构如图 5 - 4 所示，其主要参数有以下几个。

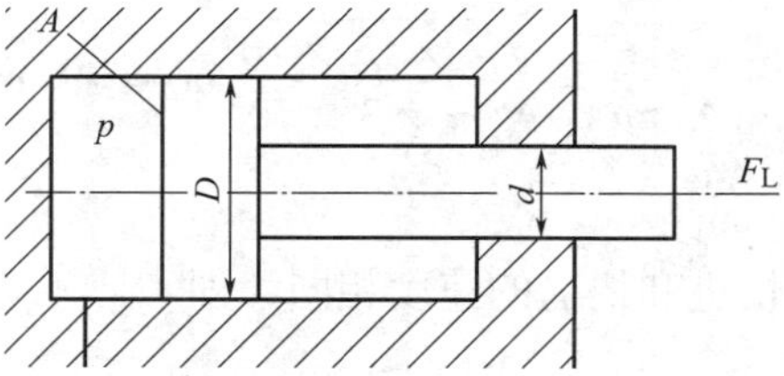

图 5 - 4　液压缸（单活塞）结构示意图

1）液压缸的压力

（1）工作压力 p：液压油作用在活塞单位面积上的法向力，单位为 Pa，其值为

$$p = \frac{F_L}{A} \tag{5-6}$$

式中：F_L——活塞杆承受的总负载，N；

A——活塞的有效工作面积，m^2。

式（5 - 6）表明，液压缸的工作压力是由于负载的存在而产生的，负载越大，液压缸的压力也越大。

（2）额定压力 p_n：也称为公称压力，是液压缸能用以长期工作的最高压力。国家标准规定的液压缸公称压力系列有 0.63、1、1.6、2.5、4、6.3、10、16、20、25、31.5、40 等。

（3）最高允许压力 p_{max}：也称试验压力，是液压缸在瞬间能承受的极限压力，通常为

$$p_{max} \leqslant 1.5p_n \tag{5-7}$$

（4）理论输出力 F_t：等于液压油的压力和工作腔有效面积的乘积，即

$$F_t = pA \tag{5-8}$$

由于图 5 - 4 的液压缸为单活塞杆形式，因此两腔的有效面积不同，所以在相同压力条件下液压缸往复运动的输出力也不同。由于液压缸内部存在密封圈阻力、回油阻力等，故液压缸的实际输出力小于理论输出力。

2）液压缸的输出参数

（1）液压缸的输出速度，为

$$v = \frac{q}{A} \tag{5-9}$$

式中：v——液压缸的输出速度，m/s；

A——液压缸工作腔的有效面积，m^2；

q——输入液压缸工作腔的流量，m^3/s。

（2）速比 λ 。对图 5-4 所示的单活塞杆液压缸，由于两腔有效面积不同，液压缸在活塞前进时的输出速度 v_1 与活塞后退时的输出速度 v_2 也不相同，通常将液压缸往复运动输出速度之比称为 λ ，所以

$$\lambda = \frac{v_2}{v_1} = \frac{A_1}{A_2} \tag{5-10}$$

式中：v_1 ——活塞前进速度，m/s；

v_2 ——活塞退回速度，m/s；

A_1 ——活塞无杆腔有效面积，m^2；

A_2 ——活塞有杆腔有效面积，m^2。

速比不宜过小，以免造成活塞杆过细，稳定性不好，其值如表 5-1 所示。

表 5-1　液压缸速比推荐值

工作压力 p /MPa	≤10	1.25~20	>20
速比 λ	1.33	1.46~2	2

3）液压缸的功率

（1）输出功率 P_o ：液压缸输出机械能，单位为 W，其值为

$$P_o = Fv \tag{5-11}$$

式中：F——作用在活塞杆上的外负载，N；

v——活塞的平均运动速度，m/s。

（2）输入功率 P_i ：液压缸输入液压能，单位为 W，它等于压力和流量的乘积，即

$$P_i = pq \tag{5-12}$$

式中：p——液压缸的工作压力，Pa；

q——液压缸的输入流量，m^3/s。

由于液压缸内存在能量损失（摩擦和泄漏），因此，输出功率小于输入功率。

2. 液压缸的主要形式

液压缸的类型较多，按用途可分为两大类，即普通液压缸和特殊液压缸。

普通液压缸按结构的不同可分为单作用式液压缸和双作用式液压缸。单作用式液压缸在液压力的作用下只能向一个方向运动，其反向运动需要靠重力或弹簧力等外力来实现；双作用式液压缸靠液压力可实现正、反两个方向的运动。单作用式液压缸包括活塞式和

柱塞式两大类，其中活塞式液压缸应用最广；双作用液压缸包括单活塞杆液压缸和双活塞杆液压缸两大类。

特殊液压缸包括伸缩套筒式、串联液压缸、增压缸、回转液压缸和齿条液压缸等几大类。

活塞式液压缸可分为双杆式和单杆式两种结构。

1）双杆活塞式液压缸

图5-5所示为双杆活塞式液压缸的原理图，活塞两侧均装有活塞杆。其中，图5-5（a）为缸体固定式结构，缸的左腔进油，右腔回油，则活塞向右移动；反之，活塞向左移动。图5-5（b）为活塞杆固定式结构，缸的左腔进油，右腔回油，油液推动缸体向左移动；反之，缸体向右移动。当两活塞杆直径相同（即有效工作面积相等）、供油压力和流量不变时，活塞（或缸体）在两个方向的推力 F 和运动速度 v 也都相等，即

$$F=(p_1-p_2)A=\frac{\pi}{4}(D^2-d^2)(p_1-p_2) \tag{5-13}$$

$$v=\frac{q}{A}=\frac{4q}{\pi(D^2-d^2)} \tag{5-14}$$

式中：A——活塞的有效作用面积；

p_1——液压缸的进油压力；

p_2——液压缸的回油压力；

q——液压缸的输入流量；

D——缸体内径；

d——活塞杆直径。

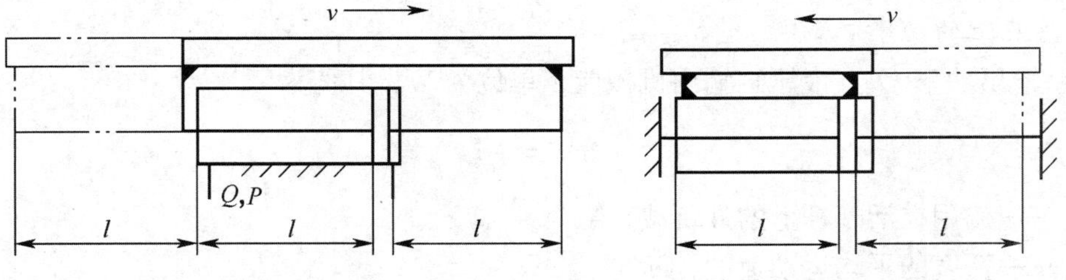

图5-5　双杆活塞式液压缸原理图

当两活塞杆直径相同、两腔的供油压力和流量都相等时，活塞（或缸体）两个方向的推力和运动速度也都相等，适用于要求往复运动速度和输出力相同的工况，如磨床液压系统。图5-5（a）所示为缸体固定式结构，其工作台的运动范围约等于活塞有效行程的3倍，一般用于中小型设备，图5-5（b）所示为活塞杆固定式结构，其工作台的运动范围约等于缸体有效行程的两倍，常用于大中型设备中。

2）单杆活塞式液压缸

图5-6所示为单杆活塞式液压缸的原理图，它只在活塞的一侧装有活塞杆，因而两腔有效工作面积不同。当向缸的两腔分别供油且供油压力和流量不变时，活塞在两个方向的运

动速度和输出推力皆不相等。

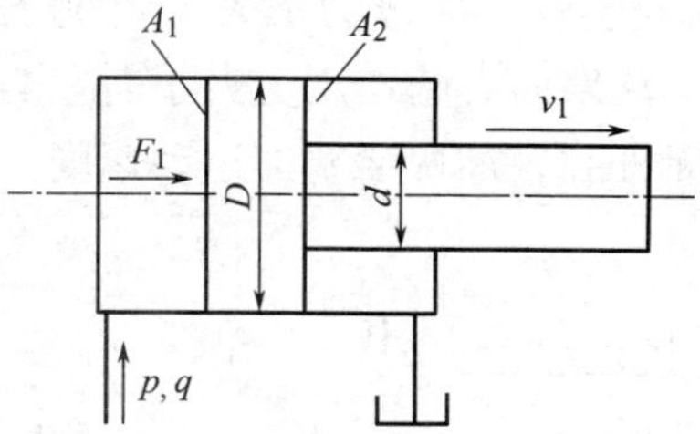

（a）无杆腔进油

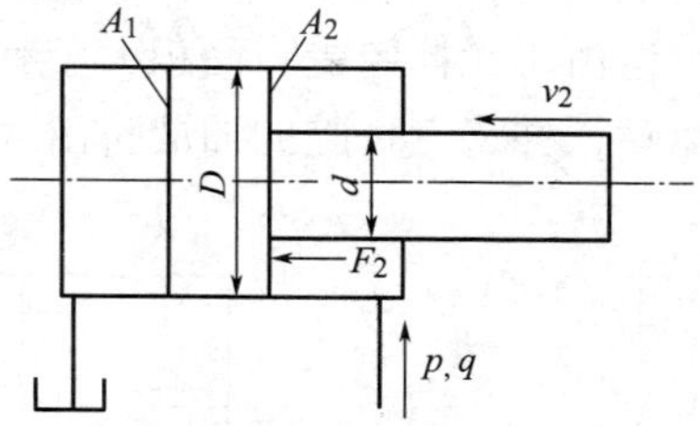

（b）有杆腔进油

图 5－6　单杆活塞式液压缸

无杆腔进油时，如图 5－6（a）所示，活塞的推力 F_1 和运动速度 v_1 分别为

$$F_1 = p_1A_1 - p_2A_2 = \frac{\pi}{4}D^2(p_1 - p_2) + \frac{\pi}{4}d^2p_2 \tag{5-15}$$

$$v_1 = \frac{q}{A_1} = \frac{4q}{\pi D^2} \tag{5-16}$$

有杆腔进油时，如图 5－4（b）所示，活塞的推力 F_2 和运动速度 v_2 分别为

$$F_2 = p_1A_2 - p_2A_1 = \frac{\pi}{4}D^2(p_1 - p_2) - \frac{\pi}{4}d^2p_1 \tag{5-17}$$

$$v_2 = \frac{q}{A_2} = \frac{4q}{\pi(D^2 - d^2)} \tag{5-18}$$

式中：q——液压缸的输入流量；

p_1——液压缸的进油压力；

p_2——液压缸的回油压力；

D——活塞直径（即缸体内径）；

d——活塞杆直径；

A_1——无杆腔活塞有效工作面积；

A_2——有杆腔活塞有效工作面积。

由式（5－16）和式（5－18）得，液压缸往复运动时的速比为

$$\lambda = \frac{v_2}{v_1} = \frac{D^2}{D^2 - d^2} \tag{5-19}$$

上式表明，当活塞杆直径愈小时，速比 λ 愈接近于 1，两个方向的速度差值愈小。

比较式（5－15）至式（5－18）可以看出，由于 $A_1 > A_2$，故 $F_1 > F_2$，$v_1 < v_2$。即活塞杆伸出时，推力较大，速度较小；活塞杆缩回时，推力较小，速度较大。因而它适用于伸出时承受工作载荷，缩回时为空载或轻载的场合，如各种金属切削机床、压力机等的液压系统。

单杆活塞缸可以缸体固定，活塞移动，也可以活塞杆固定，缸体运动，但其工作台往复运动范围都约为活塞（或缸体）有效行程的两倍，结构比较紧凑。

单杆活塞缸的两腔同时通入压力油的油路连接方式称为差动连接，作差动连接的单杆活塞缸称为差动液压缸，如图 5－7 所示。在忽略两腔连通油路压力损失的情况下，两腔的油液压力相等。但由于无杆腔受力面积大于有杆腔，活塞向右的作用力大于向左的作用力，活塞杆作伸出运动，并将有杆腔的油液挤出，流进无杆腔，加快活塞的运动速度。

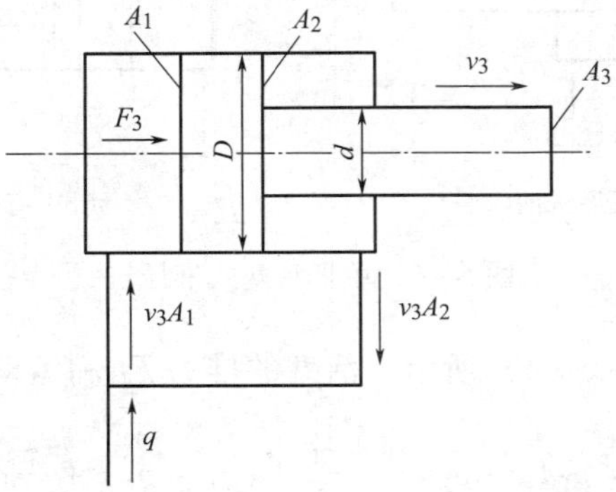

图 5－7　差动液压缸

若活塞的速度为 v_3，则无杆腔进油量为 v_3A_1，有杆腔的排油量为 v_3A_2，因而有 $v_3A_1 = q + v_3A_2$，故活塞杆的伸出速度 v_3 为

$$v_3 = \frac{q}{A_1 - A_2} = \frac{4q}{\pi d^2} \tag{5-20}$$

差动连接时，$p_2 \approx p_1$，活塞的推力 F_3 为

$$F_3 = p_1A_1 - p_2A_2 \approx \frac{\pi}{4}D^2p_1 - \frac{\pi}{4}(D^2 - d^2)p_1 = \frac{\pi}{4}d^2p_1 \tag{5-21}$$

由式（5－20）和式（5－21）可知，差动连接时实际起有效作用的面积是活塞杆的横截面积。由于活塞杆的截面积总是小于活塞的面积，因而与非差动连接无杆腔进油工况相比，在输入油液压力和流量相同的条件下，活塞运动速度较大且推力较小。因此，这种方式广泛用于组合机床的液压动力滑台和其他机械设备的快速运动中。

如果要使活塞往返运动速度相等，即 $v_2 = v_3$，则经推导可得 D 与 d 必存在 $D = \sqrt{2}d$ 的比例关系。

3. 液压缸的结构

图 5－8 所示是一种工程用的单杆活塞式液压缸。它由缸底、缸体、活塞、活塞杆、导向套和缸盖等主要零件组成。缸底与缸体焊接成一体，缸盖与缸体采用螺纹连接。为防止油液由高压腔向低压腔泄漏或向外泄漏，在活塞与活塞杆、活塞与缸体、导向套与缸体、导向套与活塞杆之间均设置有密封圈。为防止活塞快速退回到行程终端时撞击缸底，活塞杆后端设置了缓冲柱塞。为了防止脏物进入液压缸内部，在缸盖外侧还装有防尘圈。

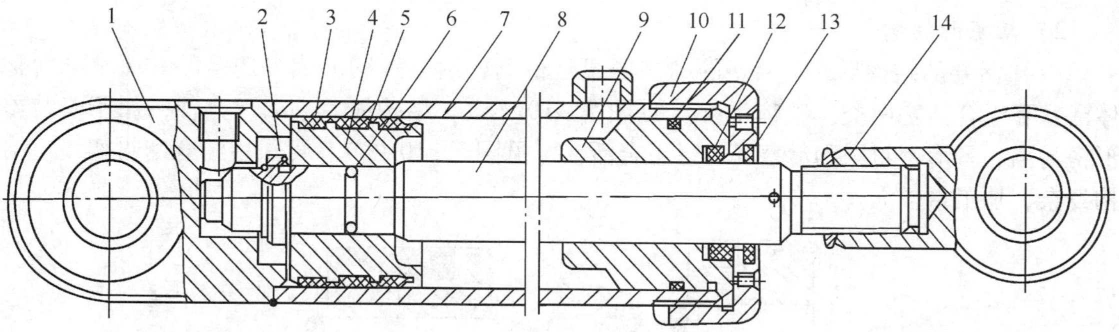

图 5-8　单杆活塞式液压缸的结构

1—缸底；2—卡环；3、6、11、12—密封圈；4—活塞；5—支承环；
7—缸筒；8—活塞杆；9—导向套；10—盖板；13—防尘圈；14—连接头

1）缸体与端盖的连接方式

缸体是液压缸主体，端盖装在缸体的两端，在工作时都要承受很大的液压力，因此，它们应有足够的强度和刚度，同时必须连接可靠。液压缸与端盖的连接方式很多，常见的连接形式如图 5-9 所示。

焊接式连接［见图 5-9（a）］外形尺寸较小，结构简单，但焊接时易引起缸体变形。法兰式连接［见图 5-9（b）］结构较简单，加工和装拆都很方便，连接可靠，但径向尺寸和重量都较大。螺纹式连接［见图 5-9（c）］特点是重量轻，外形尺寸小，但缸体端部结构复杂，装卸需专用工具，旋端盖时易损坏密封圈。卡环连接［见图 5-9（d）］结构紧凑，连接可靠，装拆较方便，但卡环槽对缸体强度有所削弱，需加厚缸体壁厚。

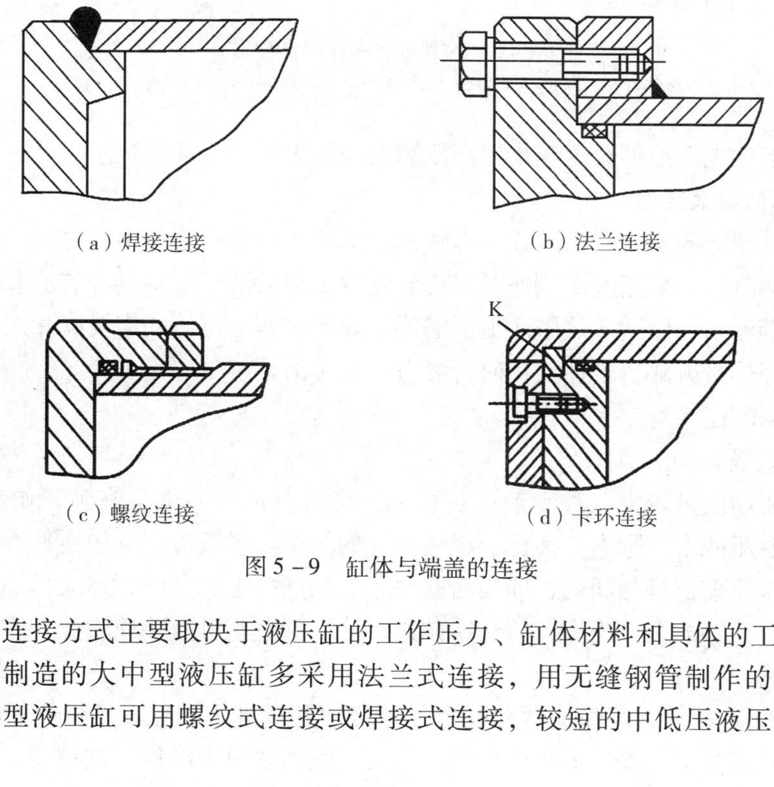

（a）焊接连接　（b）法兰连接

（c）螺纹连接　（d）卡环连接

图 5-9　缸体与端盖的连接

选用何种连接方式主要取决于液压缸的工作压力、缸体材料和具体的工作条件等。一般铸钢、锻钢制造的大中型液压缸多采用法兰式连接，用无缝钢管制作的缸体常采用卡环式连接，小型液压缸可用螺纹式连接或焊接式连接，较短的中低压液压缸常采用拉杆式连接。

2）活塞的结构

（1）活塞的结构形式。活塞的结构形式是根据密封装置的形式来选定的，通常分为整体活塞和组合活塞两类。整体活塞［见图 5-10（a）］结构简单，加工方便，用于安装 *O* 形密封圈、唇形密封圈和活塞环等。组合活塞［见图 5-10（b）］可采用组合密封圈，但结构复杂，加工量较大。

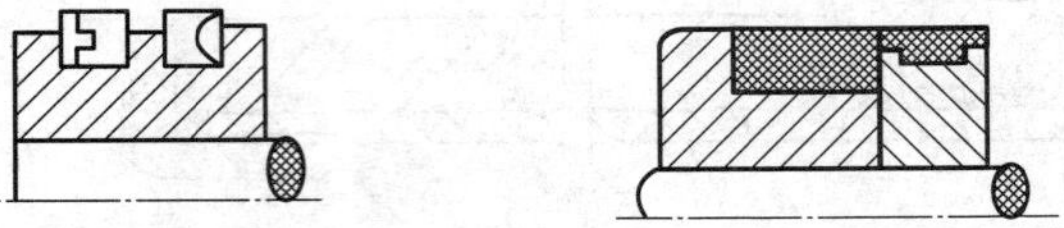

（a）整体活塞　　（b）组合活塞

图 5-10　活塞结构形式

（2）活塞与活塞杆的连接形式。活塞与活塞杆的内端有多种连接形式，所有连接形式均有可靠的锁紧措施，以防止工作时由于活塞往复运动而松开。活塞与活塞杆的连接形式如图 5-11 所示。

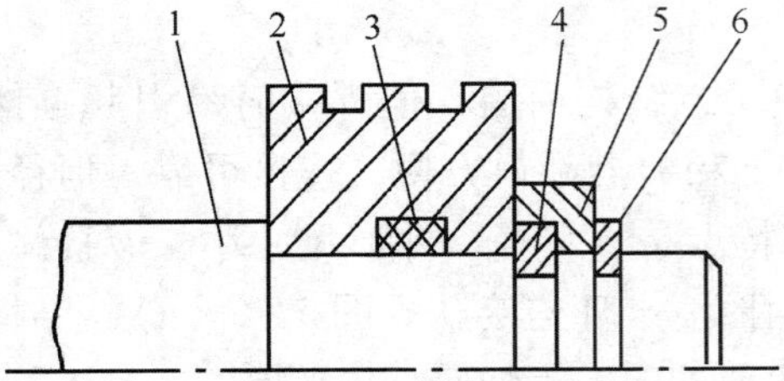

（a）卡环连接　　（b）螺纹连接

图 5-11　活塞与活塞杆的连接形式

1—活塞杆；2—活塞；3—密封；4—卡环；5—轴套；6—弹簧圈；7—螺母

一般情况下优先选择螺纹式连接，高压和振动较大时用卡环式连接。

3）液压缸的安装定位

液压缸在机器上的安装有法兰式、耳环式、耳轴式和底脚式等多种方式。当缸体与机器间没有相对运动时，可采用底脚或法兰来安装定位。如果液压缸两端都有底脚时，一般固定一端，使另一端浮动，以适应热胀冷缩的需要。如果缸体与机体间需要有相对摆动，则可采用耳轴和耳环等连接方式。具体选用时可参考有关手册。

4）缓冲与排气

（1）缓冲装置。

当液压缸驱动质量较大、移动速度较快的工作部件时，一般应在液压缸内设置缓冲装置，以免产生液压冲击、噪声，甚至造成液压缸的损坏。尽管液压缸中缓冲装置结构形式很多，但它的工作原理都是相同的，即当活塞快速运动到接近缸盖时，增大排油阻力，使液压缸的排油腔产生足够的缓冲压力，使活塞减速，从而避免与缸盖快速相撞。常见的缓冲装置如图 5-12 所示。

图 5-12（a）所示为间隙式缓冲装置，当缓冲柱塞进入缸盖上的内孔时，被封闭的油液只能经环形间隙排出，缓冲油腔产生缓冲压力，使活塞速度降低。这种装置在缓冲开始时

产生的缓冲制动力大，但很快便降下来，最后不起什么作用，故缓冲效果很差，并且缓冲压力不可调节。但由于结构简单，所以在一般系列化的成品液压缸中多采用这种缓冲装置。

图 5－12（b）所示为可调节流式缓冲装置，当缓冲柱塞进入到缸盖内孔时，回油口被柱塞堵住，只能通过节流阀回油，缓冲油腔缓冲压力升高，使活塞减速，其缓冲特性类同于间隙式，缓冲效果较差。当活塞反向运动时，压力油通过单向阀很快进入到液压缸内，故活塞不会因推力不足而产生启动缓慢现象。这种缓冲装置可以根据负载情况调整节流阀开度的大小来改变缓冲压力的大小，因此适用范围较广。

图 5－12（c）为可变节流式缓冲装置，它在缓冲柱塞 A 上开有三角节流沟槽，节流面积随着缓冲行程的增大而逐渐减小，由于这种缓冲装置在缓冲过程中能自动改变节流口的大小，因而使缓冲作用均匀，冲击压力小，但结构较复杂。

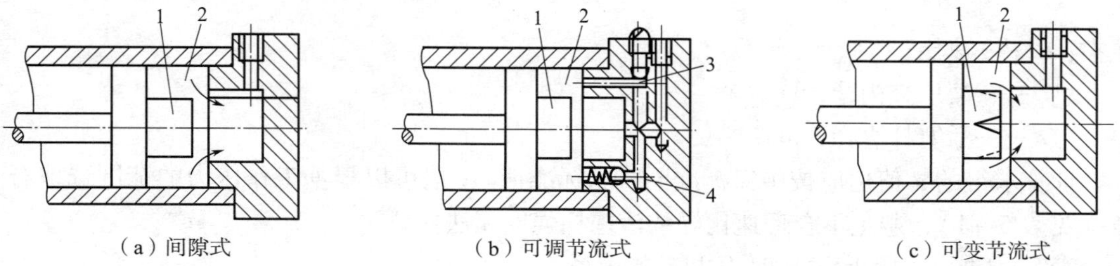

图 5－12　液压缸的缓冲装置

1—缓冲柱塞；2—缓冲油腔；3—节流阀；4—单向阀

（2）排气装置。

在安装过程中或在停止工作一段时间后，液压系统中往往会有空气渗入。液压系统，特别是液压缸中存有空气时，会使液压缸产生爬行或振动。因此液压缸上应考虑排气装置。

对于要求不高的液压缸往往不设专门的排气装置，而是将油口布置在缸体两端的最高处，这样也能使空气随油液排往油箱，再从油面逸出；对于速度稳定性要求较高的液压缸或大型液压缸，常在液压缸两侧的最高部位设置专门的排气装置，如排气塞、排气阀等。当松开排气塞螺钉后，让液压缸全行程空载往复运动若干次，缸中的空气即可排出，然后再拧紧排气塞螺钉，液压缸便可正常工作。

4. 液压缸主要尺寸的计算

1）液压缸内径计算

工程上计算液压缸内径通常采用以下两种方法。

（1）根据负载大小和选定的系统压力计算，即

$$D = \sqrt{\frac{4F}{\pi p} \times 10^{-3}} = 3.57 \times 10^{-2} \sqrt{\frac{F}{p}} \tag{5-22}$$

式中：D——液压缸内径，m；

F——液压缸输出力，kN；

p——系统工作压力，MPa。

（2）根据液压缸的输出速度和所选定的系统流量计算，即

$$D = \sqrt{\frac{4q}{\pi v}} = 1.128\sqrt{\frac{q}{v}} \tag{5-23}$$

式中：D——液压缸内径，m；

q——输入液压缸的流量，m^3/s；

v——液压缸的输出速度，m/s。

设计时，在计算求得 D 后还应按国家标准将计算结果圆整为最接近的标准。

2）活塞杆直径计算

活塞杆直径 d 按速比进行计算。按速比计算的公式为

$$d = D\sqrt{\frac{\lambda - 1}{\lambda}} \tag{5-24}$$

式中：λ——速比；

D——液压缸内径，m；

d——活塞杆直径，m。

计算求得的 d 值也应按国家标准圆整为标准值。λ 值可以根据工作压力的范围选取合适值（见表 5-1），避免不合理速比导致活塞杆强度无法保证。

表 5-2 所示为不同速比时 D 和 d 的关系。

表 5-2　不同 λ 下 d 与 D 的关系

速比 λ	1.15	1.25	1.33	1.46	2
活塞杆直径 d	0.36D	0.45D	0.5D	0.56D	0.71D

活塞杆直径也可根据机械类型参考表 5-3 选定。

表 5-3　机械类型参考表

机械类型	磨、行磨、研磨	插、拉、刨	钻、镗、车、铣
活塞杆直径 d	(0.2～0.3) D	0.5D	0.7D

3）液压缸长度

液压缸长度主要由最大行程决定，行程有国家标准系列，此外还要考虑活塞宽度、活塞杆导向长度等因素。通常活塞宽度为（0.6～1.0）D，而导向长度在 $D<80$ mm 时取（0.6～1.0）D，在 $D\geqslant 80$ mm 时取 =（0.6～1.0）d。从制造角度考虑，一般液压缸长度不应超过内径 D 的 20～30 倍。

4）液压缸的壁厚

液压缸壁厚 δ 可根据结构设计确定。但在工作压力较高或缸径较大时必须进行强度验算。一般在 $\frac{D}{\delta}\geqslant 16$ 时要按薄壁简化公式即式（5-25）校核，而在 $\frac{D}{\delta}<16$ 时用厚壁简化公式即式（5-26）校核。

薄壁简化公式为

$$\delta \geqslant \frac{p_y D}{2[\sigma]} \tag{5-25}$$

厚壁简化公式为

$$\delta = \frac{D}{2}\left(\sqrt{\frac{[\sigma] + 0.4p_y}{[\sigma] - 1.3p_y}} - 1\right) \tag{5-26}$$

式中：δ——液压缸壁厚；

D——液压缸内径；

p_y——实验压力（液压缸额定工作压力 $p_n \leqslant 16$ MPa 时，$p_y = 1.5p_n$，$p_n > 16$ MPa，$p_y = 1.2p_n$；

$[\sigma]$——液压缸材料许用应力。

除此之外，往往还需要进行活塞杆强度与稳定性、螺纹连接强度等方面的校核。

5. 液压缸的密封

液压缸中的压力油能够从固定部件的连接处和相对运动部件的配合处泄漏，即外泄漏和内泄漏，所以就需要通过密封阻止泄漏，以保证液压缸的正常工作性能。

1）常用密封件

常用的密封件有以下几种。

（1）O 形密封圈。如图 5－13 所示，O 形密封圈是一种截面为圆形的橡胶圈。它的主要优点是：形状简单、成本低；单圈即可对两个方向起密封作用，密封性能好，动摩擦阻力小；对油液温度、压力的适应性好；工作压力可达 70 MPa 甚至更高；使用温度范为 －30～120℃；使用速度范围为 0.005～0.3 m/s，既可作为静密封，又可作为动密封；既可用于外径密封，又可用于内径密封和端面密封；密封部位结构简单，占用空间小，装拆方便。其缺点是密封圈安装槽的精度要求高，在作动密封时启动摩擦阻力较大，寿命较短。

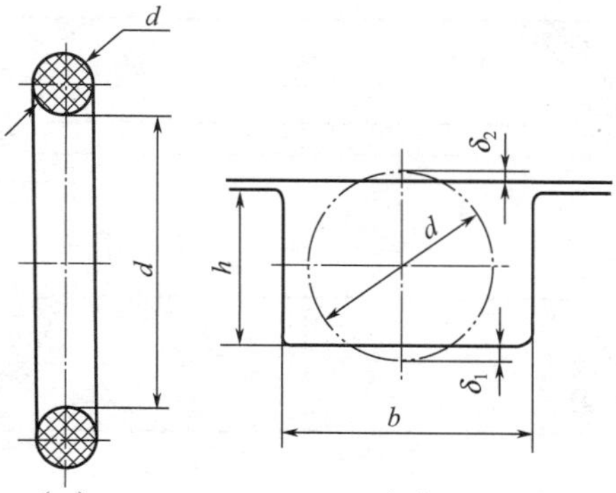

图 5－13 O 形密封圈

使用 O 形密封圈时应注意以下几点。

① O 形密封圈在安装时必须保证适当的预压缩量，压缩量的大小直接影响 O 形密封圈的使用性能和寿命，过小不能密封，过大则摩擦力增大，且易损坏。为了保证密封圈有一定的预压缩量，安装槽的宽度 b 要大于 O 形密封圈直径 d，而深度 h 则比 d 小，其尺寸和表面精度应按有关手册给出的数据严格保证。

② 在静密封中当压力大于 32 MPa 时，或在动密封中当压力大于 10 MPa 时，O 形密封圈就会被挤入间隙中而损坏，以致密封效果降低或失去密封作用。为此需在 O 形密封圈低

压侧安放 1.2 ~2.5 mm 厚的聚四氟乙烯或尼龙制成的挡圈。双侧受高压时，两侧都要加挡圈，如图 5 – 14 所示。

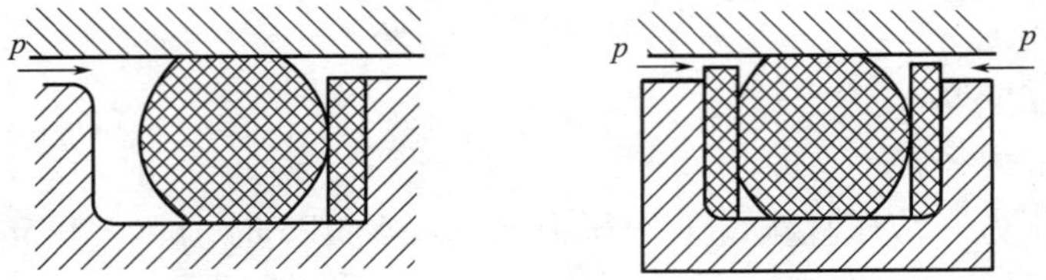

（a）单侧高压　（b）双侧高压

图 5 – 14　挡圈的设置

③ O 形密封圈一般用丁腈橡胶制成，它与石油基液压油有良好的相容性。当采用磷酸脂基液压油时，应选用其他材料制作的 O 形密封圈。

④ 在安装过程中，不能划伤 O 形密封圈，所通过的轴端、轴肩必须倒角或修圆，通过外螺纹时应用金属导套。

（2）Y 形密封圈。Y 形密封圈的截面呈 Y 形（见图 5 – 15），属唇形密封圈，一般用丁腈橡胶制成。它依靠略为张开的唇边贴于偶合面，在油压作用下，接触压力增大，使唇边贴得更紧而保持密封，且在唇边磨损后有一定的自动补偿能力。因此，Y 形密封圈从低压到高压的压力范围内都有良好的密封性，稳定性和耐压性好，滑动摩擦阻力和启动摩擦阻力小，运动平稳，使用寿命长，但在工作压力波动大、滑动速度较高时，其易翻转。Y 形密封圈主要用于往复运动的密封，适用工作温度为 –30 ~100℃，工作压力小于 20 MPa，使用速度小于 0.5 m/s。

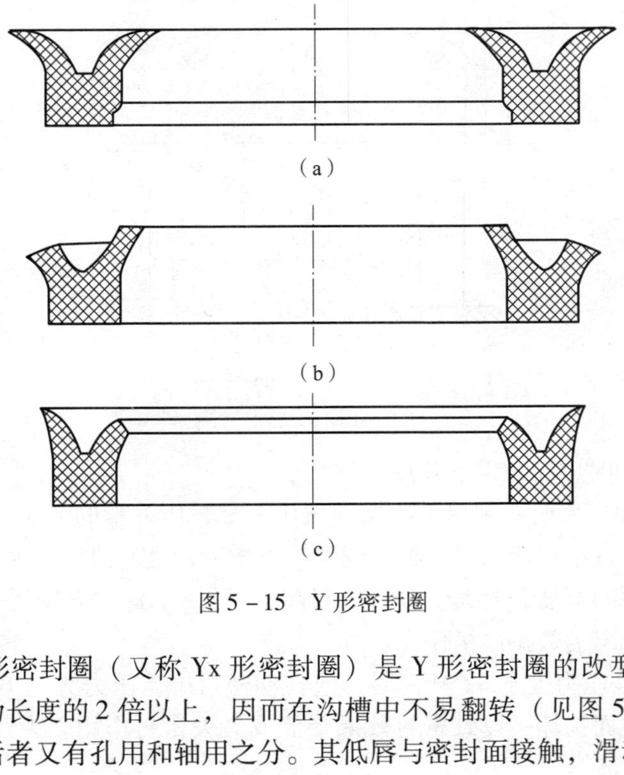
（a）
（b）
（c）

图 5 – 15　Y 形密封圈

还有一种小 Y 形密封圈（又称 Yx 形密封圈）是 Y 形密封圈的改型产品，与 Y 形相比宽度较大，其宽度为长度的 2 倍以上，因而在沟槽中不易翻转（见图 5 – 16）。它有等高唇和不等高唇两种，后者又有孔用和轴用之分。其低唇与密封面接触，滑动摩擦阻力小，耐磨性好，寿命长；高唇与非运动表面有较大的预压缩量，摩擦阻力大，工作时不易窜动。小 Y 形圈常用聚氨酯橡胶制成，低速和快速运动时均有良好的密封性能，一般适用于工作压力小于 32 MPa，使用温度为 -30 ~ 80℃的场合。

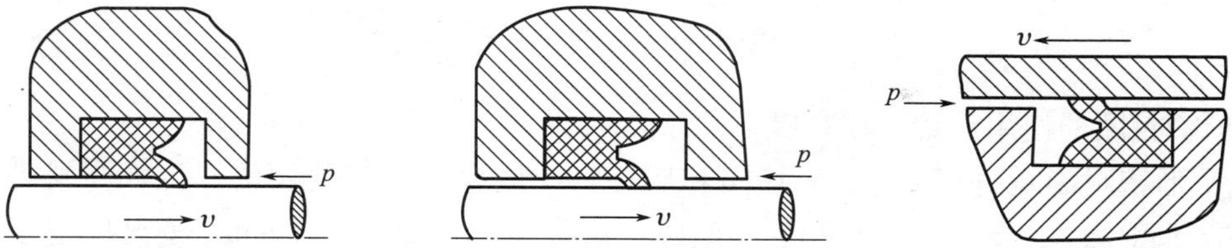

（a）等高唇型　（b）轴用不等高唇型　（c）孔用不等高唇型

图 5－16　小 Y 形密封圈

Y 形密封圈的使用注意事项有以下几条。

① Y 形圈安装时，唇口端应对着油液压力高的一侧。若活塞两侧都有高压油则应成对使用。

② 当压力变化较大、滑动速度较高时，为避免翻转，应使用支承环，以固定 Y 形密封圈，如图 5－17 所示。

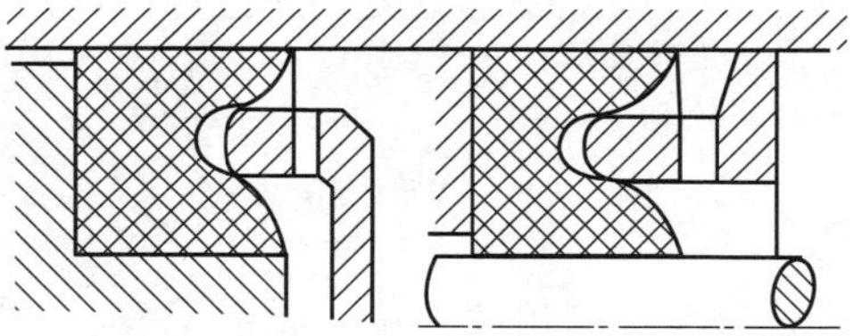

图 5－17　Y 形密封圈带支承环安装

③ 安装密封圈所通过的各部位，应有 15° ~ 30°的倒角，并在装配通过部位涂上润滑脂或工作油。通过外螺纹或退力槽等时，应套上专用套筒。

（3）V 形密封圈。V 形密封圈的截面为 V 形，如图 5－18 所示。V 形密封圈是由压环、V 形圈和支承环三部分组合而成。

V 形密封圈的主要优点是密封性能良好，耐高压，使用寿命长；可根据不同的工作压力，选用相应数量的 V 形圈重叠使用，并通过调节压紧力，获得最佳的密封效果；当活塞在偏载下运动时仍能获得很好的密封。其缺点是摩擦阻力及轴向结构尺寸较大，拆换不方便。V 形密封圈主要用于活塞杆的往复运动密封，适宜在工作压力小于 50 MPa、温度在 -40 ~ 80℃的条件下工作。

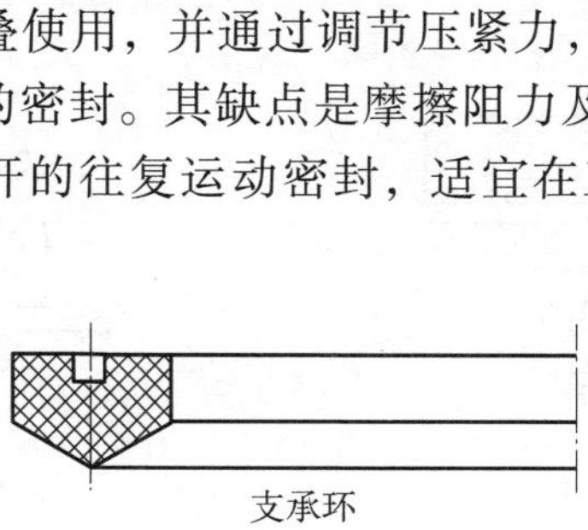

支承环

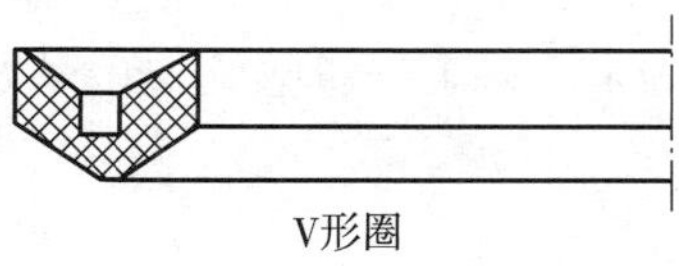

V形圈

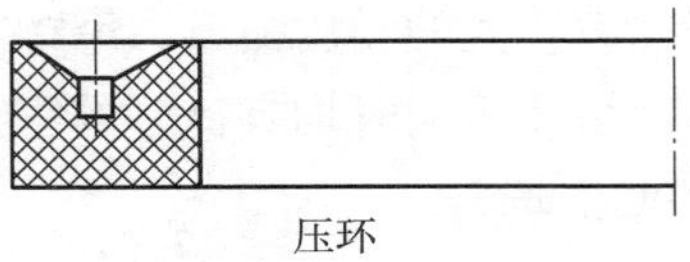

图 5-18　V 形密封圈

V 形密封圈的使用注意事项有以下几条。

① V 形密封圈是由支承环、V 形圈和压环三个圈叠在一起使用的。压环与滑动面之间的间隙应尽可能小，支承环与孔和轴的间隙一般为般为 0.25 ~0.4 mm，安装时支承环应放在承受油液压力的一侧。V 形圈常用纯橡胶和夹织橡胶制成，使用时应交替组装，其数量可根据使用压力选定。

② 由于 V 形圈在使用中，会逐渐变形磨损，必须经常调节其压紧力，如图 5-19 所示，一般采用加调整垫片或用螺母进行调节。

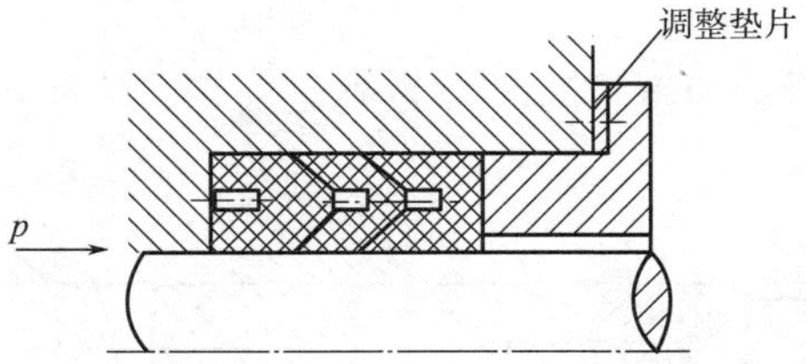

图 5-19　V 形圈的调整

③ 密封圈安装槽的入口处应加工倒角或圆角，以便安装。

（4）组合式密封圈。组合式密封圈有滑环组合 O 形密封圈、组合 U 形密封圈、复合唇形密封圈和双向组合唇形密封圈等多种形式。图 5-20 所示为滑环组合 O 形密封圈，它由截面为矩形的聚四氟乙烯塑料滑环和 O 形密封圈组合而成。滑环与金属摩擦因数小，因而耐磨；O 形密封圈弹性好，能从滑环内表面施加一向外的涨力，使滑环产生微小变形而紧贴密封面。故它的使用寿命比单独使用 O 形密封圈提高很多倍，摩擦阻力小且稳定；缺点是抗侧倾能力稍差，安装不够方便。这种组合密封圈可用于要求滑动阻力小、动作循环频率很高的场合，如伺服液压缸等。

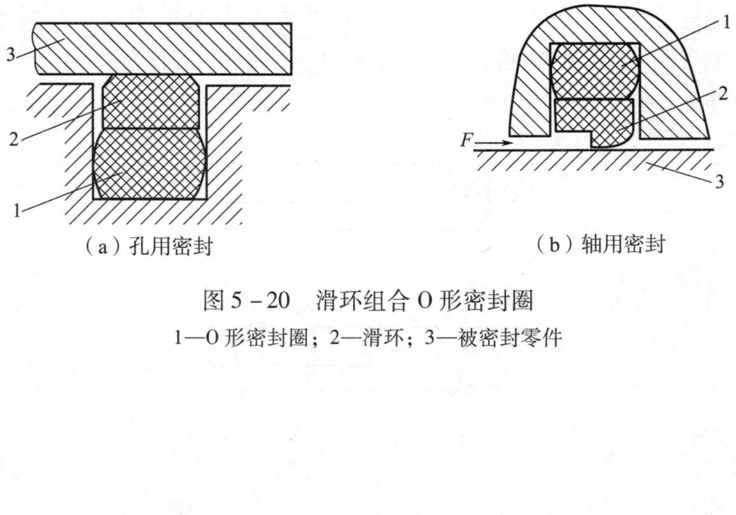

图 5-20　滑环组合 O 形密封圈

1—O 形密封圈；2—滑环；3—被密封零件

（5）防尘圈。防尘圈设置在活塞杆或柱塞密封圈的外部，防止外界灰尘、砂粒等异物进入液压缸内，以避免影响液压系统的工作和液压系统元件的使用寿命。目前常用的防尘圈一般为唇形，按其有无骨架可分为骨架式和无骨架式两种。其中以无骨架式防尘圈应用最普遍，其工作状态如图 5－21 所示。其特点是：支承部分的尺寸较大，强度好，结构简单，装卸方便，除尘效果好。安装时防尘圈的唇部对活塞杆应有一定的过盈量，以便当活塞杆往复运动时，唇口刃部能将粘附在杆上的灰尘、砂粒等清除掉。

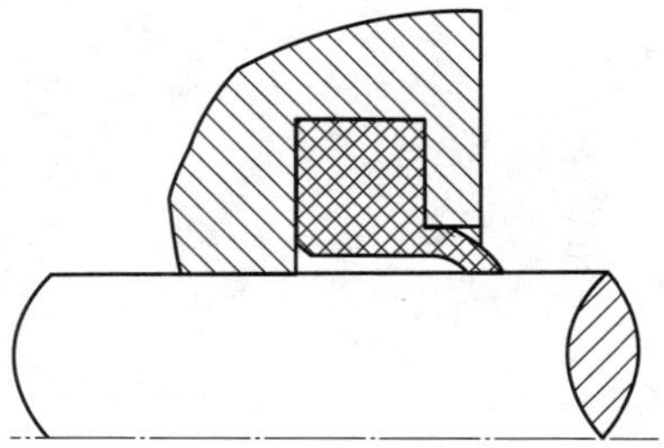

图 5－21 防尘圈（无骨架式）

思考与练习题

1. 液压系统的执行元件有哪几种？能实现什么功能？
2. 液压马达按其结构类型可分为哪几种形式？按额定转速可分为哪几种形式？
3. 液压缸的主要参数有哪几种？如何计算？
4. 活塞式液压缸可分为哪两种结构？有何特点？
5. 密封装置有哪些结构形式？如何选用？
6. 如何实现液压缸的排气和缓冲？
7. 设计一单杆活塞式液压缸，已知外载 $F=3\times10^4$ N。活塞和活塞处密封圈摩擦阻力为 $F_f=10\times10^2$ N，液压缸的工作压力为 5 MPa，试计算液压缸内径 D。若活塞最大移动速度为 0.05 m/s，液压缸的容积效率为 0.9，应选用多大流量的液压泵？若泵的总效率为 0.8，电动机的驱动功率应为多少？
8. 某液压马达，要求输出 25.5 N · m 的转矩，转速为 30 r/min，马达的排量为 105 mL/r，马达的机械效率和容积效率均为 0.90，马达的出口压力为 2×10^5 Pa，液压马达所需的流量和压力各为多少？
9. 柱塞式液压缸，柱塞的直径 $d=10$ cm，输入的流量 $q=20$ L/min，柱塞运动的速度为多少？
10. 已知某液压马达的排量为 260 mL/r，液压马达的入口压力为 10 MPa，出口压力为 1.0 MPa，其总效率为 0.8，容积效率均为 0.9。当输入流量为 22 L/min 时，求液压马达实际转速和输出转矩。
11. 有一差动液压缸，无杆腔面积为 50 cm^2，有杆腔面积为 50 cm^2，负载 $F=12\ 600$ N，机械效率为 0.92，容积效率均为 0.95，试求：

（1）供油压力的大小；

（2）当活塞以 0.9 m/min 的速度运动时所需供油量；

（3）液压缸的输入功率。

12. 某一差动液压缸，求在 $v_{快进}=v_{快退}$ 和 $v_{快进}=2v_{快退}$ 快退两种条件下活塞面积 A_1 活塞面积 A_2 之比。

项目六

液压控制元件结构及原理分析

【**项目描述**】根据液压传动系统的要求选择合适的液压控制元件；设计简单的液压回路。

【**技能目标**】能对液压控制元件的结构及原理进行分析；根据液压控制元件的工作条件，分析计算性能参数，查手册确定其型号；能设计简单的液压回路。

【**知识目标**】掌握换向阀、溢流阀、减压阀、调速阀、流量控制阀的工作原理及应用；理解换向阀、溢流阀、减压阀、调速阀、流量控制图形符号的含义；理解三位换向阀的中位机能；了解流量控制阀节流口的特性和形式。

液压控制元件（简称液压阀）是控制液流方向、压力和流量的元件。其性能好坏直接影响液压系统的工作过程和工作特性，它是液压系统中的重要元件。尽管各类液压阀的形式不同，功能各异，但都具有共性。在结构上，所有阀都是由阀体、阀芯和驱动阀芯运动的元、部件（如弹簧）等组成；在工作原理上，所有阀的阀口大小、进出口的压差以及通过阀的流量之间的关系都符合孔口流量公式，仅仅是各种阀控制的参数不同而已。

液压阀按用途可分为方向控制阀、压力控制阀和流量控制阀；按控制原理可分为定值或开关控制阀、电液比例阀、伺服控制阀和数字控制阀；按连接方式可分为管式阀、板式阀、叠加阀和插装阀；按结构可分为滑阀、转阀、座阀和射流管阀等。

任务一　方向控制阀的结构原理分析及选型

方向控制阀通过控制液压系统中液流的通断或流动方向，从而控制执行元件的启动、停止及运动方向。它可分为单向阀和换向阀两种。

任务 1 描述

分析图 6－1 所示单向阀的工作原理。

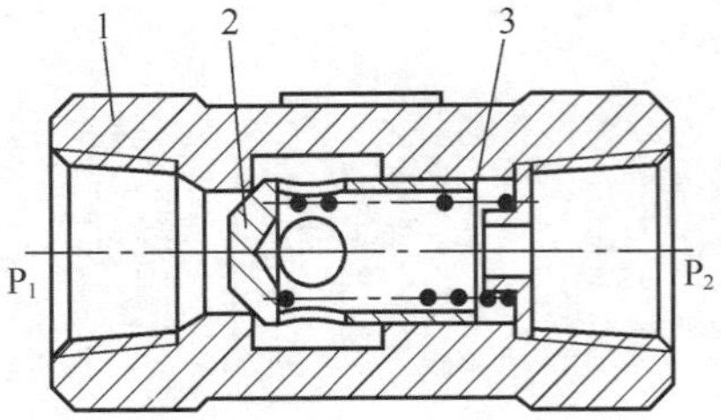

图6－1　单向阀（直通式）

1—阀体；2—阀芯；3—弹簧

任务1分析

图6－1所示是直通式普通单向阀的结构图，可根据结构图来分析其工作原理。

相关知识

单向阀是控制油液单方向流动的方向控制阀。常用的单向阀有普通单向阀和液控单向阀两种。普通单向阀只允许液流沿着一个方向流动，反向被截止，故又称为止回阀。按流道不同，普通单向阀有直通式（见图6－1）和直角式（见图6－2）两种，图形符号如图6－3所示。

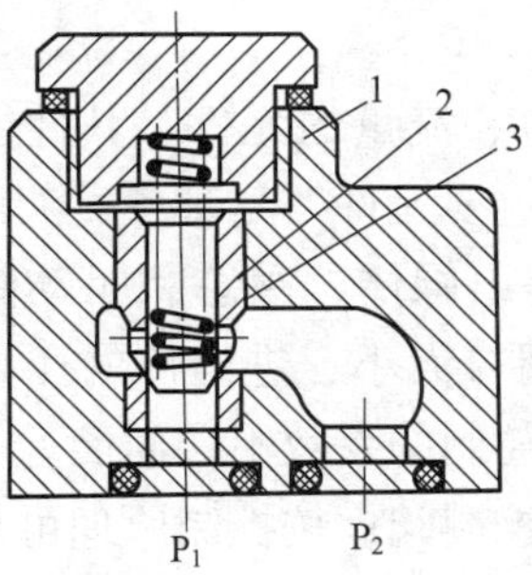

图6－2　单向阀（直角式）

1—阀体；2—阀芯；3—弹簧

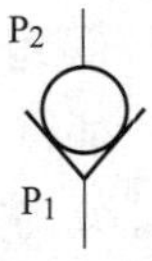

图6－3　单向阀图形符号

任务1实施

原理分析：当液流从进油口 P_1 流入时，克服作用在阀芯上的弹簧的作用力以及阀芯与阀体之间的摩擦力而顶开阀芯，并通过阀芯上的径向孔、轴向孔从出油口 P_2 流出；当液流反向从 P_2 口流入时，在液压力和弹簧力共同作用下，阀芯压紧在阀座上，使阀口关闭，实现反向截止。

任务2描述

用液控单向阀、换向阀、液压缸、动力装置设计一个锁紧回路，该回路除了满足液压缸的正反向运动外，还满足在液压缸停止运动时，使其所在位置不随负载而变，并且泵处于卸荷状态。

任务2分析

锁紧回路的作用：使液压缸能在任意位置停留，且停留后不会在外力作用下移动位置，带液控单向阀的锁紧回路的主要应用场合：飞机起落架锁紧、起重机支腿锁紧、矿山采掘机械液压支架锁紧等。

相关知识

液控单向阀与普通单向阀相比，在结构上增加了一个控制活塞和控制油口 K，如图 6－4（a)所示。除了可以实现普通单向阀的功能外，还可以根据需要由外部油压来控制，以实现逆向流动。当控制油口 K 没有通入压力油时，它的工作原理与普通单向阀完全相同，当压力油从 P_1 油口流向 P_2 油口，反向被截止；当控制油口 K 通入控制压力油时，控制活塞向上移动，顶开阀芯，使油口 P_1 和 P_2 相通，油液即可反向通过。液控单向阀的图形符号如图6－4（b）所示。

液控单向阀在机床液压系统中应用十分普遍，常用于保压、锁紧和平衡回路。

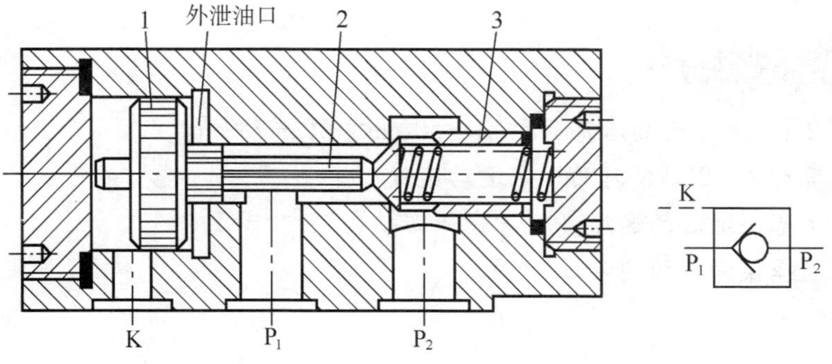

（a）结构图　　　（b）图形符号

图6－4　液控单向阀

1—控制活塞；2—顶杆；3—阀芯

任务2实施

用液控单向阀、换向阀、液压缸、动力装置设计的锁紧回路如图 6－5 所示。

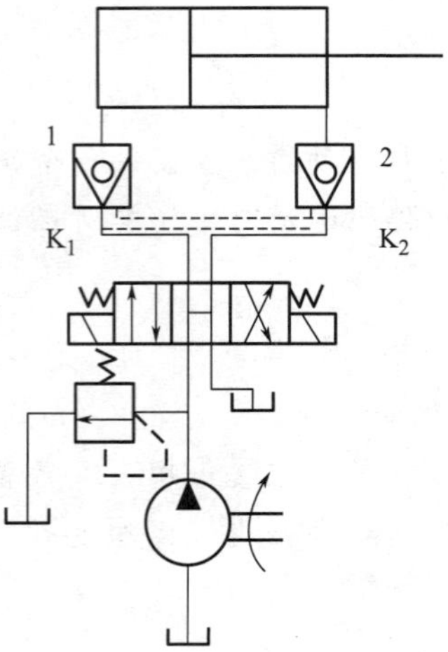

图 6－5　锁紧回路图

归纳总结

单向阀选型的基本方法：在具体选用单向阀时，除了要根据需要合理选择开启压力，还应特别注意工作时的流量应与阀的额定流量相匹配，因为当通过单向阀的流量远小于额定流量时，单向阀有时会产生振动，流量越小、开启压力越高、油中含气越多，越容易产生振动。在选用液控单向阀时，要注意控制压力是否能够满足反向开启的要求，并根据需要选择内泄式、外泄式和带卸荷阀芯这三种液控单向阀。同时，在应用外泄式液控单向阀时，应使外泄油液单独流回油箱。

任务 3 描述

在图 6－6（a）中，已知活塞面积 $A_1=50\ \text{cm}^2$，$A_2=25\ \text{cm}^2$。

试求：① 负荷 $F=20$ kN 时的活塞运动速度；

② 活塞快退时的速度（不考虑泄露损失）；

③ 选择换向阀的型号。

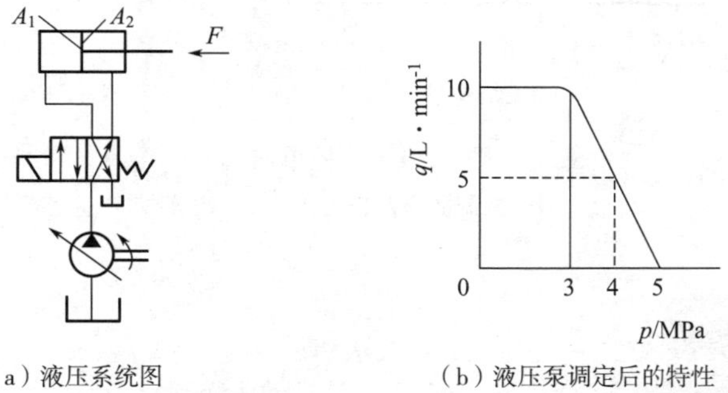

（a）液压系统图　　（b）液压泵调定后的特性

图 6－6　限压式变量泵供油系统

任务3分析

换向阀有两个主要参数：压力和流量。因此，在选择换向阀的型号前，应先求出液压系统的最大压力和流量，再确定换向阀所需的压力和流量，然后查手册即可选出换向阀的型号。

相关知识

换向阀是利用阀心相对阀体位置的改变来使油路接通、断开或改变液流方向的，从而控制执行元件的启动、停止或改变其运动方向。

换向阀的种类很多，具体类型如表6－1所示。

表6－1　换向阀的类型

分类方式	类　型
按阀芯结构分	滑阀式、转阀式、球阀式
按工作位置数量分	二位、三位、四位
按通路数量分	二通、三通、四通、五通等
按操纵方式分	手动、机动、电磁、液动、电液

1. 换向阀的工作原理、结构和图形符号

图6－7所示为滑阀式换向阀。当阀芯向右移动一定距离时，液压泵的压力油从阀的P口经A口进入液压缸左腔，推动活塞向右移动，液压缸右腔的油液经*B*口流回油箱；反之，活塞向左运动。常用滑阀式换向阀的结构简图和图形符号详见表6－2。

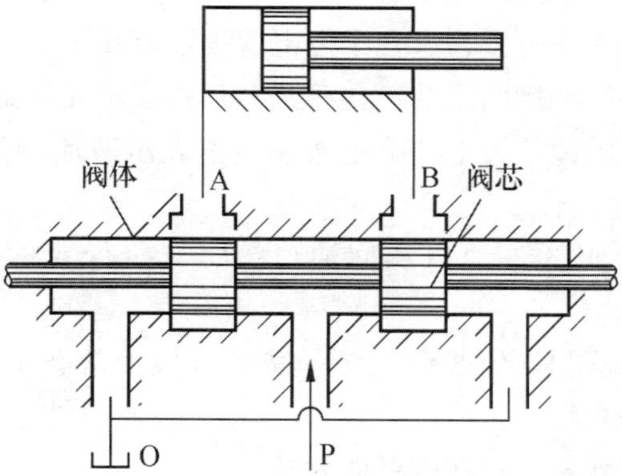

图6－7　滑阀式换向阀

表6－2　常用滑阀式换向阀的结构简图和图形符号

名称	结构简图	图形符号	备注
二位二通阀	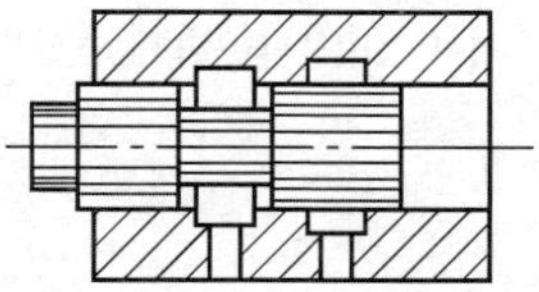	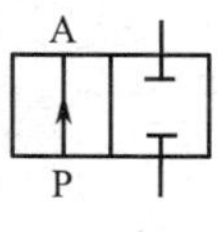	控制油路的接通与切断（相当于一个开关）

续表

<table>
<tr><th>名称</th><th>结构简图</th><th>图形符号</th><th colspan="3">备注</th></tr>
<tr><td>二位三通阀</td><td>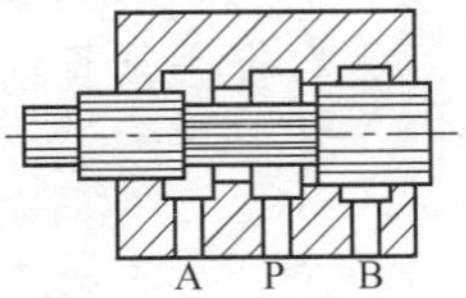</td><td>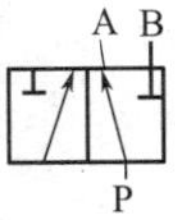</td><td colspan="3">控制液流方向（从一个方向变换成另一个方向）</td></tr>
<tr><td>二位四通阀</td><td>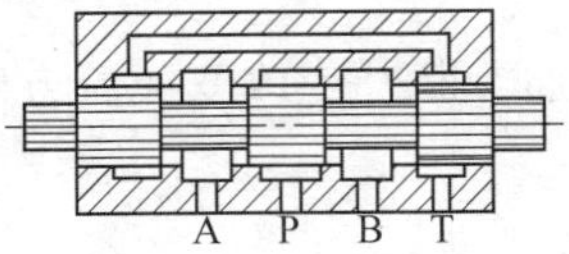</td><td>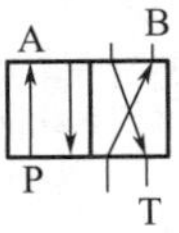</td><td rowspan="4">控制执行元件换向</td><td>不能使执行元件在任一位置处停止运动</td><td rowspan="2">执行元件正反向运动时回油方式相同</td></tr>
<tr><td>三位四通阀</td><td>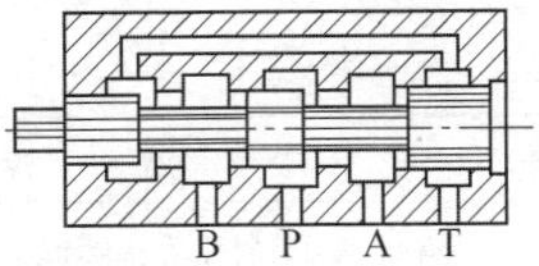</td><td>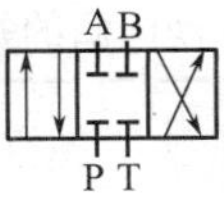</td><td>能使执行元件在任一位置处停止运动</td></tr>
<tr><td>二位五通阀</td><td>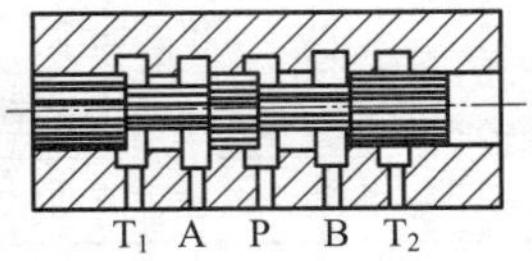</td><td>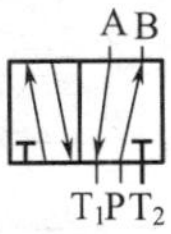</td><td>不能使执行元件在任一位置处停止运动</td><td rowspan="2">执行元件正反向运动时可以得到不同的回油方式</td></tr>
<tr><td>三位五通阀</td><td>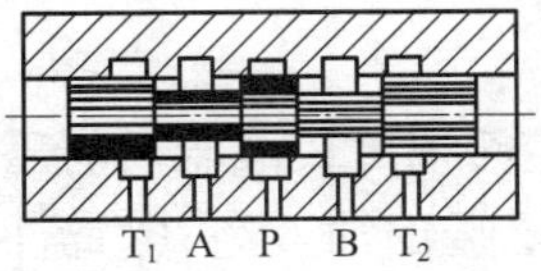</td><td>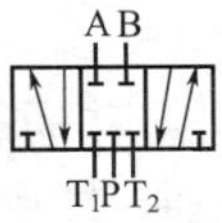</td><td>能使执行元件在任一位置处停止运动</td></tr>
</table>

表6－2中图形符号的含义如下。

(1) 用方框表示阀的工作位置，有几个方框就表示有几个工作位置。

(2) 一个方框与外部相连接的主油口数有几个，就表示几“通”。

(3) 方框内的箭头表示该位置上油路接通，但不表示液流的流向；方框内的符号“⊥”或“⊤”表示此通路被阀芯封闭。

(4) *P* 和 *T* 分别表示阀的进油口和回油口，而与执行元件连接的油口用字母 *A*、*B* 表示。

(5) 三位阀的中间方框和二位阀侧面画弹簧的方框为常态位。绘制液压系统图时，油路应连接在换向阀的常态位上。

(6) 控制方式和复位弹簧应画在方框的两端。

2. 换向阀的中位机能

换向阀各阀口的连通方式称为阀的机能，不同的机能可满足系统的不同要求，对于三位阀，阀芯处于中间位置时（即常态位）各油口的连通形式称为中位机能。表6－3所示为常见的三位换向阀中位机能的结构简图和符号，可以看出，不同的中位机能是通过改变阀芯的形状和尺寸得到的。

表 6－3 常见的三位换向阀中位机能的结构简图和符号

类型	结构简图	中间位置符号		作用
		三位四通	五位五通	
O 型	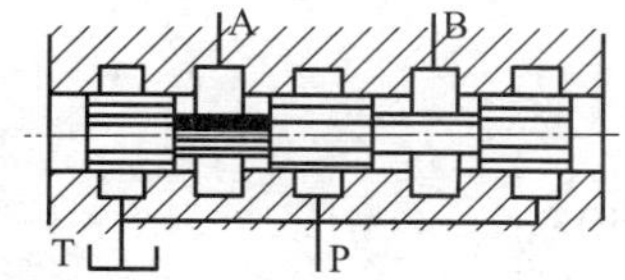	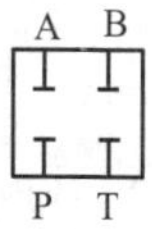	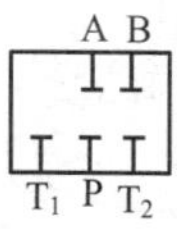	换向精度高，但有冲击，缸被锁紧，泵不卸荷，并联缸可运动
H 型	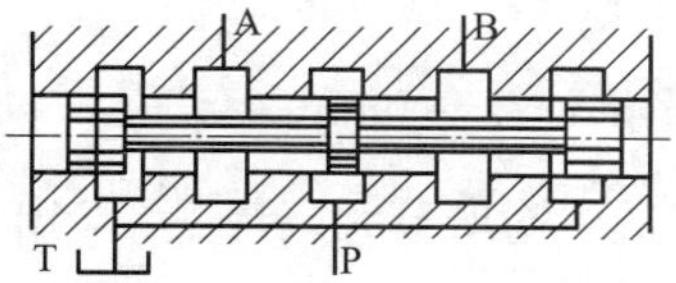		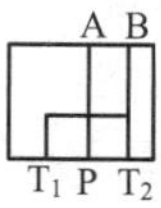	换向阀各油口互通，换向平稳，液压缸成浮动式。泵卸荷，其他执行元件不能并联使用
Y 型	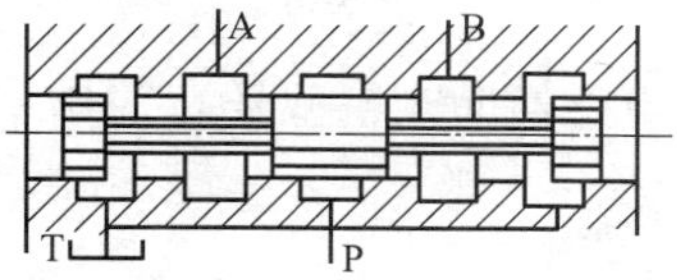	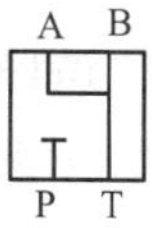	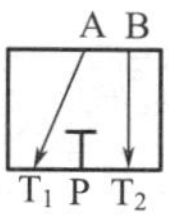	换向较平稳，冲击量较大，缸浮动，泵不卸荷，并联缸可运动
P 型	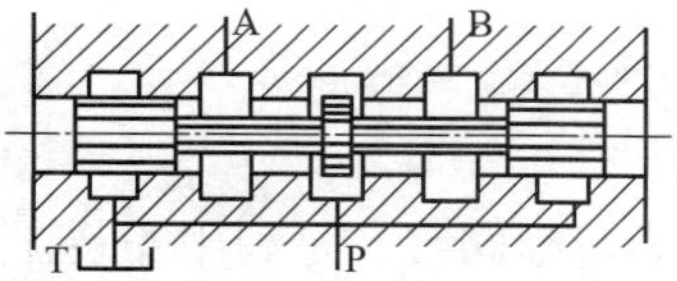			换向最平稳，冲击量较小，缸浮动，泵不卸荷，并联缸可运动
M 型	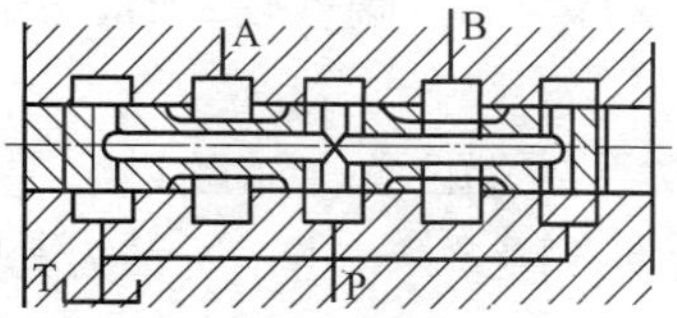	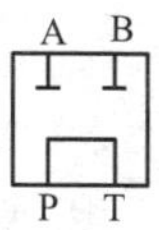	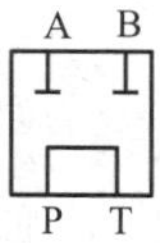	换向精度高，但有冲击，缸被锁紧，泵卸荷，其他缸不能并联使用

在分析和选择阀的中位机能时，通常考虑以下几点。

（1）系统保压与卸荷。当 P 口被堵塞时，如 O 型、Y 型，系统保压，液压泵能用于多缸液压系统。当 P 口和 T 口相通时，如 H 型、M 型，这时整个系统卸荷。

（2）换向精度和换向平稳性。当工作油口 A 和 B 都堵塞时，如 O 型、M 型，换向精度高，但换向过程中易产生液压冲击，换向平稳性差。当油口 A 和 B 都通 T 口时，如 H 型、Y 型，换向时液压冲击小，平稳性好，但换向精度低。

（3）启动平稳性。阀处于中位时，A 口和 B 口都不通油箱，如 O 型、P 型、M 型启动时，油液能起缓冲作用，易于保证启动的平稳性。

（4）液压缸“浮动”和在任意位置处锁住。当 A 口和 B 口接通时，如 H 型、Y 型，卧式液压缸处于“浮动”状态，可以通过其他机构使工作台移动调整其位置。当 A 口和 B 口都被堵塞时，如 O 型、M 型，则可使液压缸在任意位置处停止并被锁住。

任务3实施

回到本任务的开头，解决图6－6所提出的问题。

解：

（1）$F=20$ kN时，无杆腔的压力：

$$p_1=F/A_1=20\ 000\ \text{N}/50\text{cm}^2=4\ \text{MPa}$$

当$p_1=4$ MPa时，由图6－6（b）查得输出流量为$q=5$ L/min，则

$$v_{工}=q/A_1=5\ 000/50\ \text{cm/min}=1\ \text{m/min}$$

（2）活塞快退时，因无负载作用，故$p=0$，变量泵输出最大流量$q_{max}=10$ L/min，于是

$$v_{快}=q_{max}/A_2=10\ 000/25\ \text{cm/min}=4\ \text{m/min}$$

（3）查手册得到该换向阀为干式交流二位四通电磁换向阀，型号为24D－10，通径d为10 mm，额定压力为6.3 MPa。

任务拓展

1. 机动换向阀

机动换向阀常用于控制机械设备的行程，又称为行程阀。它是利用安装在运动部件上的凸轮或铁块使阀芯移动而实现换向的。机动换向阀通常是二位阀，有二通、三通、四通和五通几种。

如图6－8（a）所示，在弹簧的作用下，阀芯处于左端位置，油口P和A不连通；当挡铁压住滚轮使阀芯移到右端位置时，油口P和A接通。图6－8（b）所示为其图形符号。

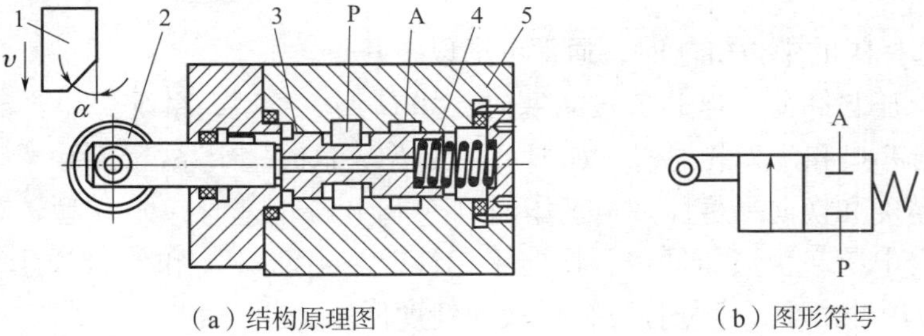

（a）结构原理图　　（b）图形符号

图6－8　二位二通机动换向阀

1—挡铁；2—滚轮；3—阀芯；4—弹簧；5—阀体

机动换向阀具有结构简单、工作可靠、位置精度高等优点。若改变挡铁的斜角α就可改变换向时阀芯的移动速度，即可调节换向过程的时间。机动换向阀必须安装在运动部件附近，故连接管路较长。

2. 电磁换向阀

电磁换向阀是利用电磁铁的吸力来推动阀芯移动，从而改变阀芯位置的换向阀，一般有二位和三位，通道数有二通、三通、四通和五通。

电磁换向阀按使用的电源不同，有交流型和直流型两种。交流电磁铁的使用电压多为 220 V，换向时间短（0.01～0.03 s），启动力大，电气控制线路简单。但工作时冲击和噪声大，阀芯吸不到位容易烧毁绕组，所以寿命短，其允许切换频率一般为 10 次/min。直流电磁铁的电压多为 24 V，换向时间长（为 0.05 s～0.08 s），启动力小，冲击小，噪声小，对过载或低电压反应不敏感，工作可靠，寿命长，切换频率可达 120 次/min，故需配备专门的直流电源，因此费用较高。

图 6－9（a）所示为二位三通干式电磁换向阀的结构。图示位置电磁铁不通电，油口 P 和 A 连通，油口 B 断开；当电磁铁通电时，衔铁吸合，推杆将阀芯推向右端，使油口 P 和 A 断开，与 B 接通。图 6－9（b）所示为其图形符号。

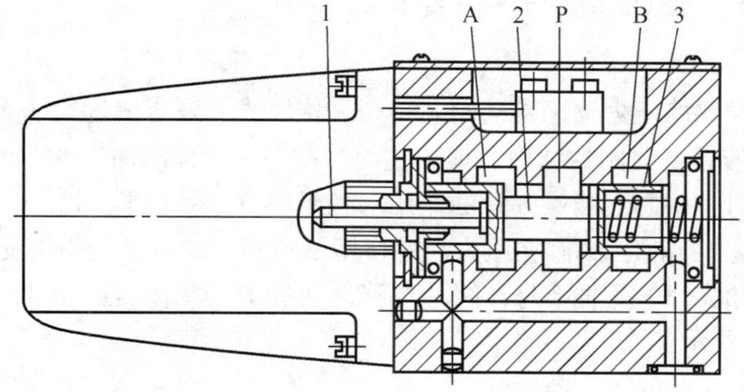

（a）结构图

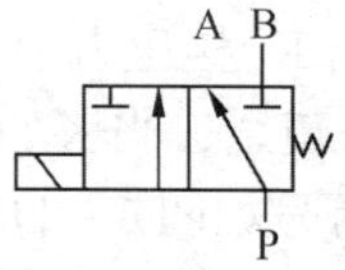

（b）图形符号图

图 6－9　二位三通干式交流电磁换向阀

1—推杆；2—阀芯；3—弹簧

图 6－10（a）所示为三位四通电磁换向阀。当两边电磁铁都不通电时，阀芯在两边弹簧的作用下处于中位，P、T、A、B 油口互不相通；当左边电磁铁通电时，左边衔铁吸合，推杆将阀芯推向右端，油口 P 和 B 接通，A 与 T 接通；当右边电磁铁通电时，则油口 P 和 A 接通，B 与 T 接通。其图形符号如图 6－10（b）所示。

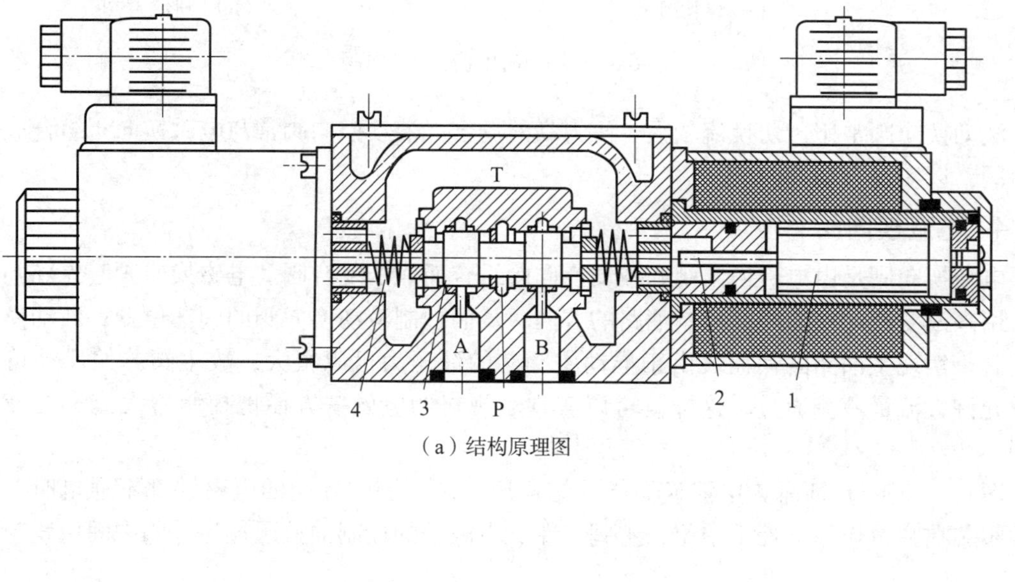

（a）结构原理图

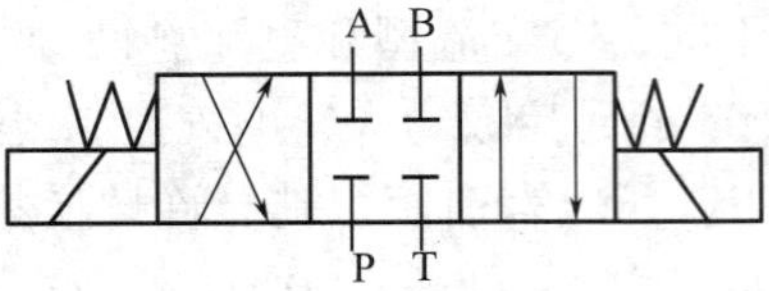

（b）图形符号

图 6－10　三位四通电磁换向阀

1—衔铁；2—推杆；3—阀芯；4—弹簧

电磁换向阀因具有换向灵敏、操作方便、布置灵活、易于实现设备的自动化等特点，因而应用最为广泛。但由于电磁铁吸力有限，因而要求切换的流量不能太大，一般在 63 L/min 以下，且回油口背压不宜过高，否则易烧毁电磁铁绕组。

3. 液动换向阀

液动换向阀是利用控制油路的压力油来推动阀芯移动，从而改变阀心位置的换向阀。图 6－11（a）所示为三位四通液动换向阀的结构原理图。阀上设有两个控制油口 K_1 和 K_2；当两个控制油口都未通压力油时，阀芯在两端弹簧的作用下处于中位，油口 P、T、A、B 互不相通；当 K_1 接压力油、K_2 接油箱时，阀芯在压力油的作用下右移，油口 P 与 B 接通，A 与 T 接通；反之，当 K_2 通压力油、K_1 接油箱时，阀芯左移，油口 P 与 A 接通，B 与 T 接通。其图形符号如图 6－11（b）所示。

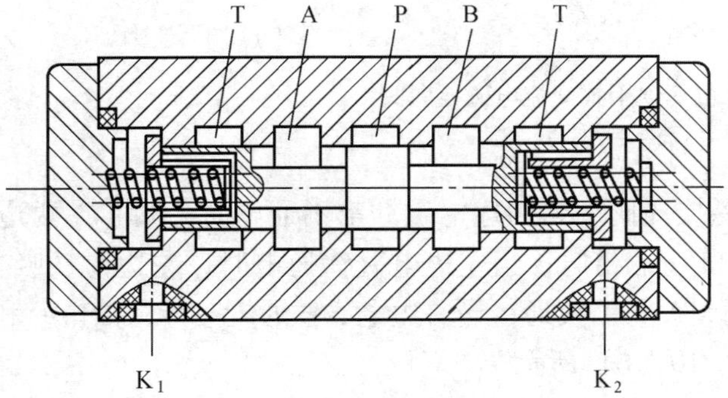

（a）结构图

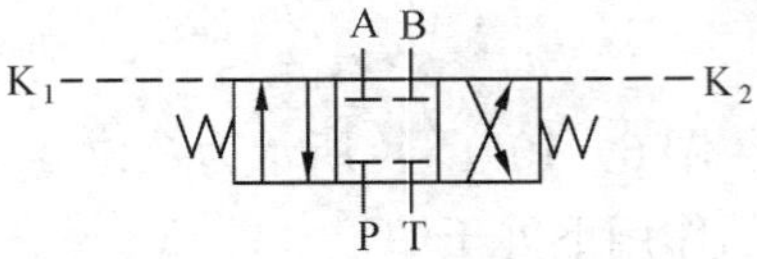

（b）图形符号图

图 6－11　三位四通液动换向阀

液动换向阀常用于切换流量大、压力高的场合。液动换向阀常与电磁换向阀组合成电液换向阀，以实现自动换向。

4. 电液换向阀

电液换向阀是由电磁换向阀和液动换向阀组合而成的复合阀。电磁换向阀起先导阀的作用，用来改变液动换向阀的控制油路的方向，从而控制液动换向阀的阀芯位置；液动换向阀为主阀，实现主油路的换向。由于推动主阀芯的液压力可以很大，故主阀芯的尺寸可以做大，允许大流量液流通过。这样就可以实现小规格的电磁铁方便地控制着大流量的液动换向阀。

图 6－12（a）所示为电液换向阀的结构原理图。当先导阀的电磁铁都不通电时，先导阀的阀芯在弹簧作用下处于中位，主阀芯左、右两腔的控制油液通过先导阀中间位置与油箱

连通，主阀芯在弹簧作用下也处于中位，主阀的 P、A、B、T 油口均不通。当先导阀左边电磁铁通电时，先导阀芯右移，控制油液经先导阀再经左单向阀进入主阀左腔，推动主阀芯向右移动，这时主阀右腔的油液经右边的节流阀及先导阀回油箱，使主阀 P 与 A 接通，B 与 T 接通；反之，先导阀右边电磁铁通电，可使油口 P 与 B 接通，A 与 T 接通（主阀芯移动速度可由节流阀的开口大小调节）。图 6－12（b）所示为电液换向阀的图形符号和简化符号。

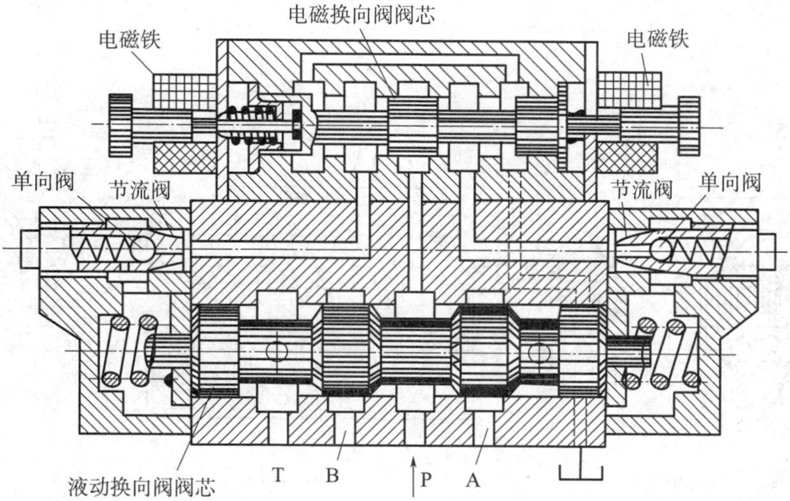

（a）结构原理图

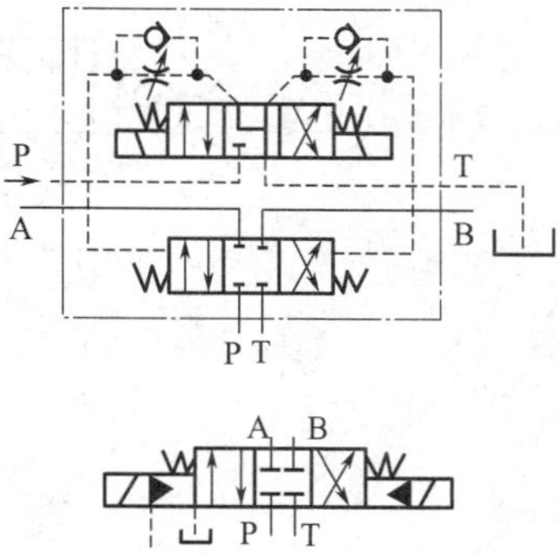

（b）图形符号

图 6－12　电液换向阀

5. 手动换向阀

手动换向阀是利用手动杠杆操纵阀芯运动，以实现换向的换向阀。它有弹簧自动复位和钢球定位两种。图 6－13（a）所示为弹簧钢球定位式手动换向阀，当阀芯向左或向右移动时，就可借助钢球使阀芯保持在左端或右端的工作位置上。图 6－13（c）所示为其图形符号。该阀适用于机床、液压机、船舶等需保持工作状态时间较长的场合。

图 6－13（b）所示为弹簧自动复位式手动换向阀，向右推动手柄时，阀芯向左移动，使油口 P、A 接通；J、R 接通；向左推动手柄时，阀芯向右运动，则 P 与 R 相通，A 与 J 相通。松开手柄后，阀芯依靠复位弹簧的作用自动弹回到中位，油口 P、R、A、J 互不相通。图 6－13（d）为其图形符号。自动复位式手动换向阀适用于动作频繁、持续工作时间较短

的场合，操作比较安全，常用于工程机械的液压系统中。

自动复位式手动换向阀适用于动作频繁、持续工作时间较短的场合，操作比较安全，常用于工程机械的液压系统中。

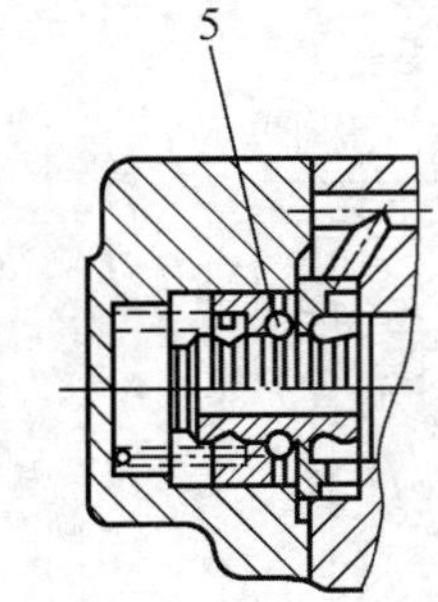

（a）弹簧钢球定位式结构

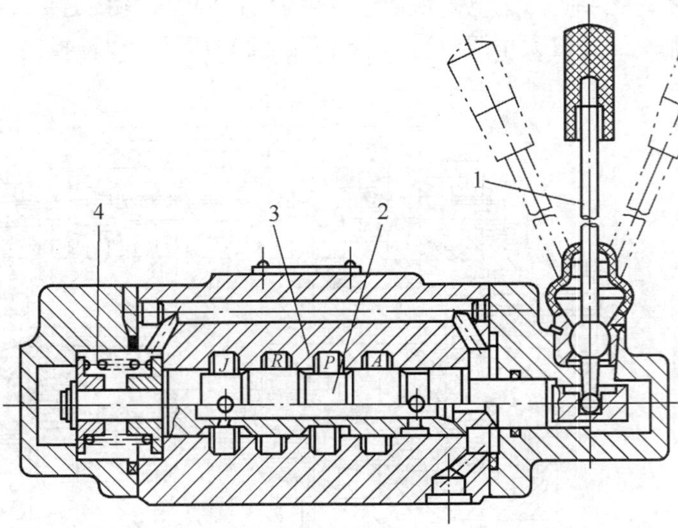

（b）弹簧自动复位式结构

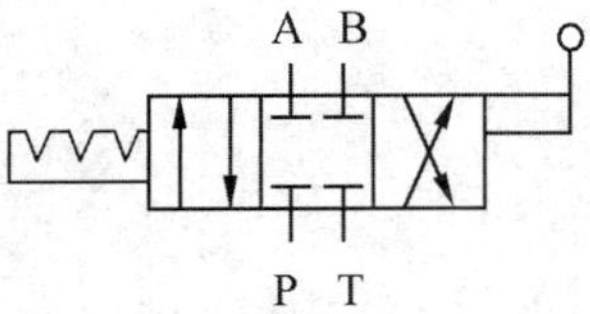

（c）弹簧钢球定位式图形符号

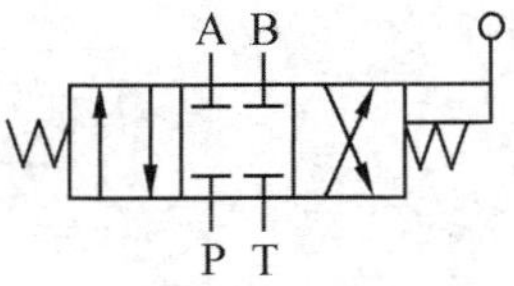

（d）弹簧自动复位式图形符号

图 6－13　三位四通手动换向阀

1—手柄；2—阀芯；3—阀体；4—弹簧；5—钢球

任务二　压力控制阀的结构及原理分析

在液压系统中，控制油液压力高低的阀和通过压力信号实现动作控制的阀统称为压力控制阀。它们是利用作用在阀芯上的液压力和弹簧力相平衡的原理来工作的。常见的压力控制阀主要有溢流阀、减压阀、顺序阀、压力继电器等。

任务 1 描述

分析图 6－14 所示单向阀的工作原理。

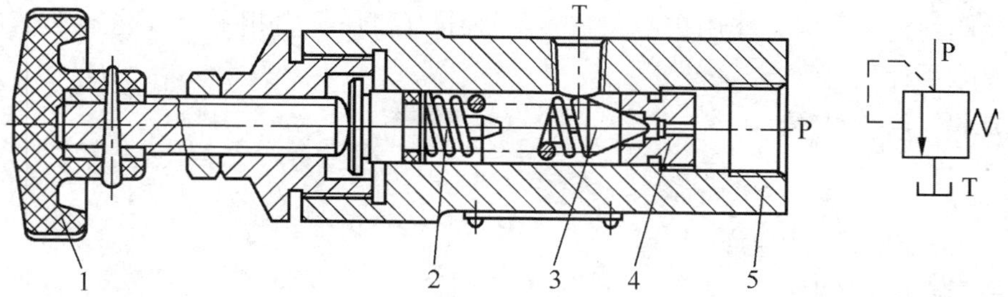

（a）结构图　　（b）图形符号图

（c）溢流阀外形图

图 6－14　滑阀式直动溢流阀

1—调压螺母；2—调压弹簧；3—阀芯；4—阀座；5—阀体

任务 1 分析

图 6－14 所示单向阀是滑阀式直动溢流阀，可根据结构图分析其工作原理。

相关知识

直动溢流阀是靠系统中的压力油直接作用于阀芯上和弹簧力相平衡的原理来工作的。直动溢流阀具有结构简单、制造容易、成本低等优点；其缺点是油液压力直接和弹簧力平衡，所以压力稳定性差。当系统压力较高时，要求弹簧刚度大，使阀的开启性能差，故一般只用于低压小流量场合。

任务 1 实施

在图 6－14 中，阀芯在弹簧的作用下紧压在阀座上，阀体上开有进油口 P 和出油口 T，压力油从 P 口进入，并作用在阀芯上。当油压力低于调压弹簧力时，阀口关闭，进油口 P 和出油口 T 不通，溢流口无压力油溢出；当油压力超过调压弹簧力时，阀芯在油压力的作用下左移，进油口 P 和出油口 T 相通，压力油从溢流口 T 流回油箱。调整调压螺母，可以改变弹簧的预紧力，这样就可调节进油口的压力 p。

当溢流阀稳定工作时，作用在主阀芯上的液压力和弹簧力相平衡（主阀芯的自重、摩擦力等都忽略不计），则有

$$p = \frac{F_S}{A} \tag{6-1}$$

式中：P——溢流阀调节压力；

F_S——调压弹簧力；

A——主阀芯底部有效作用面积。

对于特定的阀，A 值是恒定的，调节 F_S 就可调节进口压力 p。当系统压力变化时，主阀芯会作相应的波动，然后在新的位置上平衡；与之相应的弹簧力也要发生变化，但相对于调定的弹簧力来说变化很小，所以认为 p 值基本保持恒定。

任务拓展

1. 先导式溢流阀

先导式溢流阀由先导阀和主阀两部分组成。它是利用主阀芯上、下两端的压力差所形成的作用力和弹簧力相平衡的原理来进行工作的，如图 6－15 所示。油口 P 是进油口，T 是回油口，压力油从 P 口进入，通过阀芯轴向小孔口进入 A 腔，同时经轴向小孔进入 B 腔，又经横向小孔作用在先导阀的锥阀芯上。当进油压力较低，不足以克服调压弹簧的弹簧力时，锥阀芯关闭，主阀芯上、下两端压力相等，主阀芯在复位弹簧的作用下处于最下端位置，阀口 P 和 T 不通，溢流口关闭。当进油压力升高，作用在锥阀芯上的液压力大于调压弹簧的弹簧力时，锥阀芯被打开，压力油便经流道、回油口 T 流回油箱。由于轴向小孔的阻尼作用，使主阀芯上端的压力小于下端压力，当这个压力差超过复位弹簧的弹簧力时，主阀芯上移，进油口 P 和回油口 T 相通，实现溢流。所调节的进口压力也要经过一个过渡过程才能达到平衡状态。当溢流阀稳定工作时，作用在主阀芯上的液压力和弹簧力相平衡（阀芯的自重、摩擦力等忽略不计），则有

$$pA = p_1A + F_S \tag{6-2}$$

式中：p——进口压力；

p_1——主阀芯上腔压力；

F_S——主阀芯弹簧力；

A——主阀芯有效作用面积。

由式（6－2）可知，由于 p_1 是由先导阀弹簧调定，基本为定值，主阀芯上腔的复位弹簧的刚度可以较小，且 F_S 的变化也较小，所以当溢流量发生变化时，溢流阀进口压力 p 的变化较小。因此先导式溢流阀相对直动式溢流阀具有较好的稳压性能。但它的反应不如直动式溢流阀灵敏，一般适用于流量较大的场合。

先导式溢流阀有一个远程控制口 K，如果将此口连接另一个远程调压阀（其结构和先导阀部分相同），调节远程调压阀的弹簧力，即可调节主阀芯上腔的液压力，从而对溢流阀的进口压力实现远程调压。但远程调压阀调定的压力不能超过溢流阀先导阀调定的压力，否则不起作用。当远程控制口 K 通过二位二通阀接通油箱时，主阀芯上腔的油液压力接近于零，

复位弹簧很软，溢流阀进油口处的油液以很低的压力将阀口打开，流回油箱，实现卸荷。

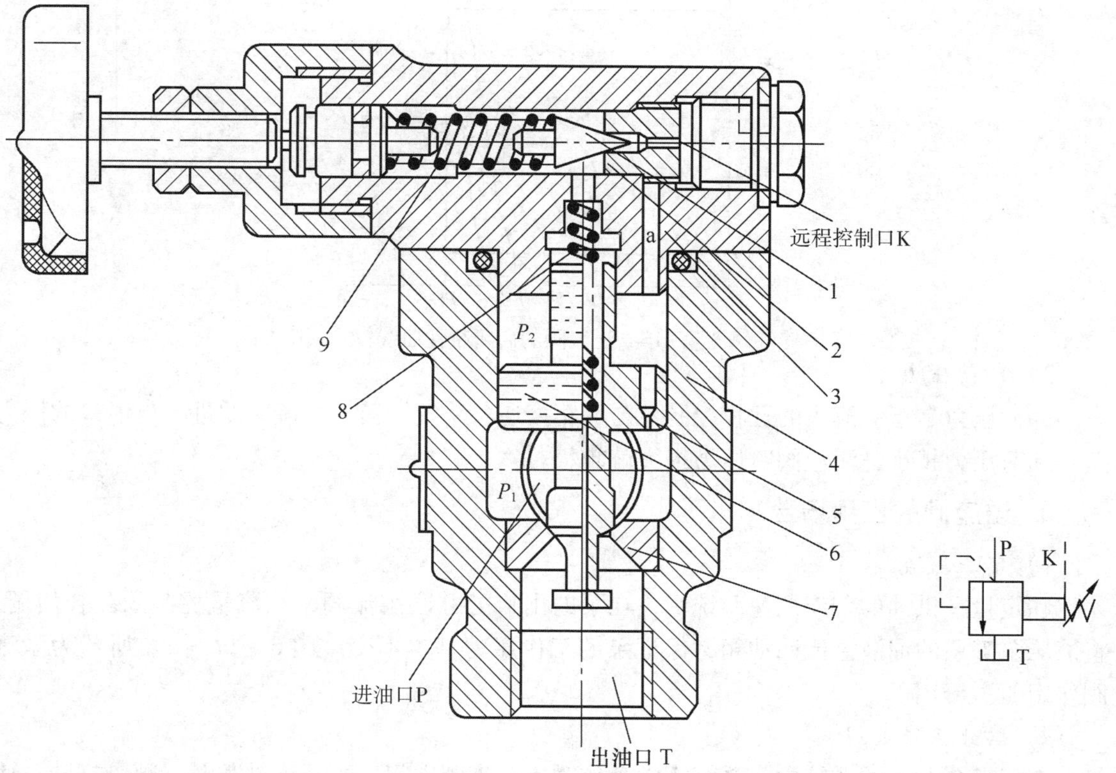

（a）结构图　　（b）图形符号

图 6－15　先导式溢流阀

1—锥阀芯；2—锥阀座；3—阀盖；4—主阀体；5—流道；
6—主阀芯；7—主阀座；8—复位弹簧；9—调压弹簧

2. 溢流阀的性能

溢流阀的性能包括静态性能和动态性能两类，下面只对其静态性能作简单介绍。

1）调压范围

溢流阀的调压范围是指阀所允许使用的最小和最大压力值。在此范围内所调压力能平稳上升或下降，且压力无突跳和迟滞现象。

2）流量—压力特性（启闭特性）

启闭特性是溢流阀最重要的静态特性，是评价溢流阀定压精度的重要指标。它是指溢流阀从关闭状态到开启，然后又从全开状态到关闭的过程中，压力与溢流量之间的关系。图 6－16 所示为直动式溢流阀与先导式溢流阀启闭特性曲线图。由于开启和闭合时，阀芯摩擦力方向不同，故阀的开启特性曲线和闭合特性曲线不重合。一般认为通过 1% 额定溢流量时的压力为溢流阀的开启压力和闭合压力。开启压力与额定压力的比值称为开启比，闭合压力与额定压力的比值称为闭合比。比值越大，它的调压偏差 $p_S - p_B$、$p_S - p_K$ 的值越小，阀的定压精度越高。

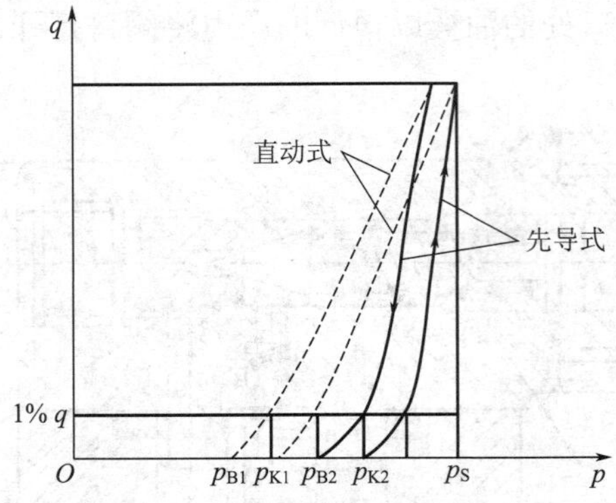

图 6－16　溢流阀的启闭特性曲线

3）卸荷压力

卸荷压力是指溢流阀的远程控制口与油箱接通，系统卸荷，溢流阀的进、出油口的压力差。卸荷压力越小，流经阀时压力损失就越小。

3. 溢流阀的应用场合

1）定压溢流

在定量泵供油的节流调速系统中，在泵的出口处并联溢流阀，和流量控制阀配合使用，将液压泵多余的油液溢流回油箱，保证泵的工作压力基本不变。图 6－17（a）所示为溢流阀作定压溢流用。

2）防止系统过载

在变量泵调速的系统中，系统正常工作时，溢流阀常闭，当系统过载时，阀口打开，使油液排入油箱而起到安全保护作用，如图 6－17（b）所示。

3）作背压阀用

在液压系统的回油路上串接一个溢流阀，可以形成一定的回油阻力，这种压力称为背压。它可以改善执行元件的运动平稳性，如图 6－17（c）所示。

4）远程调压

将先导式溢流阀的远程控制口与直动式溢流阀连接，可实现远程调压，如图 6－17（d）所示。

5）液压泵卸荷

将二位二通电磁阀接先导式溢流阀的远程控制口，可使液压泵卸荷，降低功率消耗，减少系统发热，如图 6－17（e）所示。

（a）定压溢流　　（b）防止系统过载

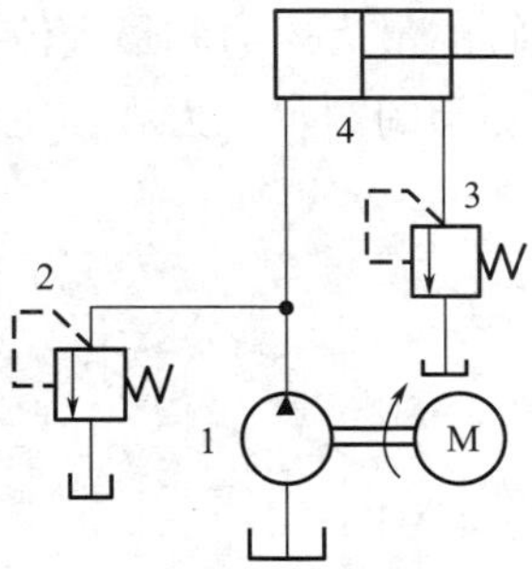

（c）作背压阀用

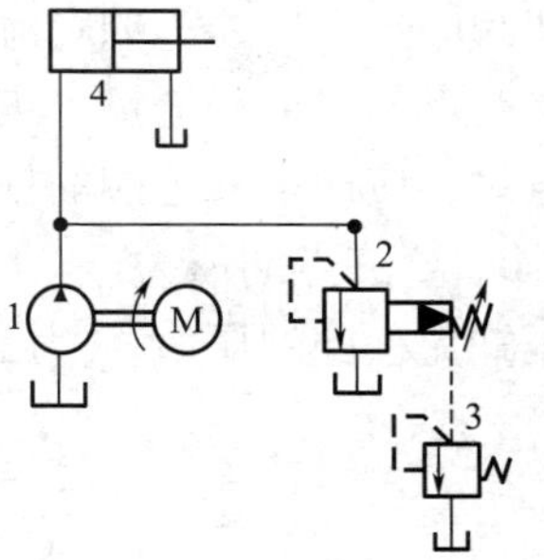

（d）远程调压

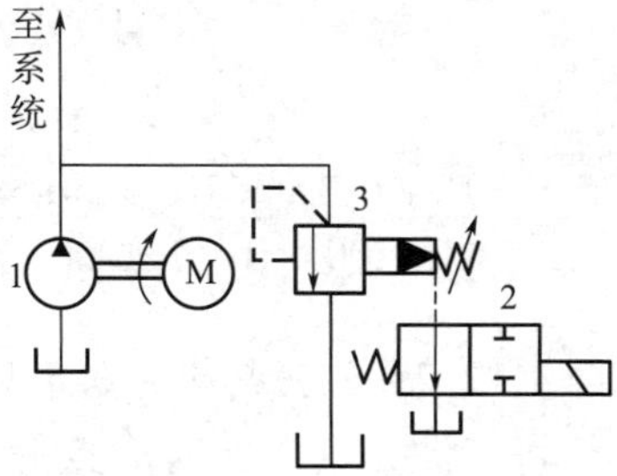

（e）液压泵卸荷

图 6－17　溢流阀的应用场合

1—液压泵；2、3—溢流阀；4—节流阀；5—二位二通电磁换向阀；6—液压缸

技能训练

在图 6－18 中，已知 $A_1 = 100\ cm^2$，$A_2 = 50\ cm^2$，负载 $F_1 = 14\ kN$，$F_2 = 4.25\ kN$，单向阀的背压力 $p = 0.15\ MPa$，节流阀压差 $\Delta p = 0.2\ MPa$，不计管路压力损失，求 1、2、3 三点的压力；泵和阀各应选用多大的额定压力；若 $v_1 = 3.5\ cm/s$，$v_2 = 4\ cm/s$，泵和阀应选用多大的额定流量？并选择溢流阀的型号。

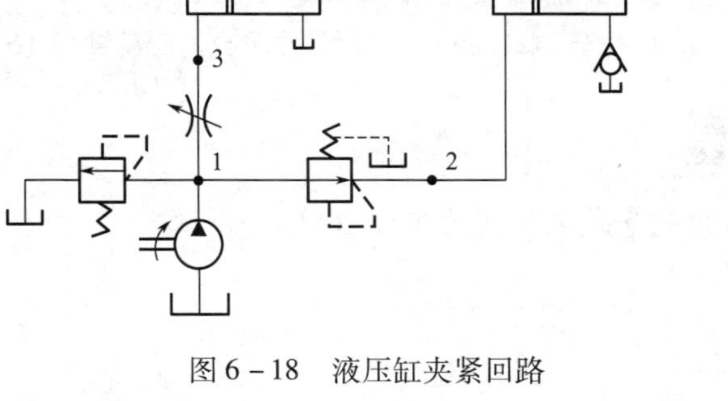

图 6－18　液压缸夹紧回路

解： 泵和阀的额定压力和额定流量应大于等于液压缸的最大压力和最大流量，因此，应计算出各种状况下的压力和流量，进行比较后再确定泵和阀的额定压力和额定流量。在选择溢流阀的型号时，应向上靠近阀的标准规格。

（1）A、B、C 三点的压力。

进给液压缸无杆腔的压力 p_1 为

$$p_1 = \frac{F_1}{A_1} = \frac{14 \times 10^3}{100 \times 10^{-4}}\text{Pa} = 1.4\ \text{MPa}$$

夹紧缸无杆腔的原来 p_2 为

$$p_2 = \frac{F_2 + pA_2}{A_1} = \frac{4.25 \times 10^3 + 0.15 \times 10^6 \times 50 \times 10^{-4}}{100 \times 10^{-4}}\text{Pa} = 0.5\ \text{MPa}$$

当夹紧缸工作而进给缸不动时，1、2、3 三点均为 0.5 MPa。

当进给缸工作时，夹紧缸必须将工件夹紧，此时 2 点的压力等于减压阀的调整压力，3 点压力为 1.4 MPa，1 点的压力为 1.6 MPa，溢流阀的调整压力为 1.9 MPa。

（2）泵和各阀应选的额定压力为 2.5 MPa。

（3）泵和各阀应选的额定流量。

通过节流阀的流量为

$$q_1 = v_1A_1 = 3.5\ \text{cm/s} \times 100\ \text{cm}^2 = 350 \times 60 \times 10^{-3}\text{L/min} = 21\ \text{L/min}$$

夹紧缸所需的流量为

$$q_2 = v_2A_1 = 4\ \text{cm/s} \times 100\ \text{cm}^2 = 400 \times 60 \times 10^{-3}\text{L/min} = 24\ \text{L/min}$$

通过背压阀回油箱的流量为

$$q_{被} = v_2A_2 = 4\ \text{cm/s} \times 50\ \text{cm}^2 = 200 \times 60 \times 10^{-3}\text{L/min} = 12\ \text{L/min}$$

于是查表可得，节流阀的额定流量为 25 L/min（大于 21 L/min），溢流阀、减压阀、液压泵的额定流为 25 L/min（大于 24 L/min），背压阀的额定流量为 16 L/min。

任务 2 描述

分析图 6－19 所示的先导式减压阀的工作原理。

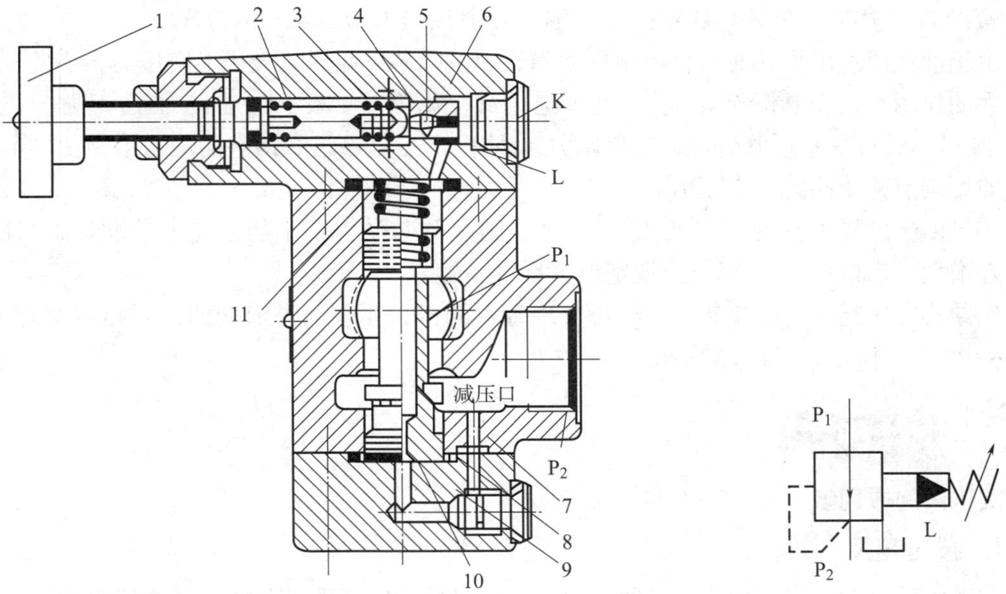

（a）结构原理图　　　　　　　　（b）图形符号

图 6－19　先导式减压阀

1—调压手轮；2—调压弹簧；3—先导阀芯；4—先导阀座；5—流道；6—阀盖；
7—阀体；8—主阀芯；9—端盖；10—阻尼孔；11 —复位弹簧；

任务 2 分析

该阀由先导阀和主阀两部分组成，P_1、P_2 分别为进、出油口，先导式减压阀有远程控制口 K，可实现远程调压，原理与溢流阀的远程控制原理相同。图 6－19（b）所示为其图形符号。

相关知识

减压阀是利用压力油流经缝隙时产生的压力损失，使其出口压力低于进口压力，并保持压力恒定的一种压力控制阀（又称为定值减压阀）。它和溢流阀类似，也有直动式和先导式两种，直动式减压阀较少单独使用，而先导式减压阀性能良好，使用广泛。

任务 2 实施

当压力为 p_1 的油液从 P_1 口进入，经减压口从出油口流出，其压力为 p_2，出口的压力油经阀体和端盖的流道作用于主阀芯的底部，经阻尼孔进入主阀弹簧腔，并经流道作用在先导阀的阀芯上，当出口压力低于调压弹簧的调定值时，先导阀口关闭，通过阻尼孔的油液不流动，主阀芯上、下两腔压力相等，主阀芯在复位弹簧的作用下处于最下端位置，减压口全部打开，不起减压作用，出口压力 p_2 等于进口压力 p_1；当出口压力超过调压弹簧的调定值时，先导阀芯被打开，油液经泄油口 L 流回油箱。

由于油液流经阻尼孔时，会产生压力降，使主阀芯下腔压力大于上腔压力，当此压力差所产生的作用力大于复位弹簧力时，主阀芯上移，作用力使减压口关小，减压增强，出口压力 p_2 减小。经过一个过渡过程，出口压力 p_2 便稳定在先导阀所调定的压力值上。调节调压手轮即可调节减压阀的出口压力 p_2 。

如果由于外界干扰使进口压力 p_1 升高，则主阀芯受力不平衡，向上移动，阀口减小，压力降增大，出口压力 p_2 降低至调定值，反之亦然。

先导式减压阀有远程控制口 K，可实现远程调压，原理与溢流阀的远程控制原理相同。图 6－19（b）所示为其图形符号。

任务拓展

减压阀的应用。

1. 减压稳压

在液压系统中，当几个执行元件采用一个油泵供油时，而且各执行元件所需的工作压力不尽相同时，可在支路中串接一个减压阀，这样就可以获得较低而稳定的工作压力。图 6－20（a）所示为减压阀用于夹紧油路的工作原理图。

2. 多级减压

利用先导式减压阀的远程控制口 K 外接远程调压阀，可实现二级、三级等减压回路。图 6－20（b）所示为二级减压回路，泵的出口压力由溢流阀调定，远程调压阀通过二位二通换向阀控制，才能获得二级压力，但必须满足远程调压阀的调定压力小于先导阀的调定压力的要求，否则不起作用。

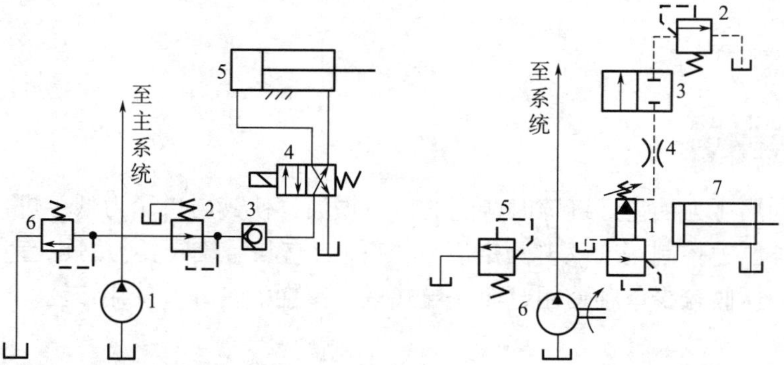

（a）减压阀用于夹紧油路　　（b）二级减压回路

图 6－20　减压阀的应用

除此之外，减压阀还可限制工作部件的作用力引起的压力波动，从而改善系统的控制特性。

技能训练

在图 6－21 中，已知活塞运动时的负载 $F=1\ 500\ \text{N}$，活塞面积 $A=15\times10^{-4}\text{m}^2$，溢流阀调定压力 $p_Y=5.5\ \text{MPa}$，两个减压阀的调定压力分别为 $p_{J1}=3\ \text{MPa}$ 和 $p_{J2}=1.5\ \text{MPa}$，油液流过减压阀及管路时的损失可忽略不计，试求活塞在运动和停止在终点时，1、2、3 三点的压力值。

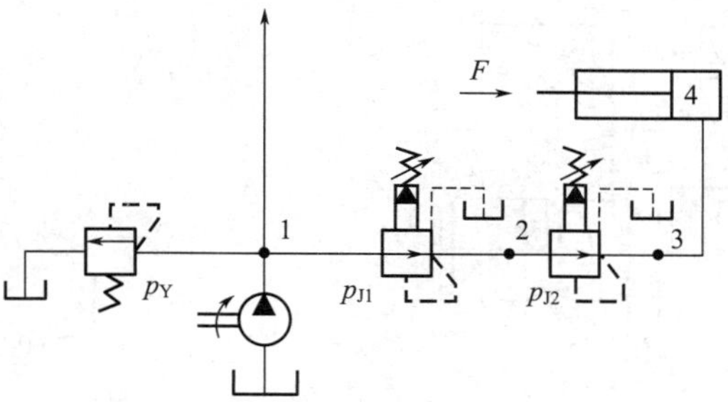

图 6－21　带双减压阀的回路

解：（1）活塞运动时

$$p_4=\frac{F}{A}=\frac{1\ 500\ \text{N}}{15\times10^{-4}\text{m}^3}=1\ \text{MPa}$$

因此，两个减压阀芯均处于最大开口位置，溢流阀不能打开，忽略管路和局部压力损失，于是有

$$p_1=p_2=p_3=p_4=1\ \text{MPa}$$

（2）停止在终点时。由于压力的升高，减压阀的出口压力达到其调定值，溢流阀也打开，于是

$$p_1=p_2=p_{J1}=3\ \text{MPa},p_2=p_Y=5.5\ \text{MPa}$$

减压阀的特点：在减压阀出口油液不再流动时，由于先导阀卸油仍未停止，减压口仍有油液流动，阀就处于工作状态，出口压力也就保持调定压力不变。

任务 3 描述

分析图 6－22 所示直动式顺序阀的工作原理。

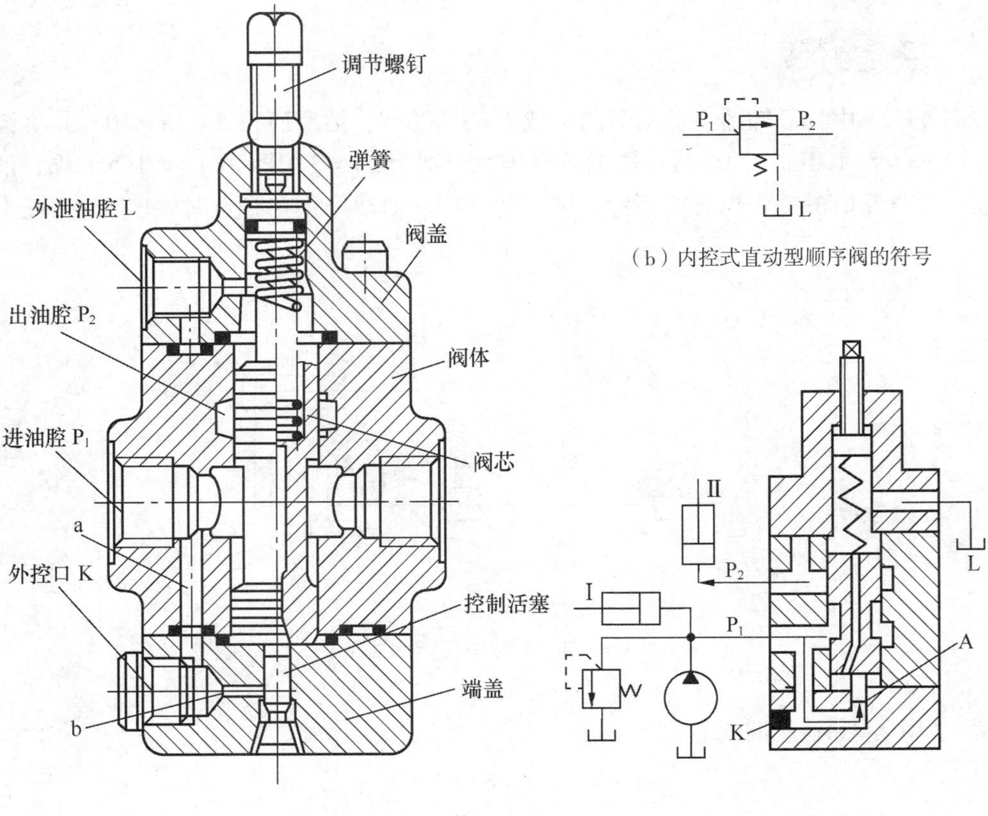

（a）结构图

（b）内控式直动型顺序阀的符号

（c）原理图

图 6－22　直动式顺序阀

任务 3 分析

图 6－22（a）所示为直动式顺序阀的结构原理图。P_1 为进油口，P_2 为出油口，当压力油从 P_1 流入后，经阀体、底盖的通道，作用到控制活塞的底部，阀芯就受到一个向上的作用力。

相关知识

顺序阀利用系统中油液压力的变化来控制油路的通断，从而控制多个执行元件的顺序动作。按照工作原理和结构的不同，顺序阀可分为直动式和先导式两类；按照控制方式的不同，又可分内控式和外控式两种。

图 6－22（a）中控制油液直接来自进油口，这种控制方式称为内控式；若将底盖旋转 90° 安装，并将外控口 K 打开，就可得到外控式。外泄油口 L 单独接回油箱，这种形式称为外泄；当阀出油口 P_2 接油箱，还可经内部通道接油箱，这种泄油方式称为内泄。图 6－21（b）、（c）所示为其图形符号。

任务 3 实施

当进油压力低于调压弹簧的调定压力时，阀芯在调压弹簧的作用下处于下端位置，进油

口 P_1 和出油口 P_2 不通；当进口油压增大到超过调压弹簧的调定压力时，阀芯上移，进油口 P_1 和出油口 P_2 连通，油液从顺序阀流过。顺序阀的开启压力可由调压弹簧调节。在阀中设置控制活塞，活塞面积小，可减小调压弹簧的刚度。

任务拓展

1. 顺序阀的应用

1）多缸顺序动作的控制

图 6－23 中，当换向阀电磁铁通电时，单向顺序阀（3）的调定压力大于液压缸（2）的最高工作压力，定量液压泵的油液先进入液压缸（2）的无杆腔，实现动作①，动作①结束后，系统压力升高，达到单向顺序阀（3）的调定压力，油液进入液压缸（1）的无杆腔，实现动作②。同理，当换向阀的电磁铁失电后，且单向顺序阀（4）的调定压力大于液压缸（1）返回的最大工作压力时，先实现动作③后实现动作④。

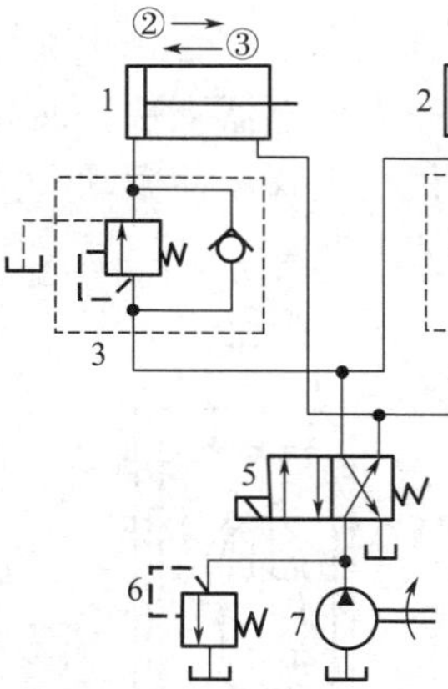

图 6－23　双缸顺序动作控制回路

1、2—液压缸；3、4—单向顺序阀；5—换向阀（二位四通）；6—溢流阀；7—定量液压泵

2）立式液压缸的平衡

图 6－24 中，调节顺序阀（2）的压力，可使液压缸下腔产生背压，平衡活塞及重物的自重，防止重物因自重产生超速下降。

3）双泵供油的卸荷

图 6－25 所示为双泵供油的液压系统，泵（1）为低压大流量泵，泵（2）为高压小流量泵，当执行元件快速运动时，两泵同时供油。当执行元件慢速运动时，油路压力升高，外控顺序阀（3）被打开，泵（1）卸荷，泵（2）供油，满足系统需求。

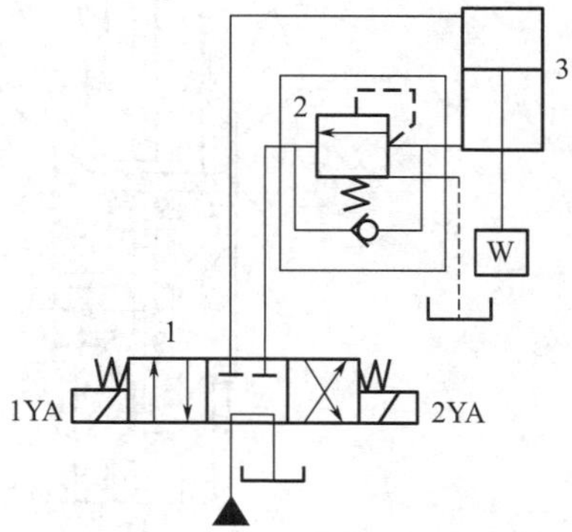

图 6－24　立式液压缸的平衡回路

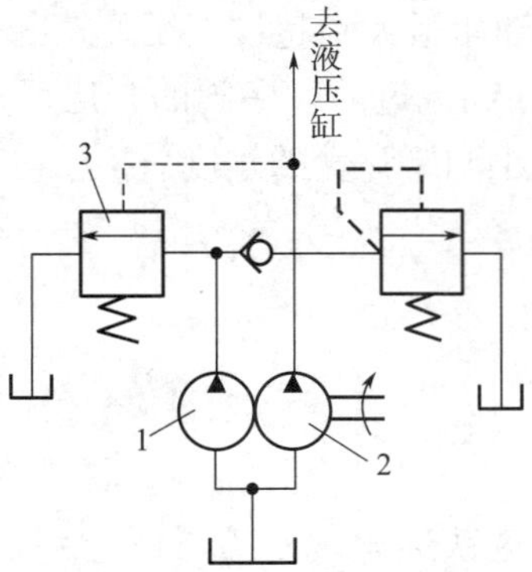

图 6－25　双泵供油液压系统的卸荷

2. 压力继电器

压力继电器是利用油液的压力来启闭电气微动开关触点的液—电转换元件。当油液的压力达到压力继电器的调定压力时，发出电信号，控制电气元件（如电动机、电磁铁等）动作，实现泵的加载或卸荷、执行元件的顺序动作或系统的安全保护和互锁等。

压力继电器有柱塞式、薄膜式、弹簧管式和波纹管式 4 种结构。其中，应用最广的为柱塞式压力继电器，如图 6－26 所示。当从压力继电器下端进油口 P 进入的油液压力达到弹簧的调定值时，作用在柱塞上的液压力推动柱塞上移，使微动开关切换，发出电信号。

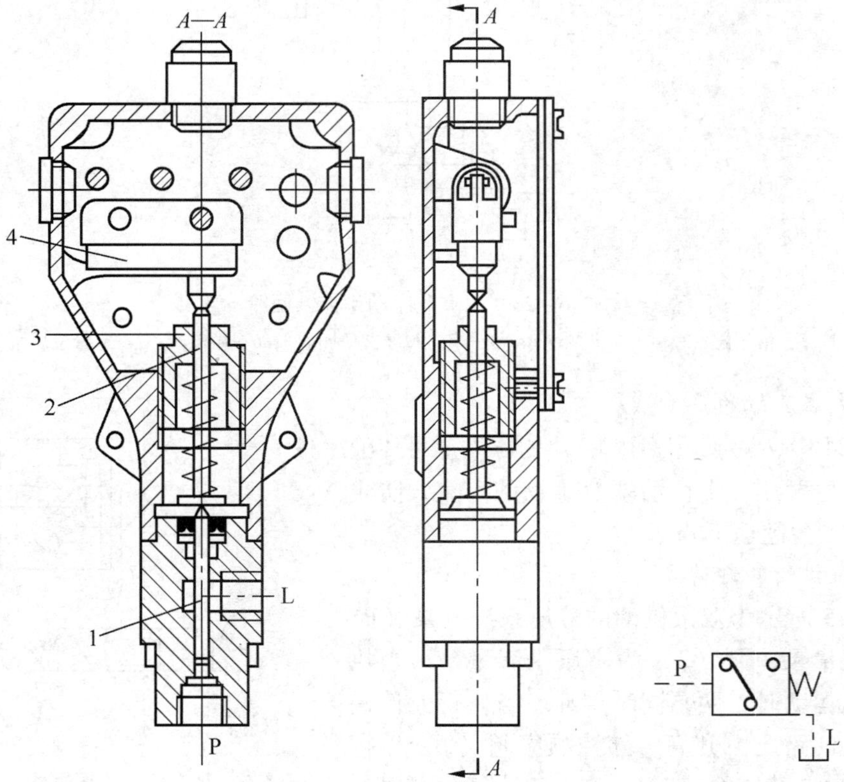

（a）结构图　　（b）图形符号

图 6－26　压力继电器

1—柱塞；2—顶杆；3—螺钉；4—微动开关

1）液压泵的卸荷—保压

图6－27所示为压力继电器使泵卸荷—保压的回路。

当电磁换向阀左位工作时，泵向蓄能器和液压缸无杆腔供油，推动活塞向右运动并夹紧工件；当供油压力升高，并达到压力继电器的调整压力时，发出电信号，指令二位二通电磁阀通电，使泵卸荷，单向阀关闭，液压缸由蓄能器保压。当液压缸的压力下降时，压力继电器复位，二位二通电磁阀断电，泵重新向系统供油。

2）用压力继电器实现顺序动作

图6－28所示为用压力继电器实现顺序动作的回路。当支路工作中，油液压力达到压力继电器的调定值时，压力继电器发出电信号，使主油路工作；当主油路压力低于支路压力时，单向阀关闭，支路由蓄能器保压并补偿泄漏。

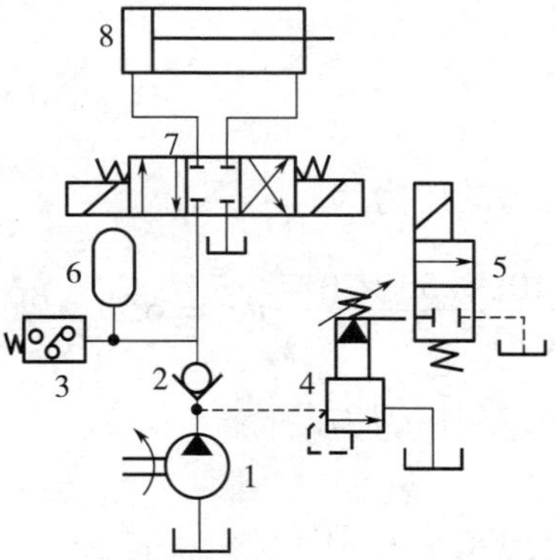

图6－27 液压泵的卸荷—保压回路

1—定量液压泵；2—单向阀；3—压力继电器；4—先导式溢流阀；5—电磁换向阀（二位二通）；6—蓄能器；7—电磁换向阀（三位四通）；8—液压缸

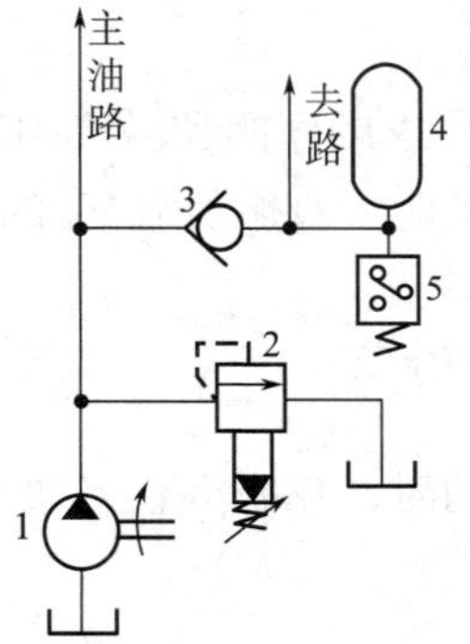

图6－28 用压力继电器实现顺序动作的回路

1—定量液压泵；2—先导式溢流阀；3—单向阀；4—蓄能器；5—压力继电器

技能训练

在图6－29中，液压缸Ⅰ、Ⅱ相同，已知负载 $F_1=40$ kN，$F_2=60$ kN，$A_1=100\ \text{cm}^2$，$A_2=50\ \text{cm}^2$，Ⅱ缸回油阻力 $p_{背}=0.2$ MPa，要求Ⅱ缸先动，Ⅰ缸后动。求：（1）顺序阀和溢流阀的压力分别为多少？（2）若不计管路压力损失，Ⅰ缸动作时，顺序阀的进口压力和出口压力分别是多少？（3）若Ⅰ缸伸出速度为 $v=3$ m/min，选取顺序阀的型号。

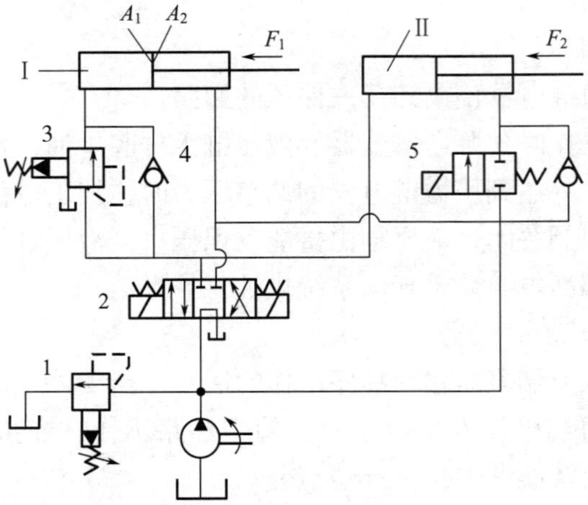

图 6－29　双缸顺序动作控制回路

解：（1）求顺序阀和溢流阀的调整压力。

Ⅱ缸运动时，克服负载 F_2 的阻力，无杆腔所需的压力为

$$p_{\mathrm{II}} = \frac{F_2 + p_{背} A_2}{A_1} = \frac{60\ 000 + 0.2 \times 10^6 \times 50 \times 10^{-4}}{100 \times 10^{-4}} \mathrm{Pa} = 6.1\ \mathrm{MPa}$$

Ⅰ缸运动时，克服负载 F_1 的阻力，无杆腔所需的压力为

$$p_{\mathrm{I}} = \frac{F_1}{A_1} = \frac{40\ 000}{100 \times 10^{-4}} \mathrm{Pa} = 4\ \mathrm{MPa}$$

为保证Ⅱ缸运动时，顺序阀不产生误动作，顺序阀的调整压力应比Ⅱ缸运动时的压力 p_{II} 大 0.8～1 MPa，所以顺序阀的调整压力为

$$p_{\mathrm{S}} = p_{\mathrm{B}} + (0.8 \sim 1)\mathrm{MPa} = 6.1\ \mathrm{MPa} + (0.8 \sim 1)\mathrm{MPa} = (6.9 \sim 7.1)\mathrm{MPa}$$

为保证溢流阀正常工作，溢流阀的压力

$$p_{\mathrm{Y}} \geqslant p_{\mathrm{S}} + (0.3 \sim 0.8)\mathrm{MPa} = (7.2 \sim 7.9)\mathrm{MPa}$$

（2）顺序阀进出口压力。

进口压力：（6.9～7.1）MPa；

出口压力：4 MPa。

（3）Ⅰ缸运动时所需的流量为

$$qA = vA_1 = 500\ \mathrm{cm/min} \times 100\ \mathrm{cm^2} = 50\ \mathrm{L/min}$$

根据顺序阀的压力和流量可选出顺序阀的型号为：直动式顺序阀（额定流量 60 L/min，压力范围：0.3～21 MPa）DZ6DP－5X。

任务三　流量控制阀的结构及原理分析

流量控制阀通过改变阀口通流面积的大小或通流通道的长短来调节液阻，从而实现流量的控制和调节，以达到调节执行元件的运动速度。常用的流量控制阀有普通节流阀、调速阀和溢流节流阀等。

任务1描述

分析普通节流阀的工作原理。

任务1分析

根据图6－30所示的节流阀的结构原理图，分析其工作原理。

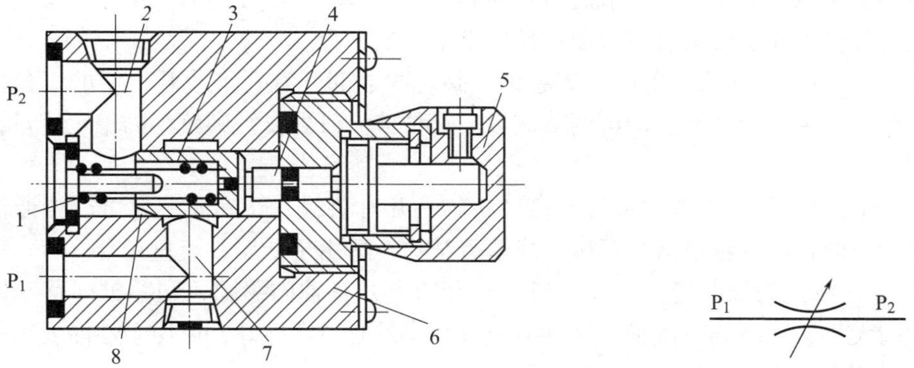

（a）结构原理图　（b）图形符号

图6－30　节流阀

1—弹簧；2、7—通道；3—阀芯；4—推杆；5—调节手柄；6—阀体；8—轴向三角槽

相关知识

1. 节流口的流量特性

由流体力学可知，液体流经孔口的流量可用特性公式表示，即

$$q = KA\Delta p^{m} \tag{6-3}$$

式中：K——由节流口形状、流动状态、油液性质等因素决定的系数；

A——节流口的通流面积；

Δp——节流口的前后压力差；

m——压差指数，$0.5 \leqslant m \leqslant 1$，对于薄壁小孔 $m = 0.5$，对于细长小孔 $m = 1$。

由式（6－3）可知：在压差 Δp 一定时，改变节流口面积，可改变通过节流口的流量。节流口的流量稳定性则与节流口前后压差、油温和节流口形状等因素有关，如下所示。

(1) m 越大，压差 Δp 变化越大，流量就越不稳定，Δp 的变化对流量的影响越大，故节流口宜制成薄壁小孔。

(2) 油温会引起黏度的变化，从而对流量产生影响。对于薄壁小孔，油温的变化对流量的影响不明显，故节流口应采用薄壁孔口。

(3) 在压差 Δp 一定时，通流面积很小时，节流阀会出现阻塞现象。为减小阻塞现象，可采用水力直径大的节流口。另外，应选择化学稳定性和抗氧化性好的油液，以及保持油液的清洁度，这样能提高流量稳定性。

2. 节流口的形式

节流阀的结构主要取决于节流口的形式，图 6－31 所示为几种常用的节流口形式。

图 6－31（a）为针阀式节流口。当阀芯轴向移动时，就可调节环形通道的大小，即可改变流量。这种结构加工简单，但通道长，易堵塞，流量受油温影响较大，一般用于对性能要求不高的场合。

图 6－31（b）为偏心式节流口。阀芯上开有一个偏心槽，当转动阀芯时，就可改变通道的大小，即可调节流量。这种节流口容易制造，但阀芯上的径向力不平衡，旋转费力，一般用于压力较低、流量较大及流量稳定性要求不高的场合。

图 6－31（c）为轴向三角槽式节流口。阀芯的端部开有一个或两个斜的三角槽，轴向移动阀芯就可改变通流面积，即可调节流量。这种节流口可以得到较小的稳定流量，目前被广泛使用。

图 6－31（d）为周边缝隙式节流口。阀芯上开有狭缝，转动阀芯就可改变通流面积大小，从而调节流量。这种节流口可以做成薄刃结构，适用于低压小流量场合。

图 6－36（e）为轴向缝隙式节流口。在套筒上开有轴向缝隙，阀芯轴向移动即可改变通流面积的大小，从而调节流量。这种节流口小流量时稳定性好，可用于性能要求较高的场合。但在高压下易变形，使用时应改善结构刚度。

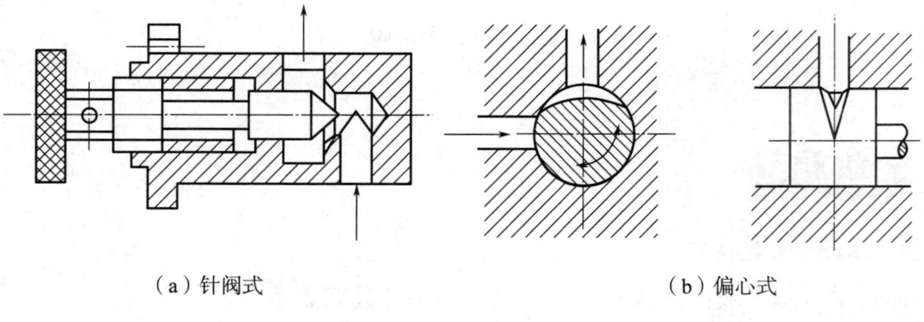

（a）针阀式　　　　（b）偏心式

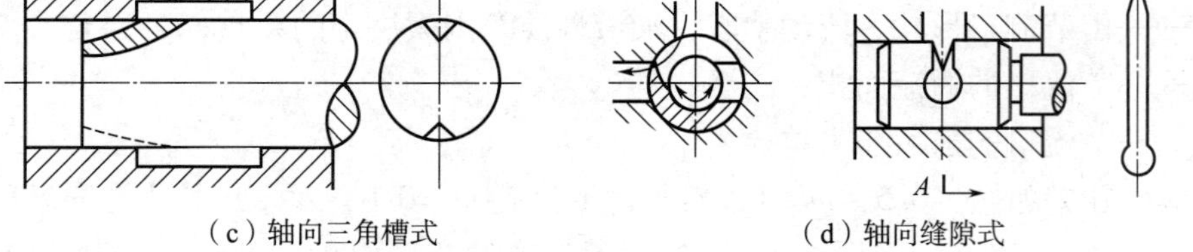

（c）轴向三角槽式　　　　（d）轴向缝隙式

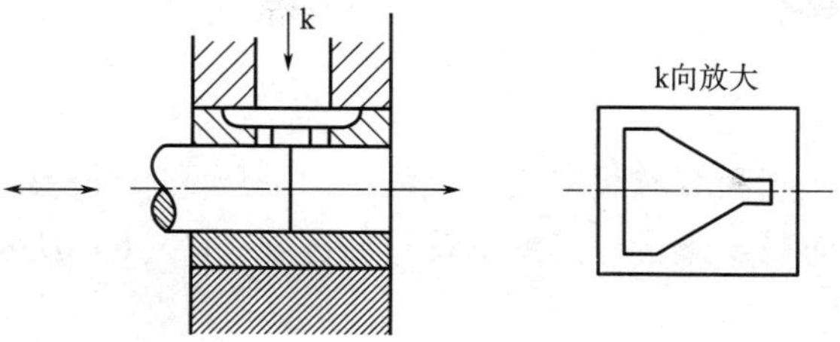

（e）

图6－31　常用的节流口形式

任务2描述

压力油从进油口 P_1 流入，经阀芯左端的轴向三角槽，由出油口 P_2 流出。阀芯在弹簧的作用下始终紧贴在推杆上，旋转调节手柄，可通过推杆使阀芯沿轴向移动，即可改变节流口的通流面积，从而调节通过阀的流量。

归纳总结

节流阀结构简单，价格低廉，调节方便，常与溢流阀配合组成定量泵供油的各种节流调速回路。但节流阀流量稳定性较差，常用于负载变化不大或对速度稳定性要求不高的液压系统中。

任务2描述

分析调速阀的工作原理。

任务2分析

根据图6－32所示的调速阀的结构原理图，分析其工作原理。

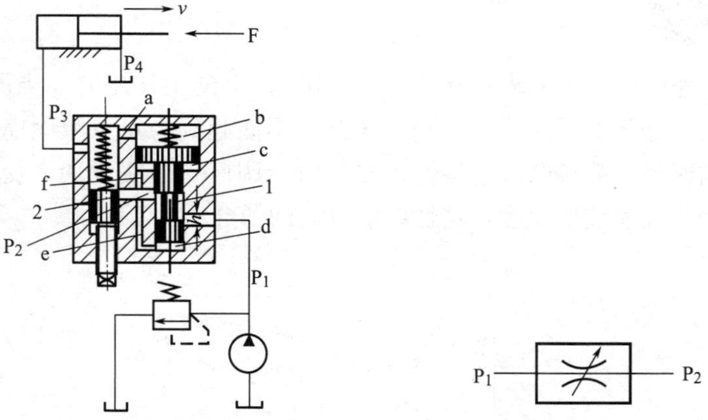

（a）结构原理图　　（b）图形符号

图6－32　调速阀

1—减压阀；2—节流阀

相关知识

调速阀是由定差减压阀和节流阀串联而成的，由减压阀来进行压力补偿，使节流口前后压差基本保持恒定，从而稳定流量。其图形符号如图 6－32（b）所示。

任务 2 实施

如图 6－32（a）所示，压力为 p_1 的油液经减压口后，压力降为 p_2，并分成两路。一路经节流口压力降为 p_3 并再分为两部分，其中一部分到执行元件，另一部分经孔道 a 进入减压阀芯上端 b 腔；另一路分别经孔道 e、f 进入减压阀芯下端 d 腔和 c 腔。这样节流口前后的压力油分别引到定差减压阀阀芯的上端和下端。定差减压阀阀芯两端的作用面积相等，减压阀的阀芯在弹簧力 F_S 和油液压力 p_2 与 p_3 的共同作用下处于平衡位置时，其阀芯的力平衡方程（忽略摩擦力等）为

$$p_3A + F_S = p_2A_1 + p_2A_2$$

式中：A、A_1、A_2——b 腔、c 腔和 d 腔的压力油作用于阀芯的有效面积，且 $A = A_1 + A_2$，所以有

$$p_2 - p_3 = \frac{F_S}{A} \tag{6-4}$$

式（6－4）说明节流口前后压差始终与减压阀芯的弹簧力相平衡而保持不变，通过节流阀的流量稳定。若负载增加，调速阀出口压力 p_3 也增加，作用在减压阀芯上端的液压力增大，阀芯失去平衡向下移动，于是减压口增大，通过减压口的压力损失减小，p_2 也增大，其差值 $p_2 - p_3$ 基本保持不变；反之亦然。若 p_1 增大，减压阀芯来不及运动，p_2 在瞬间也增大，阀芯失去平衡向上移动，使减压口减小，液阻增加，促使 p_2 又减小，即 $p_2 - p_3$ 仍保持不变。总之，由于定差减压阀的自动调节作用，节流阀前、后压力差总保持不变，从而保证流量稳定。

归纳总结

调速阀正常工作时，至少要求有 0.4～0.5 MPa 以上的工作压差。当压差小时，减压阀阀芯在弹簧力作用下处于最下端位置，阀口全开，不能起到稳定节流阀前、后压差的作用。图 6－33 所示为调速阀和节流阀流量特性比较。由于调速阀能使流量不受负载变化的影响，所以适用于负载变化较大或对速度稳定性要求较高的场合。

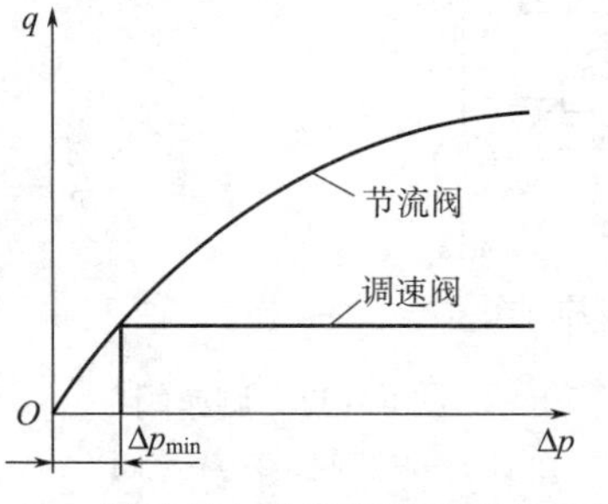

图 6－33　调速阀与节流阀的流量特性比较

任务3描述

分析溢流节流阀的工作原理。

任务3分析

根据图6－34所示的溢流节流阀的结构原理图，分析其工作原理。

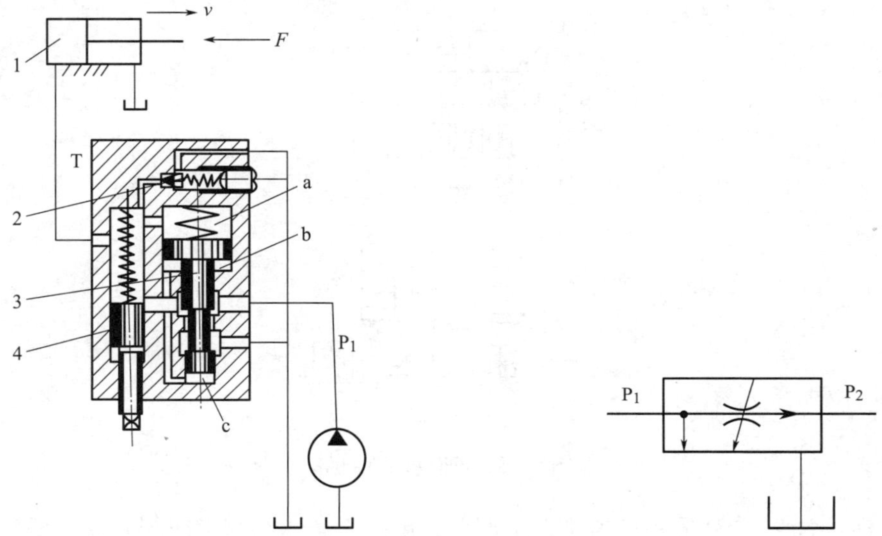

（a）结构原理图　　（b）图形符号

图6－34　溢流节流阀

1—液压缸；2—安全阀；3—溢流阀；4—节流阀

相关知识

溢流节流阀是由节流阀和定差溢流阀并联而成的，定差溢流阀可使节流阀两端压力差保持恒定，从而保证通过节流阀的流量恒定。图6－34（b）为其图形符号。

任务3实施

从泵输出的压力为 p_1 的油液，一部分通过节流阀压力降为 p_2，进入液压缸的无杆腔；另一部分则通过溢流阀的溢流口溢回油箱。溢流阀的阀芯上端a腔与节流阀口后的压力油 p_2 相通，而溢流阀芯下端b腔和c腔则与节流口前的压力油 p_1 相通。这样溢流阀阀芯在弹簧力和油液压力 p_1 和 p_2 的共同作用下处于平衡。当负载发生变化时，p_2 变化，定差溢流阀使供油压力 p_1 也相应变化，保持节流口前后压力差 p_1-p_2 基本不变，使通过节流口的流量恒定。

技能训练

如图 6－35 所示，已知液压缸的内径 $D=70$ mm，活塞杆直径 $d=50$ mm，工作负载 $F=15$ kN，一切摩擦力忽略不计。快速运动速度 $v_1=5$ m/min，工进速度 $v_2=0.05$ m/min，调速阀压差 $\Delta p=0.3$ MPa，系统总的压力损失 $\sum \Delta p=0.5$ MPa。试确定其工作循环顺序表，计算并选择系统所需液压元件的型号。

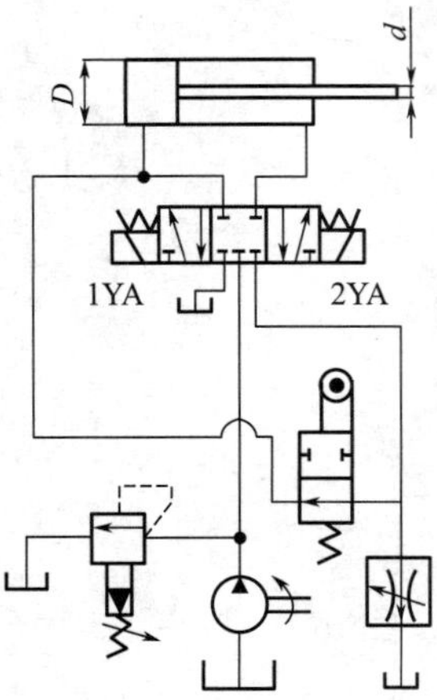

图 6－35　速度调节回路

解：该回路是一个较简单的速度调节回路，由一个调速阀和换向阀完成速度变换：液流要么经过调速阀，要么不经过。在选择液压元件型号时，首先求出各元件所需的流量和最大压力，然后选择较大值最靠近的元件的额定压力和额定流量。

（1）工作循环顺序表如表 6－4 所示。

表 6－4　工作循环顺序表

动作名称	电磁铁		行程
	1YA	2YA	
快进	+	－	抬起
工进	+	－	压下
快退	－	+	抬起

（2）确定液压泵的工作压力。

工进时无杆腔所需的压力为

$$p_1=\frac{F+\Delta pA_2}{A_1}=\frac{F+\Delta p\dfrac{\pi}{4}(D^2-d^2)}{\dfrac{\pi}{4}D^2}$$

$$=\frac{15\ 000\ \text{N}+0.3\times10^6\ \dfrac{\text{N}}{\text{m}^2}\times\dfrac{\pi}{4}\times(0.07^2-0.05^2)\text{m}^2}{\dfrac{\pi}{4}\times0.07^2}=4.05\ \text{MPa}$$

工进时的压力为

$$p = p_1 + \sum \Delta p = 4.05\ \text{MPa} + 0.5\ \text{MPa} = 4.55\ \text{MPa}$$

（3）确定液压泵的流量。

快进时为差的连接，其流量为

$$q_1 = v_1 \frac{\pi}{4} d^2 = 5 \times \frac{\pi}{4} \times 0.05^2 \text{m}^3/\text{min} = 9.8\ \text{L/min}$$

考虑泄露损失，液压泵的流量为

$$q = kq_1 = 1.2 \times 9.8\ \text{L/min} = 11.8\ \text{L/min}$$

根据以上数据，选择叶片泵 YB－16 单级叶片泵。

（4）确定调速阀的最小稳定流量能否满足系统要求。

工进时通过调速阀的流量

$$q_2 = v_1 \frac{\pi}{4}(D^2 - d^2) = 0.05 \times \frac{\pi}{4} \times (0.07^2 - 0.05^2)\text{L/min} = 0.1\ \text{L/min}$$

输入无杆腔的流量

$$q_3 = v_2 \frac{\pi}{4} D^2 = 0.05 \times \frac{\pi}{4} \times 0.07^2\ \text{L/min} = 0.2\ \text{L/min}$$

由于 $q_3 < q$，泵的输出流量远远满足工进速度要求的流量，而调速阀的最小稳定流量为 0.05 L/min，小于计算值 $q_2 = 0.1$ L/min，故满足要求。选择调速阀 Q－10B。

该回路是出口节流调速回路，由于油液经节流阀后直接回油箱，故可以减小系统发热和泄漏，而节流阀又起背压阀的作用，故运动平稳性好。同时还具有承受负值负载的能力。

任务四　插装阀的结构及原理分析

任务描述

分析插装阀的工作原理。

任务分析

根据图 6－36 所示插装阀的结构原理图，分析其工作原理。

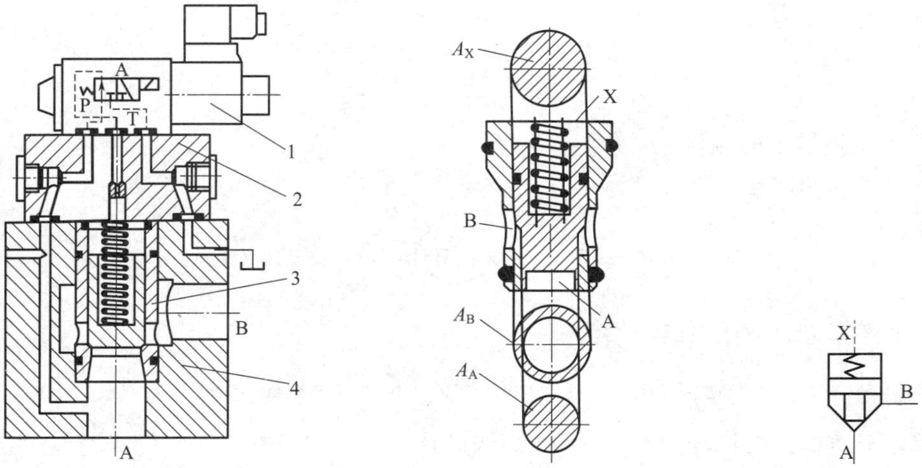

（a）结构原理图　（b）插装件的基本结构形式　（c）图形符号

图 6－36　插装阀

1—先导元件；2—控制盖板；3—插装元件；4—插装块体

相关知识

插装阀又称为逻辑阀，它的基本核心元件是插装元件。插装元件是一种将液控型、单控制口装于油路主级中的液阻单元。若将一个或若干个插装元件进行不同组合，并配以相应的先导控制级，就可以组成各种控制阀（如方向控制阀、压力控制阀和流量控制阀等），在高压大流量的液压系统中应用很广。

任务实施

如图 6－36 所示，插装阀由插装元件、先导元件、控制盖板和插装块体四部分组成。插装元件插装在插装块体中，通过它的开启、关闭动作和开启量的大小来控制液流的通断或压力的高低、流量的大小，以实现对执行元件的方向、压力和速度的控制。

插装单元的工作状态由各种先导元件控制，先导元件是盖板式二通插装阀的控制级。常用的控制元件有电磁球阀和滑阀式电磁换向阀等。先导元件除了以板式连接或叠加式连接安装在控制盖板以外，还经常以插入式的连接方式安装在控制盖板内部，有时也安装在阀体上。控制盖板不仅起盖住和固牢插装件的作用，还起着连接插装件与先导元件的作用；此外，它还具有各种控制机能，与先导元件一起共同构成插装阀的先导部分。插装阀体上加工有插装单元和控制盖板等的安装连接孔口和各种流道。由于插装阀主要采用集成式连接形式，所以有时也称插装阀体为集成块体。

图 6－36 中 A、B、X 为主油路接口，为控制油腔，三者的油压分别为 p_A 、p_B 转和 p_X ，各油腔的有效作用面积分别为 A_A 、A_B 和 A_X ，其中

$$A_X = A_A + A_B$$

面积比为

$$\alpha_{AX} = \frac{A_A}{A_X} \tag{6-5}$$

根据阀的用途不同，有 $\alpha_{AX} < 1$ 和 $\alpha_{AX} = 1$ 两种情况。

设 F_S 为弹簧力，F_Y 为阀芯所受的稳态液动力，不计阀芯的重量和摩擦阻力，则

当 $F_S + F_Y + p_X A_X > p_A A_A + p_B A_B$ 时，插装阀关闭，A、B 油口不通；

当 $F_S + F_Y + p_X A_X < p_A A_A + p_B A_B$ 时，插装阀开启，A、B 油口连通。

任务拓展

1. 插装阀用作方向控制阀

图 6-37（a）所示为插装阀用作单向阀。当 $p_A > p_B$ 时，阀口关闭，油口 A 和 B 不通；当 $p_A < p_B$ 时，且 p_B 达到一定开启压力时，阀口打开，油液从油口 B 流向 A。

图 6-37（b）所示为插装阀用作二位三通阀。图中用一个二位四通阀来转换两个插装阀控制腔中的压力，当电磁阀断电时，油口 A 和 T 接通，A 和 P 断开；当电磁阀通电时，油口 A 和 P 接通，油口 A 和 T 断开。

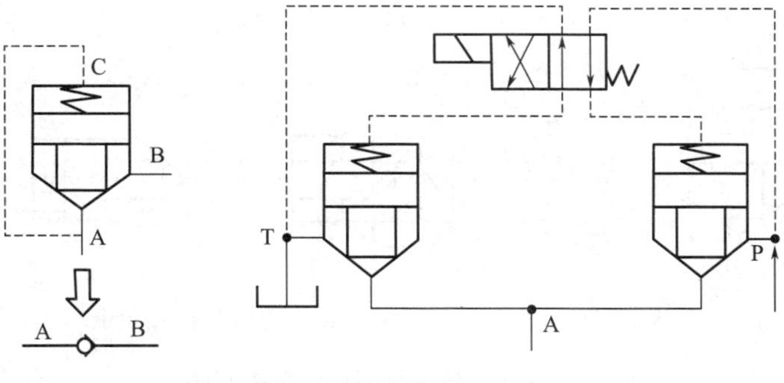

（a）插装阀用作单向阀

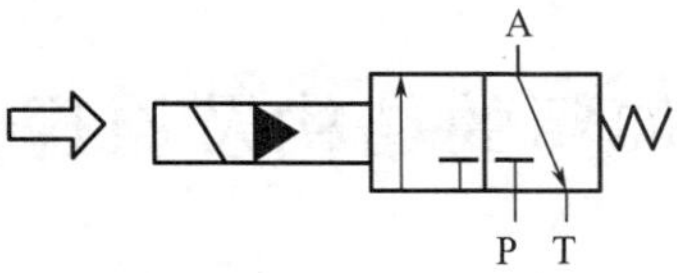

（b）插装阀用作二位三通阀

图 6-37　插装阀用作方向控制阀

2. 插装阀用作压力控制阀

图 6-38（a）所示为先导式溢流阀，A 腔压力油经阻尼小孔进入控制腔 C，并与先导阀的进口相通，当 A 腔的油压升高到先导阀的调定值时，先导阀打开，油液流过阻尼孔时造成主阀芯两端压力差，主阀芯克服弹簧力开启，A 腔的油液通过打开的阀口经 B 腔流回油箱，实现溢流稳压。当 B 腔不接油箱而接负载时，就成为一个顺序阀。若在 C 腔再接一个二位二通电磁阀，如图 6-38（b）所示，就成为一个电磁溢流阀，当二位二通阀通电时，可作为卸荷阀使用。

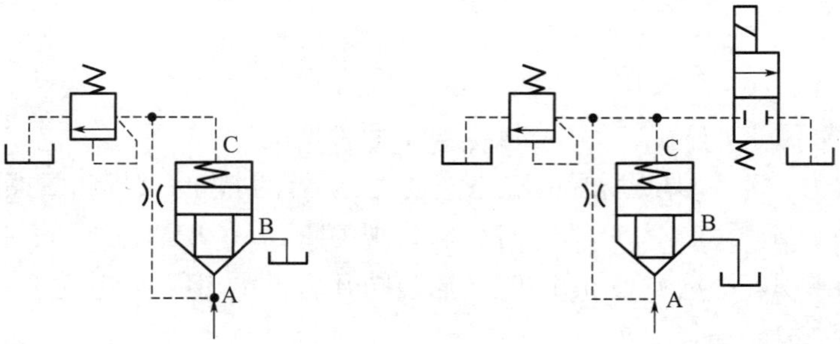

（a）先导式溢流阀　　（b）电磁溢流阀

图 6－38　插装阀用作压力阀

3. 插装阀用作流量控制阀

图 6－39（a）表示插装阀用作流量控制的节流阀，用行程调节器调节阀芯的行程，可以改变阀口通流面积的大小，插装阀可起流量控制阀的作用。如图 6－39（b）所示，在节流阀前串接一个减压阀，减压阀阀芯两端分别与节流阀进、出油口相通，利用减压阀的压力补偿功能来保证节流阀两端的压差不随负载的变化而变化，这样就成为一个流量控制阀。

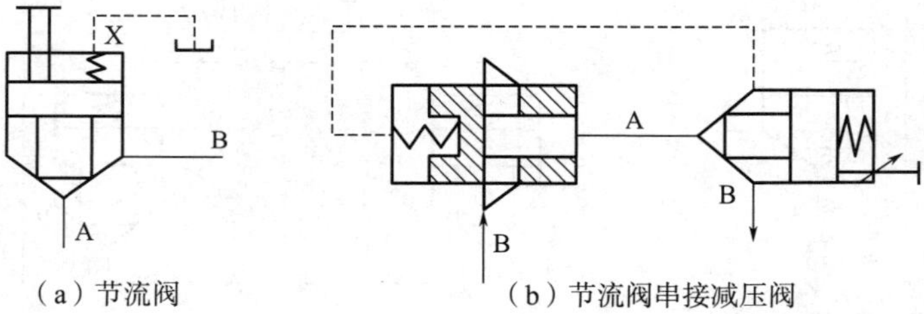

（a）节流阀　　（b）节流阀串接减压阀

图 6－39　插装阀用作流量控制阀

任务五　叠加阀的结构及原理分析

任务描述

分析叠加式溢流阀的工作原理。

任务分析

根据图 6－40 所示的叠加式溢流阀的结构原理图，分析其工作原理。

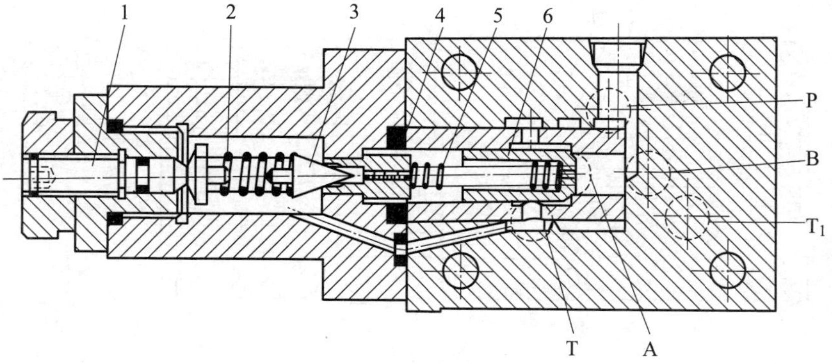

（a）结构原理图

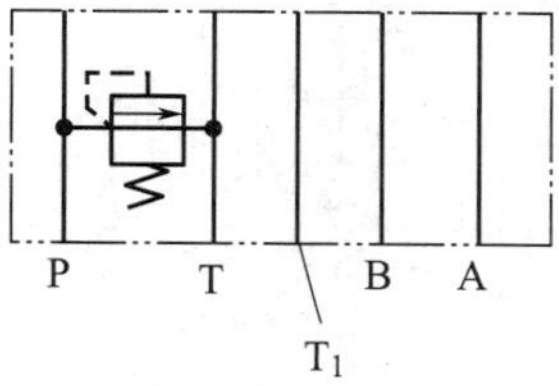

（b）图形符号

图 6－40　叠加式溢流阀

1 一推杆；2 一弹簧；3 一锥阀；4—阀座；5 一弹簧；6—主阀芯

相关知识

叠加式溢流阀简称叠加阀，其阀体既是元件又是具有油路通道的连接体，阀体的上、下面做成连接面。由叠加阀组成的液压系统，阀与阀之间不需要另外的连接体，而是以叠加阀阀体自身作为连接体，直接叠合再用螺栓结合而成。一般来说，同一通径的各种叠加阀的油口和螺钉孔的大小、位置、数量都与相匹配的板式换向阀相同。因此，同一通径的叠加阀只要按一定次序叠加起来，加上电磁控制换向阀，即可组成各种典型液压系统。

叠加阀的分类与一般液压阀相同，可分为压力控制阀、流量控制阀和方向控制阀 3 类。其中方向控制阀仅有单向阀类，换向阀不属于叠加阀。

任务实施

图 6－40（a）所示为叠加式溢流阀，它由主阀和先导阀两部分组成。主阀芯为二级同心式结构，先导阀为锥阀式结构。其工作原理与一般的先导式溢流阀相同。图中 P 为进油口，T 为出油口，A、B、T_1 油口是为了沟通上、下元件相对应的油口而设置的。图 6－40（*b*）为其图形符号。

任务拓展

图 6－41（a）所示为叠加式调速阀。单向阀插装在叠加阀阀体中。叠加阀右端安装了一个板式连接的调速阀。其工作原理与一般单向调速阀工作原理基本相同。图 6－41（b）为其图形符号。

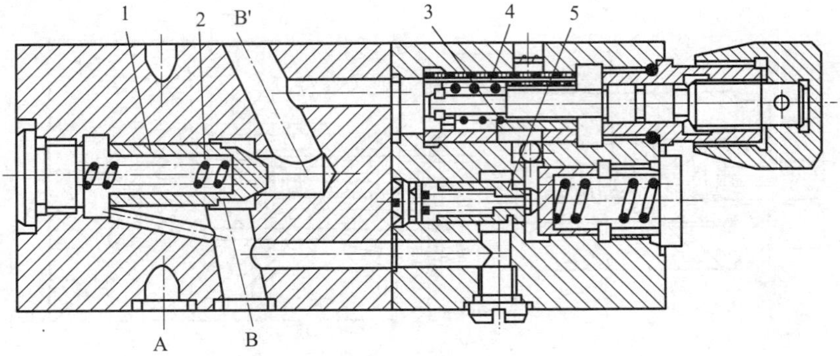

（a）结构原理图

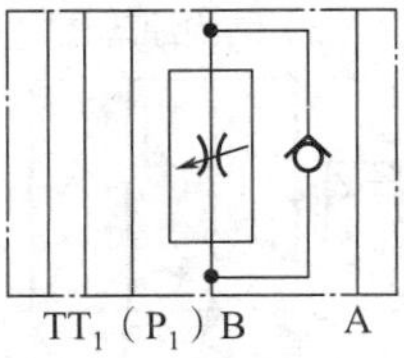

（b）图形符号

图 6－41　叠加式调速阀

1—单向阀；2—弹簧；3—节流阀；4—弹簧；5—减压阀

任务六　比例阀的结构及原理分析

任务描述

分析电液比例换向阀的工作原理。

任务分析

根据图 6－42 所示的电液比例换向阀的结构原理图，分析其工作原理。

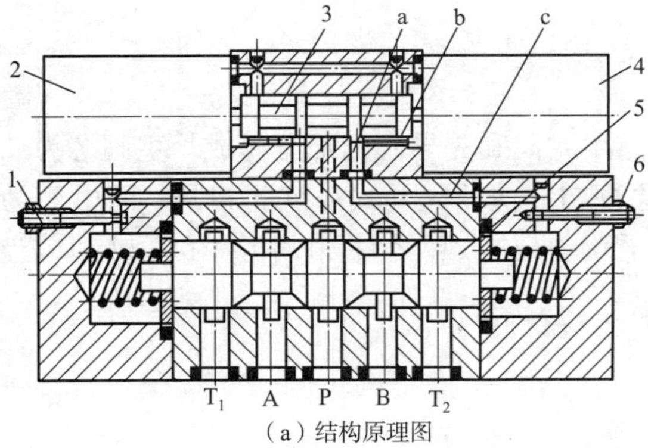

（a）结构原理图

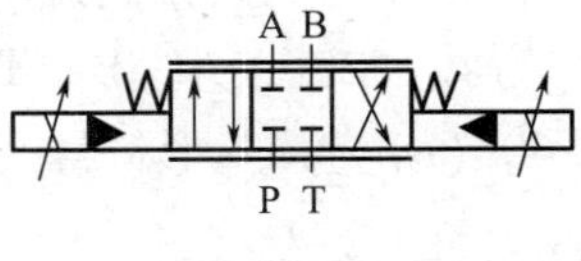

（b）图形符号

图 6－42　电液比例换向阀

1、6—螺钉；2、4—电磁铁；3、5—阀芯

相关知识

电液比例换向阀由比例电磁铁操纵的减压阀和液动换向阀组成。利用先导阀能够与输入电流成比例地改变出口压力，从而控制液动换向阀的正反向开口量的大小，从而控制系统液流的方向和流量。

任务实施

当电磁铁（2）通电时，先导阀芯（3）右移，压力油从油口 P 进入，减压后，经孔道 a、b 反馈至先导阀芯（3）的右端，形成反馈压力与电磁铁（2）的电磁力相平衡，同时，减压后的油液经孔道 a、c 进入换向阀阀芯（5）的右端，推动换向阀芯（5）左移，使油口 P 与 B 接通。换向阀芯（5）的移动量与输入电流成正比。若电磁铁（4）通电，则可以使油口 P 与 A 接通。图 6－42（b）为其图形符号。

任务拓展

1. 电液比例压力阀

如图 6－43（a）所示为直动式电液比例压力阀。当比例电磁铁输入电流时，衔铁推杆通过传力弹簧把电磁推力传给锥阀，与作用在锥阀芯上的液压力相平衡，决定了锥芯与阀座之间的开口量。当通过阀口的流量变化时，弹簧变形量的变化很小，可认为被控制油液压力与输入的控制电流近似成正比。这种直动式压力阀可以直接使用，也可作为先导阀组成先导式比例溢流阀和先导式比例减压阀等。图 6－43（b）为其图形符号。

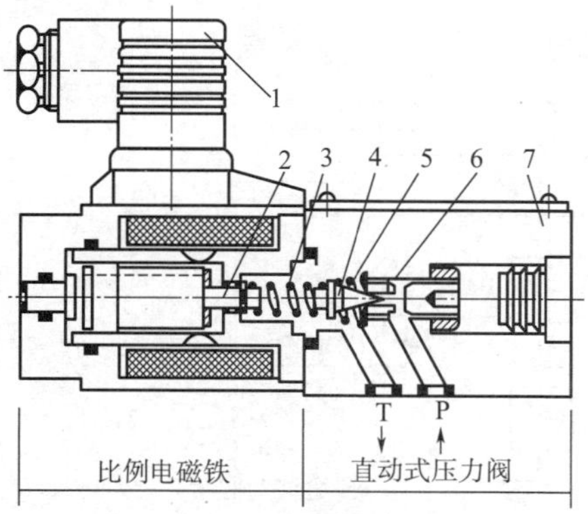

（a）结构原理图

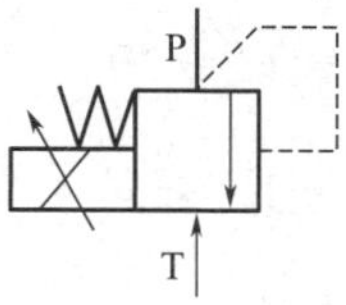

（b）图形符号

图 6－43 直动式电液比例压力阀

1—插头；2—衔铁推杆；3—传力弹簧；4—锥阀芯；5—防振弹簧；6—阀座；7—方向阀式阀体

2. 电液比例调速阀

图 6－44 所示为电液比例调速阀。当比例电磁铁通电后，产生的电磁推力作用在节流阀芯上，与弹簧力相平衡，一定的控制电流对应一定的节流口开度。只要改变输入电流的大小，就可调节通过调速阀的流量。定差减压阀用来保持节流口前后压差基本不变。

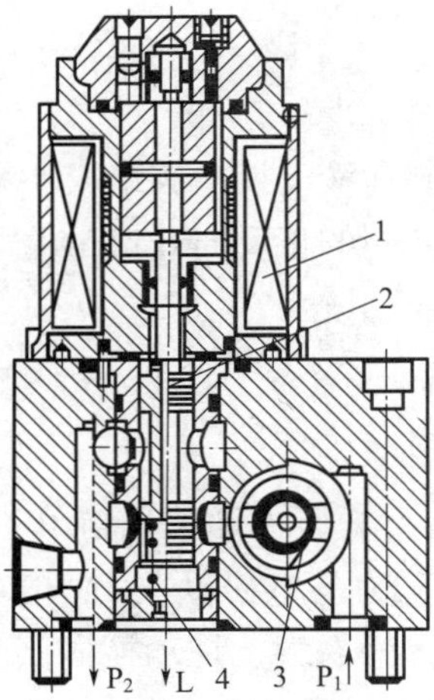

（a）结构原理图

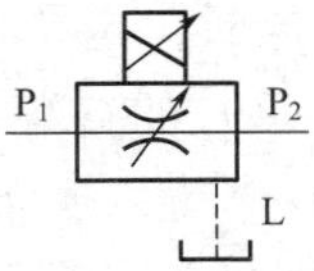

（b）图形符号

图 6-44　电液比例调速阀

1—比例电磁铁；2—节流阀芯；3—定差减压阀；4—弹簧

思考与练习题

1. 何谓换向阀的“通”和“位”？并举例说明。
2. 试说明三位四通阀 O 型、M 型、H 型中位机能的特点和应用场合。
3. 从结构原理和图形符号上，说明溢流阀、减压阀和顺序阀的异同点。
4. 什么是叠加阀？它在结构和安装形式上有何特点？
5. 电液比例阀与普通阀相比较有何特点？
6. 如图 6-45 所示的速度换接液压回路，试回答下列问题：

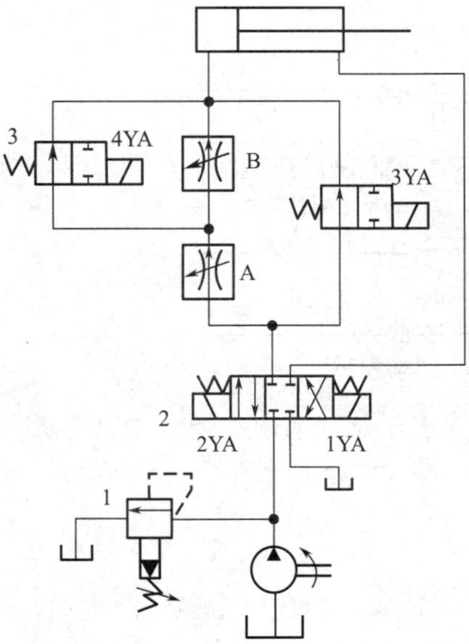

图 6-45　习题 6 图

(1) A、B、1、2、3 各元件名称、作用；

(2) 用电磁铁动作顺序表说明系统的工作过程："快速进给→中速进给→慢速进给→快速退回→停止"。

7. 如图 6-46 所示回路中，溢流阀的调整压力为 4 MPa，减压阀的调整压力为 2 MPa，试分析下列各情况，并说明减压阀阀口处于什么状态。

(1) 当泵压力等于溢流阀调定压力时，夹紧缸使工件夹紧后，*A*、*C* 点的压力各为多少？

(2) 当泵压力由于工作缸快进、压力降到 1 MPa 时（工件原先处于夹紧状态），*A*、*C* 点的压力为多少？

(3) 夹紧缸在夹紧工件前作空载运动时，*A*、*B*、*C* 三点的压力各为多少？

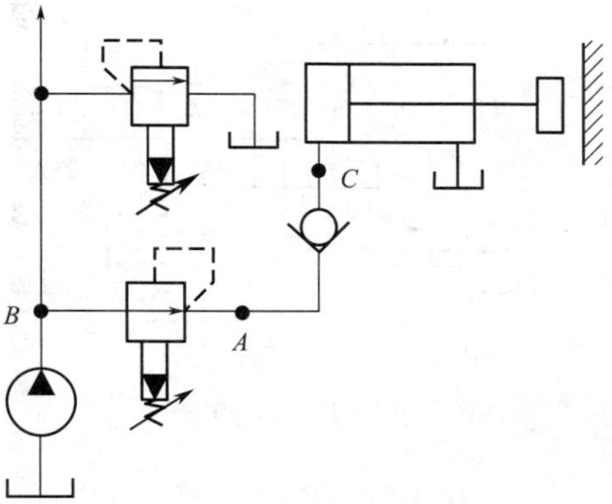

图 6-46 习题 7 图

8. 在图 6-47 中，指出元件 1、元件 2、元件 3 的名称，调速阀 A 的节流口较大，调速阀 2 的节流口较小，试编制液压缸活塞完成"快速进给→中速进给→慢速进给→快速退回→位→停止"工作循环的电磁铁循环表。

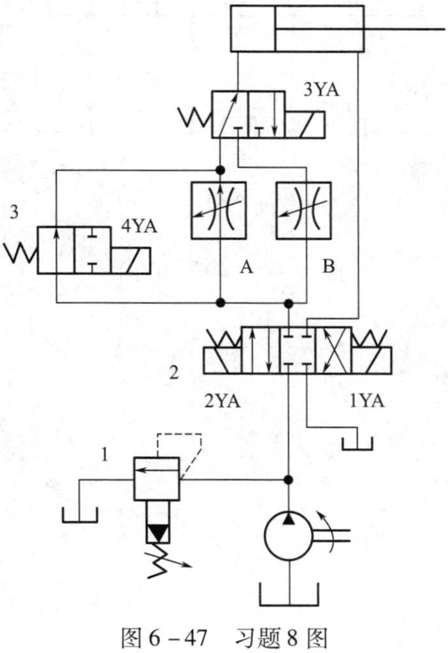

图 6-47 习题 8 图

9. 如图 6－48 所示，溢流阀 1 的调节压力 p_1 ＝5 MPa，溢流阀 2 的调节压力为 p_2 ＝2.5 MPa。问：

（1）当在图中所示位置时，泵的出口压力为多少？

（2）当 1YA 通电时，p 等于多少？

（3）当 lYA 与 2YA 均通电时，p 等于多少？

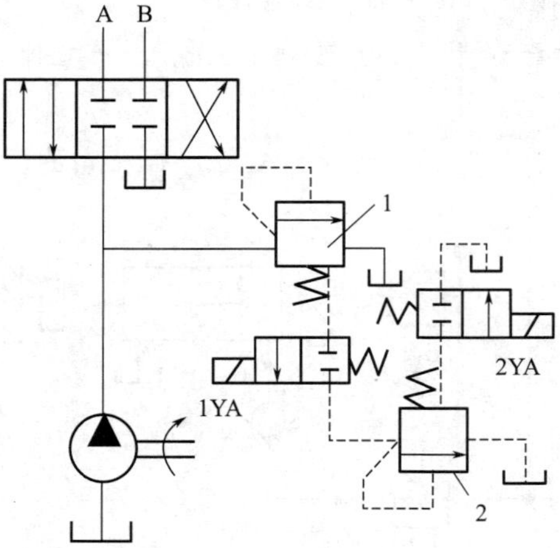

图 6－48　习题 9 图

10. 图 6－49 所示为一个压力分级调压回路，回路中有关阀的压力值已调好，试问：

（1）该回路能够实现多少压力级？

（2）每个压力级的压力值是多少？是如何实现的？

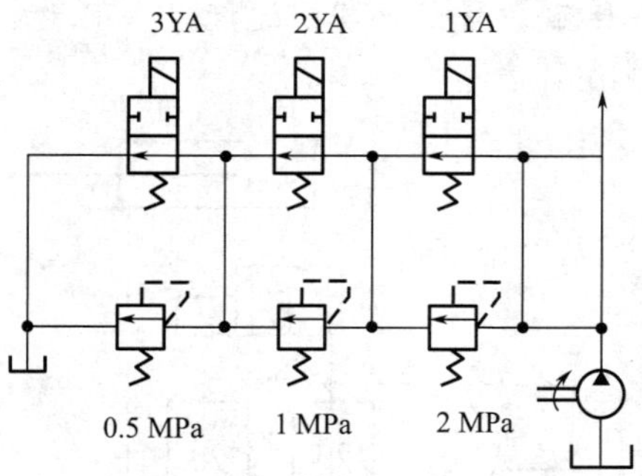

图 6－49　习题 10 图

项目七

液压辅助元件设计与选用

【项目描述】根据液压传动系统的要求选择合适的液压辅助元件。

【技能目标】能根据液压系统的要求，选择合适材质的油管；能进行油箱设计。

【知识目标】掌握油管的选用方法；掌握管接头的类型和应用范围；掌握油箱的类型和功用；了解滤油器、油箱和蓄能器的结构和功用。

液压辅助元件是液压系统不可缺少的组成部分，在液压系统中起辅助作用，它把组成液压系统的各种液压元件连接起来，并保证液压系统正常工作。常用的液压辅助元件有蓄能器、过滤器、油箱、油管、管接头、密封件、压力计、压力开关、热交换器等。

实践证明，辅助元件虽起辅助作用，但在设计、安装和使用时，若辅助装置出现问题，往往造成液压系统不能正常工作。因此对辅助装置的正确设计、选择和使用应给予足够的重视。

除油箱和蓄能器需根据机械装置和工作条件来进行必要的设计外，常用辅助元件已标准化、系列化，选用时可按系统的最大压力和最大流量合理选用。

任务一　油管的选用

任务描述

根据表 7－1 的要求，选择合适材质的油管。

表 7－1　根据压力选择油管

压力/MPa	30～35	6.5～10	2.5～8	<0.5
油管				

任务分析

液压系统中使用的油管，有钢管、铜管、尼龙管、塑料管、橡胶软管等多种类型，应根据液压元件的安装位置、使用环境和工作压力等进行选择。

相关知识

1. 油管的类型

钢管能承受高压（30～35 MPa）、价格低廉、耐油、抗腐蚀、刚性好，但装配时不能任意弯曲，因而多用于中、高压系统的压力管道。一般中、高压系统用 10 号、15 号冷拔无缝钢管，低压系统可用焊接钢管。

紫铜管装配时易弯曲成各种形状，但承压能力比钢管低（一船不超过 6.5～10 MPa）。铜是贵重材料，抗振能力较差，又易使油液氧化，所以应尽量少用。紫铜管一般只用在液压装置内部配接不便处。黄铜管可承受较高的压力（25 MPa），但不如紫铜管那样容易弯曲成形。

尼龙管是一种新型的乳白色半透明管，承压能力因材料而异，有 2.5～8 MPa 不等。目前大都在低压管道中使用。将尼龙管加热到 140℃左右后可随意弯曲和扩口，然后浸入冷水冷却定形，因而它有着广泛的使用前途。

塑料管价格便宜，装配方便，但承压能力差，只适用于工作压力小于 0.5 MPa 的管道，如回油路、泄油路等处。塑料管长期使用后会变质老化。

橡胶软管用于两个相对运动件之间的连接，分为高压和低压两种。高压橡胶软管由夹有几层钢丝编织的耐油橡胶制成，钢丝层数越多耐压越高。低压橡胶软管由夹有帆布的耐油橡胶或聚氯乙烯制成，多用于低压回油管道。

2. 油管的选用

油管的管径一般按使用液压元件的接口选取，然后进行流量和压力校核。通常采用下式计算管道内径

$$D = 1.13\sqrt{\frac{q}{v}} \tag{7-1}$$

式中：q ——通过管道的流量；

v ——管道中油液的流速。

油管的壁厚按下式计算

$$\delta = \frac{pdn}{2\sigma_b} \tag{7-2}$$

式中：p ——管内工作压力；

d ——油管的内径；

n ——安全系数（如钢管，$p<7$ MPa 时 $n=8$，$7<p<17.5$ MPa 时 $n=6$，$p>17.5$ MPa 时，$n=4$）；

σ_b ——管道材料的抗拉强度。

任务实施

根据表 7－1 的要求，选择的油管如表 7－2 所示。

表 7－2　根据压力选择油管

压力/MPa	35～32	6.5～10	2.5～8	<0.5
油管	钢管	紫铜管	尼龙管	塑料管

任务实施

液压系统中油液的泄漏多发生在管路的连接处，所以管接头的重要性不容忽视。管接头必须能在振动、压力冲击下保持管路的密封性。在高压处不能向外泄漏，在负压处不允许空气向内渗入。

常用的管接头有以下几种。

1. 焊接式管接头

如图 7－1 所示，焊接式管接头多用于钢管连接中，连接牢固，利用球面进行密封，简单而可靠；缺点是球形头与油管焊接必须采用厚壁钢管。

2. 卡套式管接头

如图 7－2 所示，卡套式管接头用在钢管连接中。它利用卡套卡住油管进行密封，轴向尺寸要求不严，装拆简便，不必事先焊接或扩口，但对油管的径向尺寸精度要求较高，一般用精度较高的冷拔钢管。卡套式接头适用于油、气、水以及一般腐蚀性介质的管路系统中，耐高压、振动和压力冲击，最大工作压力可达 40MPa。

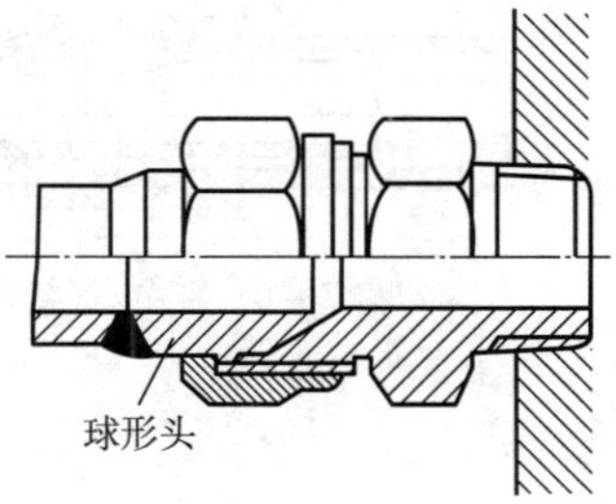

图 7－1　焊接式管接头

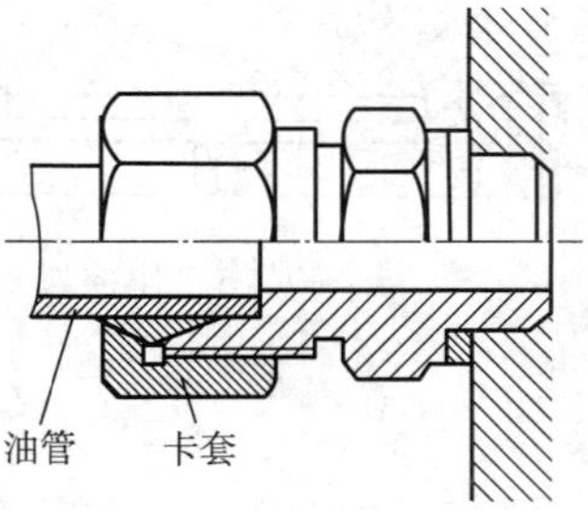

图 7－2　卡套式管接头

3. 扩口式管接头

如图 7－3 所示，扩口式管接头由接头体、管套和接头螺母组成。它只适用于薄壁铜管且工作压力不大于 8 MPa 的场合。其工作原理是拧紧接头螺母，通过管套使带有扩口的管子压紧进行密封。

4. 胶管接头

胶管接头有可拆式和扣压式两种，随管径不同可用于工作压力在 6～40 MPa 的液压系统中。图 7－4 所示为扣压式胶管接头，这种管接头的连接和密封部分与普通的胶管接头是相同的，只是要把接管加长，成为芯管，并和接头外套一起将软管夹住（需在专用设备上扣压而成），使胶管接头和胶管连成一体。

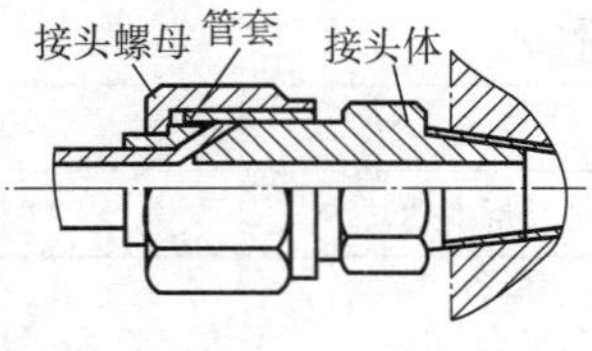

图 7－3　扩口式管接头

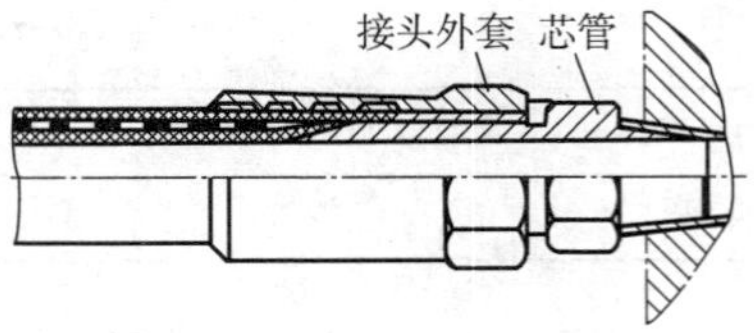

图 7－4　扣压式胶管接头

5. 快速接头

快速接头全称为快速装拆管接头，无需装拆工具，适用于经常装拆处。图 7－5 所示为油路接通的工作位置，需要断开油路时，可用力把外套向左推，再拉出接头体，钢球（有 6～12 颗）即从接头体槽中退出，与此同时，单向阀的锥形阀芯分别在弹簧的作用下将两个阀口关闭，油路即断开。这种管接头结构复杂．压力损失大。

6. 伸缩管接头

如图 7－6 所示，伸缩管接头用于两个元件有相对直线运动要求时管道连接的场合。这种管接头的结构类似一个柱塞缸，要求移动管的外径必须精密加工，固定管的管口处则需加粗，并设置导向部分和密封装置。

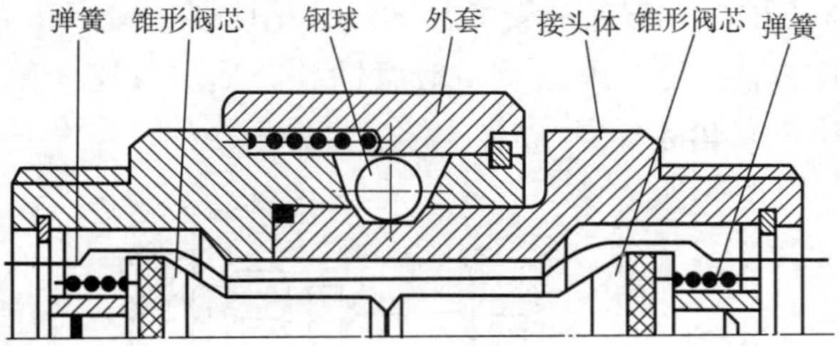

图 7－5　快速接头

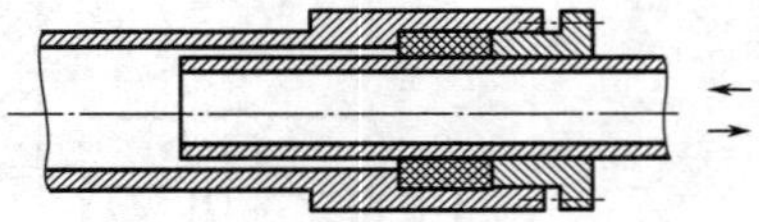

图 7－6　伸缩管接头

任务二　油箱的设计

任务描述

如果液压缸的有效工作面积 $A = 100\ \text{cm}^2$，活塞快速移动速度 $v = 3\ \text{m/min}$，应选多大容量的液压泵（管路简单）？油箱容量为多少升？

任务分析

如果容量确定得过大，则油箱体积大、占地面积大、重量大，而且操作不方便；如果容量确定得小，则油温容易上升，不利于散热。因此，在计算油箱容量时，应根据具体情况使用不同的计算方法。

相关知识

1. 油箱的功用与分类

油箱的基本功能是储存工作介质，散发系统工作中产生的热量，分离油液中混入的空气，沉淀污染物及杂质。油箱中安装有很多辅件，如冷却器、加热器、空气过滤器及液位计等。

按油箱中油面是否与大气相通可将油箱分为开式油箱与闭式油箱。开式油箱（见图7-7）中液面与大气相通，在油箱盖上装有空气过滤器，具有结构简单，安装维护方便等优点，所以广泛用于一般的液压系统中，闭式油箱一般用于水下和高空无稳定气压的场合，内充一定压力的惰性气体，充气压力可达0.05 MPa。

按油箱的形状来分，可将油箱分为矩形油箱和圆罐形油箱。矩形油箱制造容易，箱上易于安放液压器件，所以被广泛采用。圆罐形油箱强度高，质量轻，易于清扫，但制造较难，占地空间较大，一般多用在大型冶金设备中。

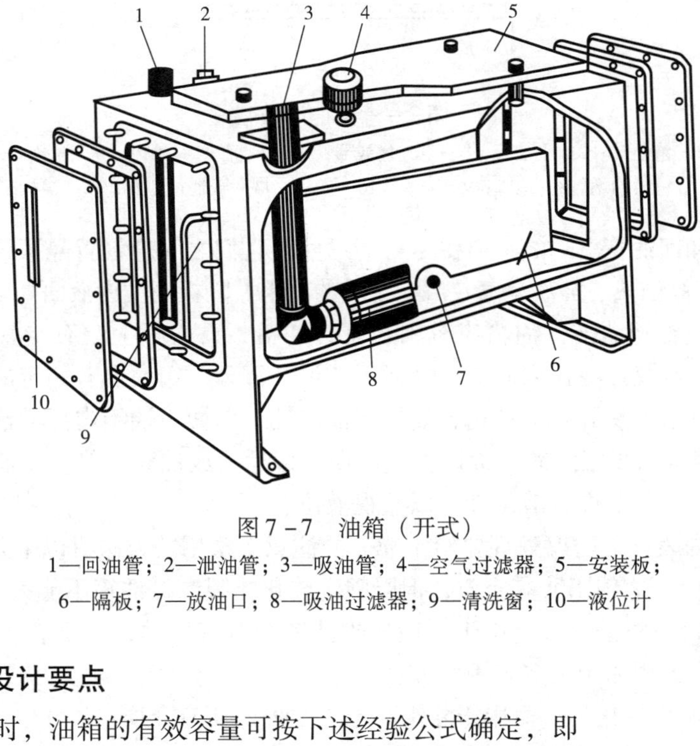

图7-7 油箱（开式）

1—回油管；2—泄油管；3—吸油管；4—空气过滤器；5—安装板；6—隔板；7—放油口；8—吸油过滤器；9—清洗窗；10—液位计

2. 油箱的设计要点

在初步设计时，油箱的有效容量可按下述经验公式确定，即

$$V = mq_p \tag{7-3}$$

式中：V——油箱的有效容量，L；

q_n——液压泵的额定流量，L/min；

m——时间系数，min（低压系统为2~4 min，中压系统为5~7 min，中高压或高压系统为6~12 min）。

对功率较大且连续工作的液压系统，必要时还要进行热平衡计算，以最后确定油箱容量。

图7－8所示为油箱简图，设计油箱时应考虑如下几点。

（1）油箱必须有足够大的容积。一方面尽可能大地满足散热的要求，另一方面在液压系统停止工作时应能容纳系统中的所有工作介质，而工作时又能保持适当的液位。

（2）吸油管及回油管应插入最低液面以下，以防止吸空和回油飞溅产生气泡。管口与箱底、箱壁距离一般不小于管径的3倍。吸油管可安装100 μm左右的网式或线隙式过滤器，安装位置要便于装卸和清洗过滤器，过滤器距油箱底不应小于20 mm。回油管口要斜切45°角并面向箱壁，以防止回油冲击油箱底部的沉积物，同时也有利于散热。

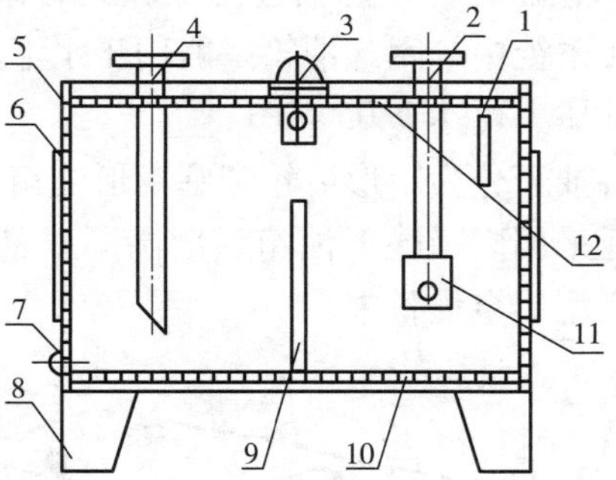

图7－8　油箱简图

1—液位计；2—吸油管；3—空气过滤器；4—回油管；5—侧板；6—人孔盖；
7—放油塞；8—地脚；9—隔板；10—底板；11—吸油过滤器；12—盖板

（3）吸油管和回油管之间的距离要尽可能远些，它们之间应设置隔板，以加大液流循环的途径，这样能提高散热、分离空气及沉淀杂质的效果。隔板高度为液面高度的2/3～3/4。

（4）为了保持油液清洁，油箱应有周边密封的盖板，盖板上装有空气过滤器，注油及通气一般都由一个空气过滤器来完成。为便于放油和清理，箱底要有一定的斜度，并在最低处设置放油阀。对于不易开盖的油箱，要设置清洗孔，以便于油箱内部的清理。

（5）油箱底部应距地面150 mm以上，以便于搬运、放油和散热。在油箱的适当位置要设吊耳，以便吊运，还要设置液位计，以监视液位。

（6）对油箱内表面的防腐处理要给予充分的注意。常用的方法有以下几个。

① 酸洗后磷化：适用于所有介质，但受酸洗磷化槽限制，油箱不能太大。

② 喷丸后直接涂防锈油：适用于一般矿物油和合成液压油，不适合含水液压液。因不受处理条件限制，大型油箱较多采用此方法。

③ 喷砂后热喷涂氧化铝：适用于除水－乙二醇外的所有介质。

④ 喷砂后进行喷塑：适用于所有介质，但受烘干设备限制，油箱不能过大。

考虑油箱内表面的防腐处理时，不但要顾及与介质的相容性，还要考虑处理后的可加工性、制造到投入使用之间的时间间隔以及经济性，条件允许时采用不锈钢制造油箱无疑是最合理的选择。

任务实施

回到本任务的开头，解决所提出的问题。

解：（1）选择液压泵的额定流量。

液压缸所需的流量为

$$q = vA = 100 \times 3 \times 10^2 \text{cm}^3/\text{min} = 30 \text{ L/min}$$

液压泵的额定流量为

$$q_n \geqslant Kq$$

通常 $K=1.1 \sim 1.4$，由于油路简单，取 $K=1.1$，于是有

$$q_n \geqslant 1.1 \times 30 \text{ L/min} = 33 \text{ L/min}$$

为避免造成泵过大的功率损失，选择液压缸的额定流量为 $q_n = 32 \text{ L/min}$。

（2）油箱的有效容积。

低压系统：$V=(2\sim4)\ q_n=(2\sim4)\times32\text{ L}=64\sim128\text{ L}$

中压系统：$V=(5\sim7)\ q_n=(5\sim7)\times32\text{ L}=160\sim224\text{ L}$

高压系统：$V=(6\sim12)\ q_n=(6\sim12)\times32\text{ L}=192\sim384\text{ L}$

归纳总结

（1）油箱容量的确定，是油箱设计的关键。

（2）油箱一般用 2.5 ~4 mm 的钢板焊接而成的，对于大容量的油箱还要加焊角铁，加强筋以增加其刚性。

（3）油箱中应设吸油过滤器，要有足够的通流能力。因需经常清洗过滤器，所以在油箱结构上要考虑拆卸方便。

任务三　过滤器工作原理分析

工作介质污染是液压系统产生故障的主要因素。混合在工作介质中的颗粒污染物会划伤液压元件运动副的结合面，加速液压元件的磨损，堵塞节流小孔，甚至使液压滑阀卡死。

过滤器的功用是主要清除油液中的固体杂质，使油液保持清洁，延长液压元件使用寿命，保证系统工作可靠。

过滤器的图形符号如图 7 -9 所示。

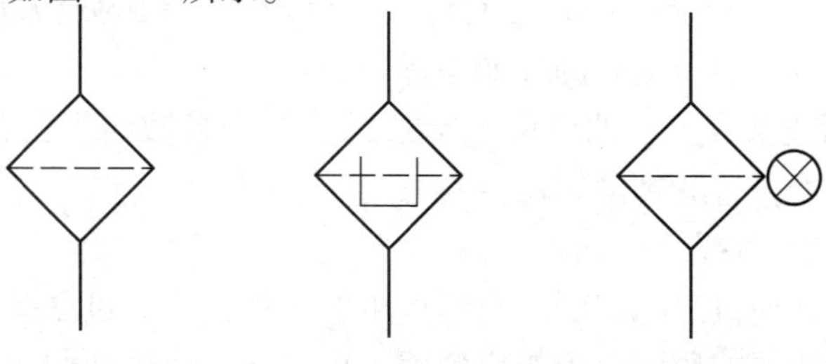

（a）过滤器一般符号　（b）磁性过滤器　（c）污染指示过滤器

图 7 -9　过滤器的图形符号

任务描述

分析线隙式过滤器的工作原理。

任务分析

根据图 7 – 10 所示的线隙式过滤器的结构图，分析其工作原理。

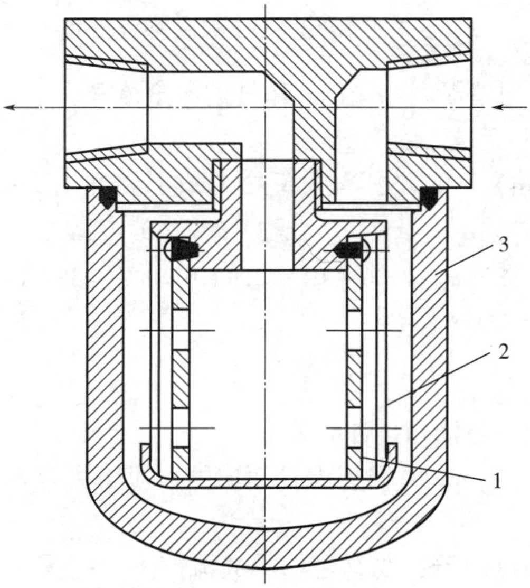

图 7 – 10　线隙式过滤器

1—筒形心架；2—线圈；3—壳体

相关知识

1. 过滤器的主要性能指标

1）过滤精度

过滤精度表示过滤器对各种不同尺寸污染颗粒的滤除能力。常用的评定指标为绝对过滤精度、过滤比。

（1）绝对过滤精度，指能通过滤芯元件的坚硬球状颗粒的最大尺寸，它反映滤芯的最大通孔尺寸。它是选过滤器最重要的性能指标。

（2）过滤比，指过滤器上游油液中大于某尺寸的颗粒数与下游油液中大于该尺寸的颗粒数之比。过滤比越大，过滤精度越高。

2）压降特性和纳垢容量

压降特性，指油液通过过滤器滤芯时所产生的压力损失。过滤精度越高，压降越大。

纳垢容量，指过滤器的压降达到规定值前，可以滤除或容纳的污染物数量。

2. 过滤器的主要类型

常用的过滤器可分为以下几种。

1）网式过滤器

图 7－11 所示为网式过滤器，它的结构是在周围开有很多窗孔的塑料或金属筒形骨架上包着一层钢丝网。过滤精度由网孔大小和层数决定。网式过滤器结构简单，通流能力大，清洗方便，压降小（一般为 0.025），但过滤精度低，常用于泵入口处，用来滤去混入油液中较大颗粒的杂质，保护液压泵免遭损坏。因为需要经常清洗，安装时需要注意便于拆装。

2）线隙式过滤器

图 7－10 所示为线隙式过滤器，它是用铜线或铝线密绕在筒形心架的外部组成滤芯，并装在壳体内（用于吸油管路上的过滤器则无壳体）。线隙式过滤器依靠铜（铝）丝间的微小间隙来滤除固体颗粒，油液经线间缝隙和心架槽孔流入过滤器内，再从上部孔道流出。这种过滤器结构简单，通流能力大，不易清洗，过滤精度高于网式过滤器，一般用于低压回路或辅助回路。

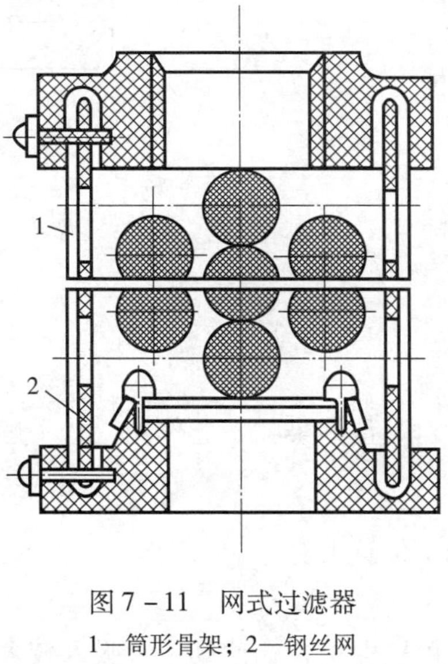

图 7－11　网式过滤器

1—筒形骨架；2—钢丝网

3）纸芯式过滤器

纸芯式过滤器又称纸质过滤器，其结构类同于线隙式，只是滤芯为滤纸，如图 7－12 所示。油液经过滤芯时，通过滤纸的微孔滤去固体颗粒。为了增大滤芯强度，一般滤芯有三层组成：外层为粗眼钢板网，中间层为折叠成 W 形的滤纸，里层由金属网与滤纸一并折叠而成。滤芯中央还装有支承弹簧。纸芯式过滤器过滤精度高，可在高压下工作，结构紧凑，重量轻，通流能力大，但易堵塞，无法清洗，需经常更换滤芯，常用于过滤质量要求高的高压系统。

4）烧结式过滤器

图 7－13 所示为烧结式过滤器，选择不同粒度的粉末烧结成不同厚度的滤芯可以获得不同的过滤精度。油液从侧孔进入，依靠滤芯颗粒之间的微孔滤去油液中的杂质，再从中孔流

出。烧结式过滤器的过滤精度较高，滤芯强度高，抗冲击性能好，能在高温下工作，有良好的抗腐蚀性，且制造简单，但是滤芯易堵塞，难清洗，使用过程中烧结颗粒可能会脱落，一般用于要求过滤精度较高的系统中。

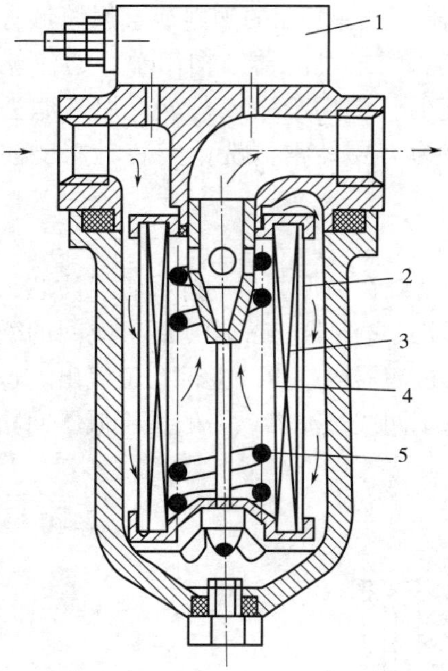

图 7－12　纸芯式过滤器

1—污染指示器；2—滤芯外层；3—滤芯中层；4—滤芯里层；5—支承弹簧

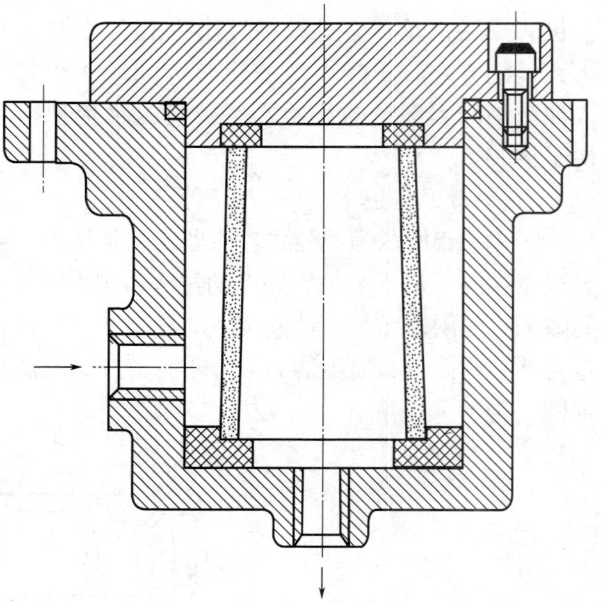

图 7－13　烧结式过滤器

5）*磁性过滤器*

利用磁铁吸附铁磁微粒，对其他污染物不起作用，故一般不单独使用。

3. 过滤器的安装位置

过滤器一般安装在以下几个位置上。

1）*安装在泵的吸油口*

过滤器安装在泵的吸油口可以保护泵，使其不致吸入较大的杂质，根据泵的要求，一般选用粗的或普通精度的滤油器。为了不影响泵的吸油性能，防止发生气穴现象，过滤器的过滤能力应为泵流量的两倍以上，压力损失不得超过 0.01～0.035 MPa。

2）*安装在泵的出油口*

过滤器安装在泵的出油口可保护系统中除泵和溢流阀外的所有元件，高压工作情况下，为保护溢流阀不过载，过滤器应安装在溢流阀油路之后。这种安装方式主要用来滤除进入液压系统的污染杂质，一般采用过滤精度 10～15 μm 的滤油器，其应能承受油路上的工作压力和冲击压力，其压力降应小于 0.35 MPa，并应有安全阀或堵塞状态发讯装置，以免泵过载和滤芯损坏。

3）*安装在系统的回油路*

过滤器安装在系统的回油路上可滤去油液流入油箱以前的污染物，为液压泵提供清洁的油液。因回油路压力很低，可采用滤芯强度不高的精滤油器，并允许滤油器有较大的压力降。

4）安装在系统的分支油路

当泵的流量较大时，为了不影响系统性能就需要将过滤器做的非常大，但这在很多情况下是不现实的，为此只能在只有泵流量20% ~30%的支路上安装一小规格过滤器，对油液起滤清作用。这种过滤方法在工作时，只有系统流量的一部分通过过滤器，因而其缺点是不能完全保证液压元件的安全。

5）安装在系统外的过滤回路

大型液压系统可专设一液压泵和过滤器构成滤油子系统，滤除油液中的杂质，以保护主系统。

安装过滤器时应注意，一般只能单向使用，即进、出口不可互换，以利于滤芯清洗和安全。因此，过滤器不要安装在液流方向可能变换的油路上，必要时可增设单向阀和过滤器。

任务实施

图7 - 10所示的线隙式过滤器用铜线或铝线密绕在筒形心架的外部组成滤芯，并装在壳体内（用于吸油管路上的过滤器则无壳体）。线隙式过滤器依靠铜（铝）丝间的微小间隙来滤除固体颗粒，油液经线间缝隙和心架槽孔流入过滤器内，再从上部孔道流出。

归纳总结

线隙式过滤器结构简单，通流能力大，不易清洗，过滤精度高于网式过滤器，一般用于低压回路或辅助回路。

任务四　热交换器工作原理分析

液压系统在工作时存在能量损失，损失的能量大多变成热能使油温升高，影响液压系统的正常工作。液压系统中油液的工作温度一般以40 ~ 60℃为宜，最高不超过65℃，最低不低于15℃，油温过高或过低都会影响系统正常工作。为控制油液温度，油箱上常安装冷却器或加热器。

任务描述

分析冷却器的工作原理。

任务分析

根据图7 - 14所示的强制对流式多管冷却器的结构图，分析其工作原理。

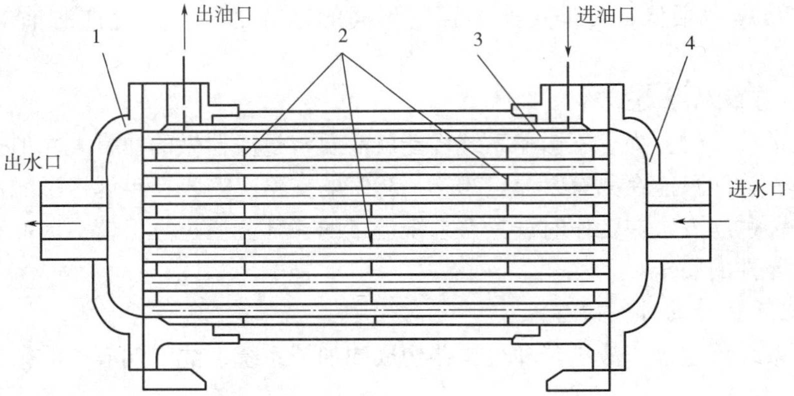

图 7－14　强制对流式多管冷却器

1—左端盖；2—隔板；3—水管；4—右端盖

相关知识

1. 冷却器

液压系统中用得较多的冷却器是强制对流式多管冷却器，如图 7－14 所示，油液从进油口流入，从出油口流出，冷却水从进水口流入，通过多根水管后由出水口流出，油液在水管外部流动时，它的行进路线因冷却器内设置了隔板而加长，因而增加了散热效果。还有一种翅片管式冷却器，水管外面增加了许多横向或纵向散热翅片，大大扩大了散热面积和热交换效果，其散热面积可达光滑管的 8～10 倍。

一般冷却器的最高工作压力在 1.6 MPa 以内，使用时应安装在回油管路或低压管路上，所造成的压力损失一般为 0.01～0.1 MPa。

2. 加热器

液压系统的加热一般采用电加热器，这种加热器的安装方式如图 7－15 所示，它用法兰盘水平安装在油箱侧壁上，发热部分全部浸在油液内，加热器应安装在油液流动处，以利于热量的交换。由于油液是热的不良导体，单个加热器表面单位面积上的功率不能太大，以免其周围油液的温度过高而发生变质现象。

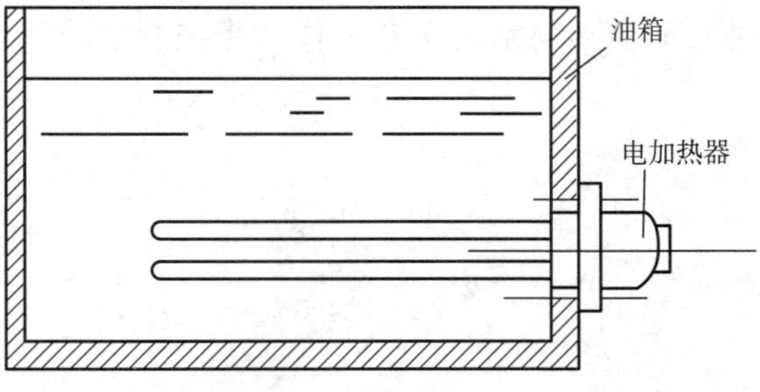

图 7－15　加热器

冷却器和加热器统称为热交换器，其图形符号如图 7－16 所示。

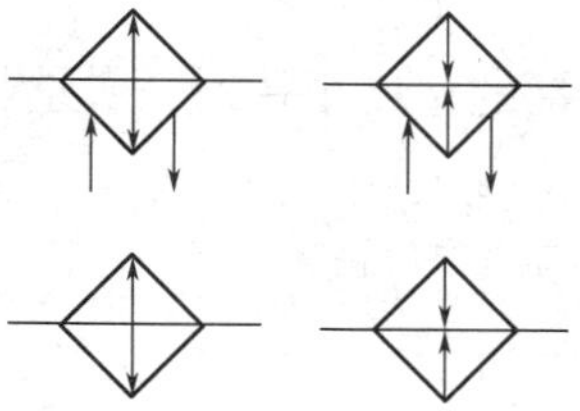

图 7－16　热交换器图形符号

任务实施

油液从壳体右端进油口流入，由于隔板的作用使油的循环路线加长，以利于和水管进行热量交换，最后从左端出油口流出。冷却水从进水口流入，经多根水管后由出水口流出，由水将油液中的热量带出，实现了冷却效果。

任务五　蓄能器的选用

任务描述

液压系统的最高工作压力 $p_1=15$ MPa，最低工作压力 $p_2=8$ MPa，若蓄能器的充气压力 $p_0=5.6$ MPa，供给系统油液体积 $\Delta V=1.5$ L。应选取多大容量的蓄能器？

任务分析

在计算蓄能器的容量时，应考虑它的使用情况。一般应考虑以下三种情况。

（1）作为能源使用，排出的速度较慢时。

（2）作为能源使用，排出油的速度很快时。

（3）作为吸收压力冲击和压力脉动使用。

相关知识

蓄能器作为能源使用，当排出油的速度较慢时，蓄能器的总容积为

$$V_0=\frac{(V_1-V_2)p_1p_2}{p_0(p_1-p_2)}=\frac{\Delta V p_1p_2}{p_0(p_1-p_2)}$$

式中：V_0——供油前蓄能器气体体积，即蓄能器的总容量，L；

p_1——最高工作压力，Pa；

p_2——最低工作压力，Pa；

p_0——供油前充气压力，Pa；

V_1——压力为 p_1 时的气体容积，L；

V_2——压力为 p_2 时的气体容积，L。

蓄能器作为能源使用，当排出油的速度很快时，蓄能器的总容积为

$$V_0=\frac{(V_1-V_2)^{0.71}p_1^{0.71}p_2^{0.71}}{p_0^{0.71}(p_1^{0.71}-p_2^{0.71})}=\frac{\Delta V^{0.71}p_1^{0.71}p_2^{0.71}}{p_0^{0.71}(p_1^{0.71}-p_2^{0.71})}$$

任务实施

本任务的解题步骤如下。

（1）作为能源使用，排出油的速度较慢时，蓄能器内的气体按等温变化考虑，则

$$V_0=\frac{\Delta V p_1 p_2}{p_0(p_1-p_2)}=\frac{1.5\times 150\times 80}{56\times(150-80)}\text{L}=4.59\ \text{L}$$

（2）作为能源使用，排出油的速度很快时，蓄能器内的气体按绝热变化考虑，则

$$V_0=\frac{\Delta V^{0.71}p_1^{0.71}p_2^{0.71}}{p_0^{0.71}(p_1^{0.71}-p_2^{0.71})}=\frac{1.5^{0.71}\times 150^{0.71}\times 80^{0.71}}{56^{0.71}\times(150^{0.71}-80^{0.71})}\text{L}=5.37\ \text{L}$$

知识拓展

蓄能器是液压系统中的储能元件，它储存多余的油液，并在需要时释放出来供给系统。

1. 蓄能器的类型

目前常用的蓄能器是利用气体膨胀和压缩进行工作的充气式蓄能器，根据结构可分为活塞式、气囊式、隔膜式三种。下面主要介绍前两种蓄能器。

（1）活塞式蓄能器。活塞式蓄能器中的气体和油液由活塞隔开，其结构如图 7－17 所示。活塞的上部为压缩气体（一般为氮气），下部是高压油。气体由阀充入，其下部经油孔通向液压系统，活塞上装有 O 形密封圈，活塞的凹部面向气体，以增加气体室的容积。活塞随下部压力油的储存和释放而在缸筒内来回滑动。这种蓄能器结构简单、寿命长，它主要用于大体积和大流量的工况。但因活塞有一定的惯性和 O 形密封圈存在较大的摩擦力，所以反应不够灵敏，不宜用于吸收脉动和液压冲击以及低压系统。此外，活塞的密封问题比较严重，密封件磨损后，会使气液混合，影响系统工作稳定性。

（2）气囊式蓄能器。气囊式蓄能器中气体和油液用气囊隔开，其结构如图 7－18 所示。气囊用耐油橡胶制成，固定在耐高压的壳体的上部，气囊内充入惰性气体，壳体下端的提升阀由弹簧加菌形阀构成，压力油由此通入，并能在油液全部排出时，防止气囊膨胀挤出油口。这种结构使气、液密封可靠，并且因皮囊惯性小而克服了活塞式蓄能器响应慢的弱点，因此，这种蓄能器油气完全隔离，气液密封可靠，气囊惯性小，反应灵敏，但工艺性较差。它的应用范围非常广泛，主要用于蓄能和吸收冲击液压系统中。

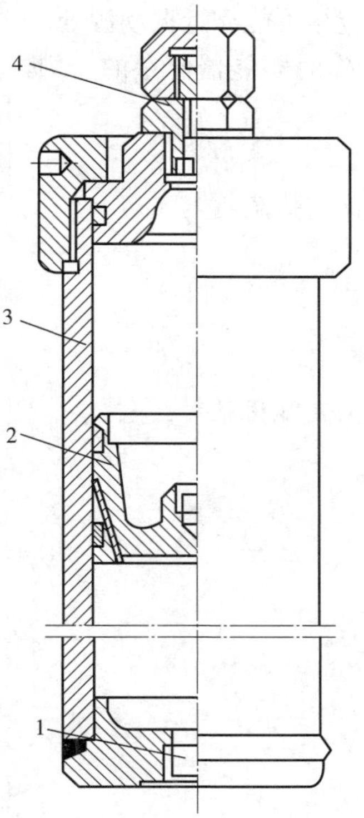

图 7－17 活塞式蓄能器

1—油孔；2—活塞；3—缸筒；4—阀

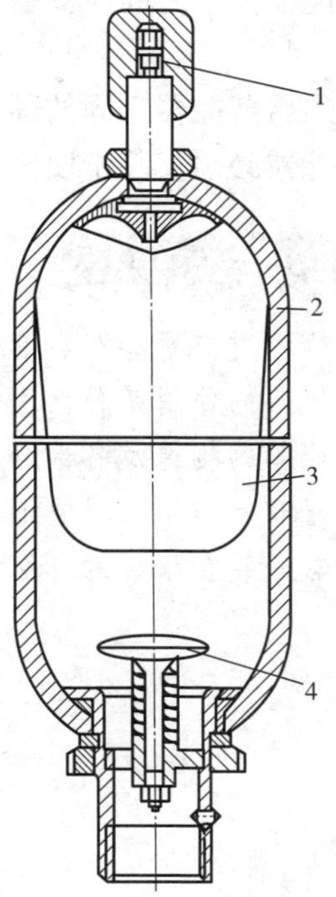

图 7－18 气囊式蓄能器

1—充气阀；2—壳体；3—气囊；4—提升阀

2. 蓄能器的功能

蓄能器主要有以下几个功能。

（1）作辅助动力源。在间歇工作或实现周期性动作循环的液压系统中，蓄能器可以把液压泵输出的多余压力油储存起来。当系统需要时，由蓄能器释放出来。这样可以减少液压泵的额定流量，从而减小电机功率消耗，降低液压系统温升。

（2）保压补漏。若液压缸需要在相当长的一段时间内保压而无动作，可用蓄能器保压并补充泄漏，这时可令泵泄荷。

（3）作应急动力源。有些系统（如静压轴承供油系统），当泵出现故障或停电不能正常供油时，可能会发生事故，或有的系统要求在供油突然中断时，执行元件应继续完成必要的动作（如为了安全起见，液压缸活塞杆应缩回缸内），因此应在系统中增设蓄能器作应急动力源，以便在短时间内供给一定的油液。

（4）吸收系统脉动，缓和液压冲击。蓄能器能吸收系统压力突变时的冲击，如液压泵突然启动或停止，液压阀突然关闭或开启，液压缸突然运动或停止等。其也能吸收液压泵工作时的流量脉动所引起的压力脉动，相当于油路中的平滑滤波（在泵的出口处并联一个反应灵敏而惯性小的蓄能器）。

3. 蓄能器的安装

安装蓄能器时应考虑以下几点。

（1）气囊式蓄能器应垂直安装，油口向下。

（2）作降低噪声、吸收脉动和液压冲击的蓄能器，应尽可能靠近振动源处。

（3）蓄能器和泵之间应安装单向阀，以免泵停止工作时蓄能器储存的压力油倒流使泵反转。

（4）必须将蓄能器牢固的固定在托架或基础上。

（5）蓄能器必须安装于便于检查、维修的位置，并远离热源。

思考与练习题

1. 油管的种类有哪些？各有何特点？如何选用？
2. 油管接头的作用是什么？有哪几种常用形式？接头处如何密封？
3. 简述油箱的构造及各部分的作用。
4. 过滤器有何作用？对它的一般要求是什么？
5. 过滤器安装在系统的什么位置上？它的安装特点是什么？

项目八

液压基本回路的分析

【项目描述】 对液压基本回路图进行工作原理分析。

【技能目标】 能根据所学的知识，识别液压基本回路图中的液压元件，并分析其工作原理。

【知识目标】 掌握压力控制回路、速度控制回路（调速回路、快速运动回路、速度换接回路）、方向控制回路、多缸动作回路等常用回路组成、工作原理和功能，并理解其在实际液压系统中的应用。

液压基本回路是指由有关液压元件组成的，用来完成某种特定控制功能的典型回路。熟悉和掌握这些基本回路的组成、工作原理及应用，是分析、设计和使用液压系统的基础。

任务一　压力控制回路的分析

任务 1 描述

分析图 8－1 所示的二级压力控制回路的工作原理。

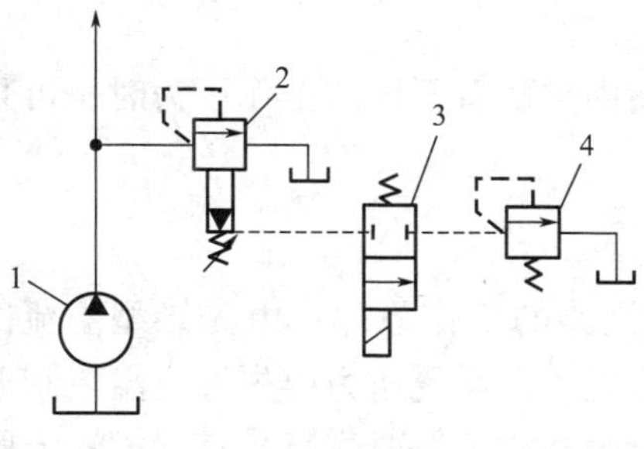

图 8－1　二级压力控制回路

1—液压泵；2—先导型溢流阀；3—二位二通电磁阀；4—直动式溢流阀

任务 1 描述

图 8－1 所示的压力控制回路为二级调压回路，可实现两种不同的系统压力控制，根据该回路的结构可分析其工作原理。

相关知识

当液压系统工作时，液压泵应向系统提供所需压力的液压油，同时又能节省能源，减少油液发热，提高执行元件运动的平稳性。为了达到此目的特设置了调压或限压回路。当液压泵一直工作在系统的调定压力时，就要通过溢流阀调节并稳定液压泵的工作压力，在变量泵系统中或旁路节流调速系统中用溢流阀（当安全阀用）限制系统的最高安全压力。

与图 8－1 所示不同，图 8－2 所示为单级调压回路，通过液压泵和溢流阀的并联连接，即可组成单级调压回路。通过调节溢流阀的压力，可以改变泵的输出压力。当溢流阀的调定压力确定后，液压泵就在溢流阀的调定压力下工作。从而实现了对液压系统进行调压和稳压控制。如果将液压泵改换为变量泵，这时溢流阀将作为安全阀来使用，当液压泵的工作压力低于溢流阀的调定压力时，溢流阀不工作；当系统出现故障，液压泵的工作压力上升时，一旦压力达到溢流阀的调定压力，溢流阀将开启，并将液压泵的工作压力限制在溢流阀的调定压力下，使液压系统不至因压力过载而受到破坏，从而保护液压系统。

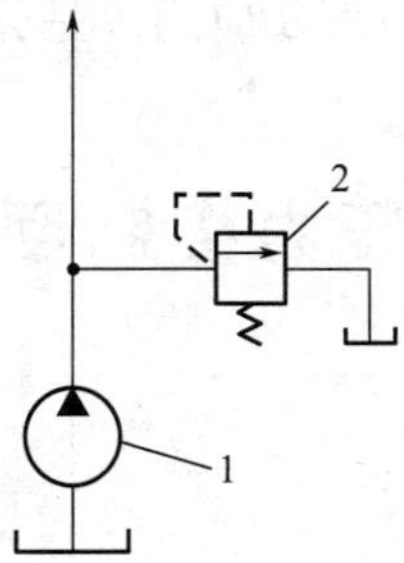

图 8－2　单级调压回路

1—液压泵；2—溢流阀

当系统在不同的工作时间内需要有不同的工作压力时，可采用二级或多级调压回路。

任务 1 实施

图 8－2 所示的压力控制回路的工作原理：由先导型溢流阀和直动式溢流阀各调一级，当二位二通电磁阀处于图示位置时，系统压力由先导型溢流阀调定，当电磁阀得电后处于右位时，系统压力由直动式溢流阀调定，但要注意：直动式溢流阀的调定压力一定要小于先导型溢流阀的调定压力，否则不能实现。当系统压力由直动式溢流阀调定时，先导型溢流阀的先导阀口关闭，但主阀开启，液压泵的溢流流量经主阀回油箱，这时直动式溢流阀亦处于工作状态，并有油液通过。

任务2描述

在图 8-3 中，已知 $A_1=100\ cm^2$，$A_2=50\ cm^2$，负载 $F_1=14\ kN$，$F_2=4.25\ kN$，单向阀的背压 $p=0.15\ MPa$，节流阀压差 $\Delta p=0.2\ MPa$，不计管路压力损失，求：① A、B、C 三点的压力；②泵和阀各应选用多大的额定压力；③若 $v_1=3.5\ cm/s$，$v_2=4\ cm/s$，泵和阀应选用多大的额定流量？

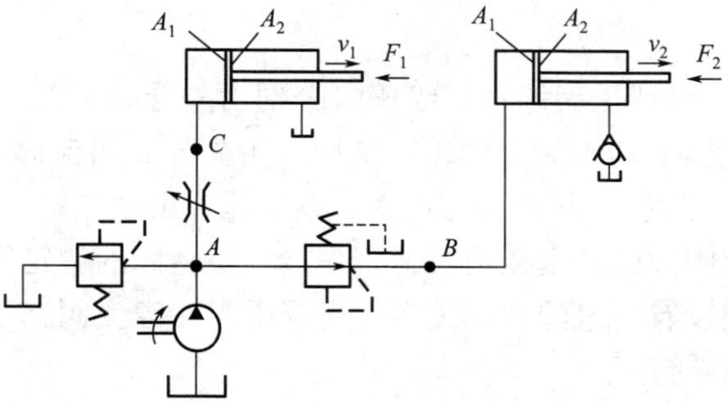

图 8-3　液压缸夹紧回路

任务2实施

解：（1）A、B、C 三点的压力。

进给液压缸无杆腔的压力 p_1 为

$$p_1=\frac{F_1}{A_1}=\frac{14\times10^3}{100\times10^{-4}}\text{Pa}=1.4\ \text{MPa}$$

夹紧缸无杆腔的原来 p_2 为

$$p_2=\frac{F_2+pA_2}{A_1}=\frac{4.25\times10^3+0.15\times10^6\times50\times10^{-4}}{100\times10^{-4}}\text{Pa}=0.5\ \text{MPa}$$

当夹紧缸工作而进给缸不动时，A、B、C 三点均为 0.5 MPa。

当进给缸工作时，夹紧缸必须将工件夹紧，此时 B 点的压力即减压阀的调整压力为大于等于 0.5 MPa，C 点压力为 1.4 MPa，A 点的压力为 1.6 MPa，溢流阀的调整压力为 1.9 MPa。

（2）泵和各阀应选的额定压力为 2.5 MPa。

（3）泵和各阀应选的额定流量。

通过节流阀的流量为

$$q_1=v_1A_1=3.5\ \text{cm/s}\times100\ \text{cm}^2=350\times60\times10^{-3}\ \text{L/min}=21\ \text{L/min}$$

夹紧缸所需的流量为

$$q_2=v_2A_1=4\ \text{cm/s}\times100\ \text{cm}^2=400\times60\times10^{-3}\ \text{L/min}=24\ \text{L/min}$$

通过背压阀回油箱的流量为

$$q = v_2A_2 = 4\ \mathrm{cm/s} \times 50\ \mathrm{cm}^2 = 200 \times 60 \times 10^{-3}\ \mathrm{L/min} = 12\ \mathrm{L/min}$$

于是查表可得，节流阀的额定流量为25 L/min（大于21 L/min），溢流阀、减压阀、液压泵的额定流为25 L/min（大于24 L/min），背压阀的额定流量为16 L/min。

知识拓展

1. 多级调压回路

如图8-4所示为三级调压回路，三级压力分别由先导式溢流阀和两个调压阀（溢流阀）调定，当电磁铁1YA、2YA失电时，系统压力由先导式溢流阀调定；当1YA得电时，系统压力由溢流阀（2）调定；当2YA得电时，系统压力由溢流阀（3）调定。在这种调压回路中，调压阀（溢流阀）的调定压力要低于先导式溢流阀的调定压力，两个调压阀（溢流阀）的调定压力之间没有一定的大小关系。当调压阀（溢流阀）工作时，其相当于先导式溢流阀上的另一个先导阀。

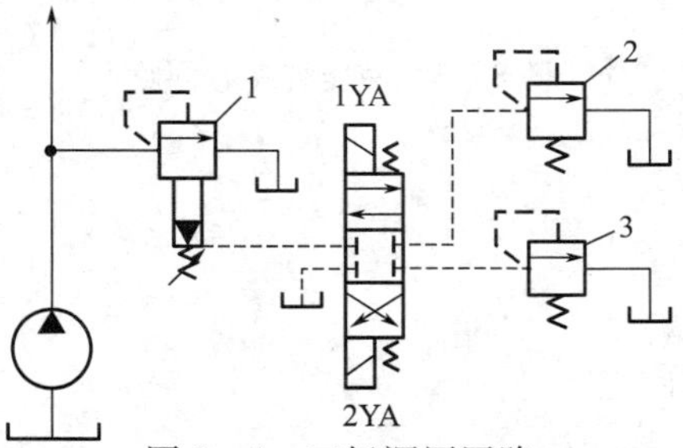

图8-4　三级调压回路

1—先导式溢流阀；2、3—调压阀（溢流阀）

2. 减压回路

当泵的输出压力是高压而局部回路或支路要求低压时，就需要采用减压回路，如机床液压系统中的定位、夹紧及液压元件的控制油路等。减压回路较为简单，一般是在所需低压的支路上串接减压阀。采用减压回路虽能方便地获得某支路稳定的低压，但压力油经减压阀口时会产生压力损失。

最常见的减压回路为通过定值减压阀与主油路相连，如图8-5（a）所示。回路中的单向阀用来在主油路压力降低（低于减压阀调整压力）时防止油液倒流，起短时保压作用，减压回路中也可以采用类似两级或多级调压的方法获得两级或多级减压。如图8-5（b）所示为利用先导式减压阀的远控口接一远控溢流阀，则这两个阀可各调得一种低压。但要注意，溢流阀的调定压力值一定要低于先导式减压阀的调定减压值。

为了使减压回路工作可靠，减压阀的最低调整压力不应小于0.5 MPa，最高调整压力至少应比系统压力小0.5 MPa。当减压回路中的执行元件需要调速时，调速元件应放在减压阀的后面，以避免减压阀泄漏（指由减压阀泄油口流回油箱的油液）对执行元件的速度产生影响。

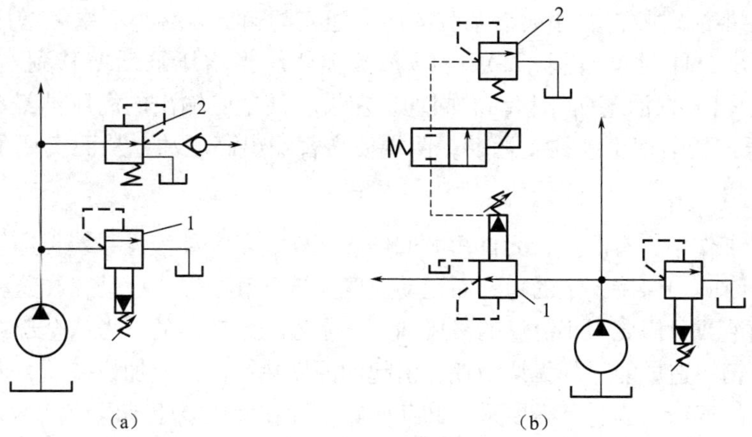

图 8－5　减压回路

1—先导式减压阀；2—溢流阀

3. 增压回路

如果系统或系统的某一支油路需要压力较高但流量又不大的压力油，而采用高压泵又不经济，或者根本就没有必要增设高压力的液压泵时，就常采用增压回路，这样不仅易于选择液压泵，而且系统工作较可靠，噪声小。增压回路中提高压力的主要元件是增压缸或增压器。

（1）单作用增压缸的增压回路。如图 8－6（a）所示为利用增压缸的单作用增压回路，当系统在图示位置工作时，系统的供油压力 p_1 进入增压缸的大活塞腔，此时在小活塞腔即可得到所需的较高压力 p_2；当二位四通电磁换向阀右位接入系统时，增压缸返回，辅助油箱中的油液经单向阀补入小活塞。因而该回路只能间歇增压，所以称之为单作用增压回路。

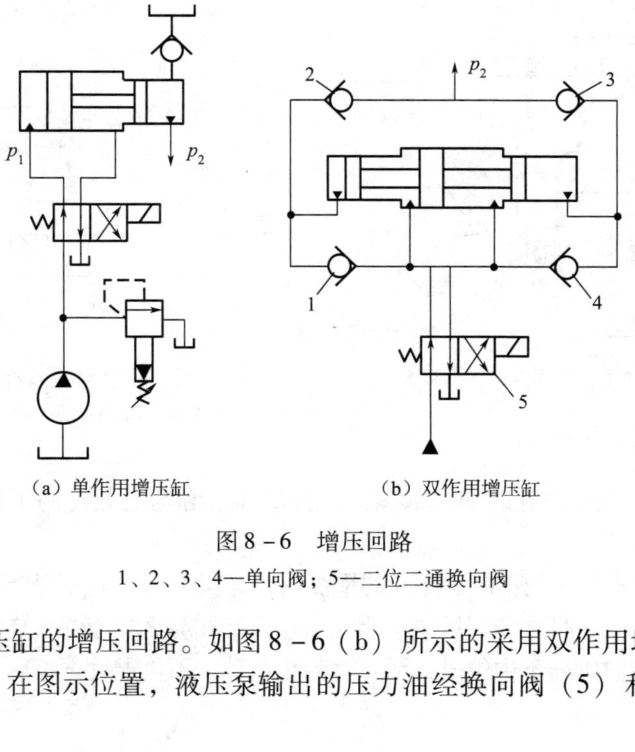

图 8－6　增压回路

1、2、3、4—单向阀；5—二位二通换向阀

（2）双作用增压缸的增压回路。如图 8－6（b）所示的采用双作用增压缸的增压回路，能连续输出高压油，在图示位置，液压泵输出的压力油经换向阀（5）和单向阀（1）进入

增压缸左端大、小活塞腔，右端大活塞腔的回油通入油箱，右端小活塞腔增压后的高压油经单向阀（4）输出，此时单向阀（2）、（3）被关闭。当增压缸活塞移到右端时，换向阀（5）得电换向，增压缸活塞向左移动。同理，左端小活塞腔输出的高压油经单向阀（3）输出。这样，增压缸的活塞不断往复运动，两端便交替输出高压油，从而实现了连续增压。

4. 卸荷回路

在液压系统工作中，有时执行元件短时间停止工作，不需要液压系统传递能量，或者执行元件在某段工作时间内保持一定的力，而运动速度极慢，甚至停止运动，在这种情况下，不需要液压泵输出油液或只需要很小流量的液压油，于是液压泵输出的压力油全部或绝大部分就会从溢流阀流回油箱，造成能量的无谓消耗，引起油液发热，使油液加快变质，而且还影响液压系统的性能及泵的寿命。为此，需要采用卸荷回路，即在液压泵驱动电动机不频繁启闭的情况下，使液压泵在功率输出接近于零的情况下运转，以减少功率损耗，降低系统发热，延长泵和电动机的寿命。由于液压泵的输出功率等于流量和压力的乘积，即两者任一近似为零功率损耗即近似为零，因此液压泵的卸荷有流量卸荷和压力卸荷两种，前者主要是使用变量泵，使变量泵仅为补偿泄漏而以最小流量运转（此方法比较简单，但泵仍处在高压状态下运行，磨损比较严重），后者是使泵在接近零压下运转。常见的压力卸荷方式有以下几种。

（1）换向阀卸荷回路只要 M、H 和 K 型中位机能的三位换向阀处于中位，泵即可卸荷，如图 8－7 所示为采用 M 型中位机能的电液换向阀的卸荷回路，这种回路切换时压力冲击小，但回路中必须设置单向阀，以使系统能保持0.3 MPa 左右的压力，供操纵控制油路之用。

（2）用先导型溢流阀远程控制口的卸荷回路。图 8－1 中若去掉直动式溢流阀，使二位二通电磁阀直接连接油箱，便构成一种溢流阀远控口卸荷回路，如图 8－8 所示，这种卸荷回路卸荷压力小，切换时冲击也小。

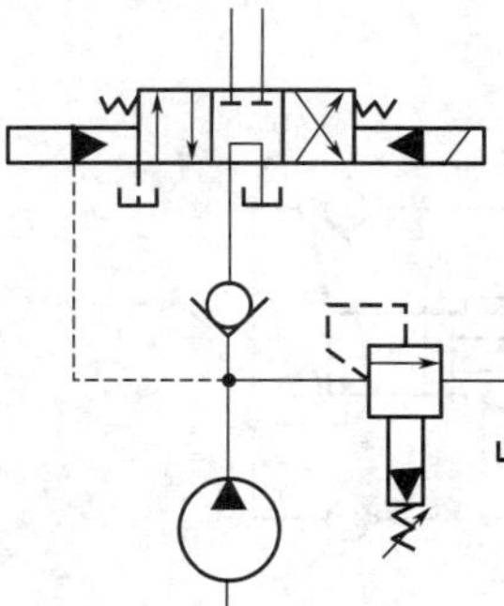

图 8－7　M 型中位机能卸荷回路

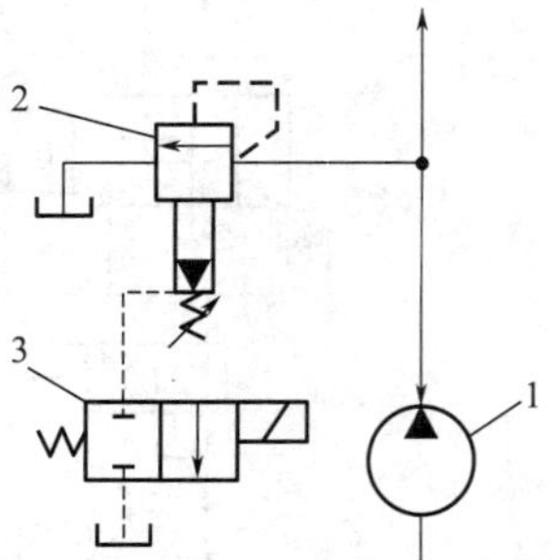

图 8－8　溢流阀远控口卸荷回路

1—液压泵；2—先导式溢流阀；3—二位二通电磁换向阀

5. 平衡回路

平衡回路的功用在于防止垂直或倾斜放置的液压缸和与之相连的工作部件因自重而自行下落。

图 8－9（a）所示为采用单向顺序阀的平衡回路，当 1YA 得电后活塞下行时，回油路上就存在着一定的背压；只要将这个背压调得能支承住活塞和与之相连的工作部件自重，活塞就可以平稳地下落。当换向阀处于中位时，活塞就停止运动，不再继续下移。这种回路当活塞向下

快速运动时功率损失大，锁住时活塞和与之相连的工作部件会因单向顺序阀和换向阀的泄漏而缓慢下落，因此它只适用于工作部件重量不大、活塞锁住时定位要求不高的场合。

图8-9（b）所示为采用液控顺序阀的平衡回路。当活塞下行时，控制压力油打开液控顺序阀，背压消失，因而回路效率较高；当停止工作时，液控顺序阀关闭以防止活塞和工作部件因自重而下降。这种平衡回路的优点是只有上腔进油时活塞才下行，比较安全可靠；缺点是，活塞下行时平稳性较差。这是因为活塞下行时，液压缸上腔油压降低，将使液控顺序阀关闭。当顺序阀关闭时，因活塞停止下行，使液压缸上腔油压升高，又打开液控顺序阀。因此液控顺序阀始终工作于启闭的过渡状态，因而影响工作的平稳性。这种回路适用于运动部件重量不很大、停留时间较短的液压系统中。

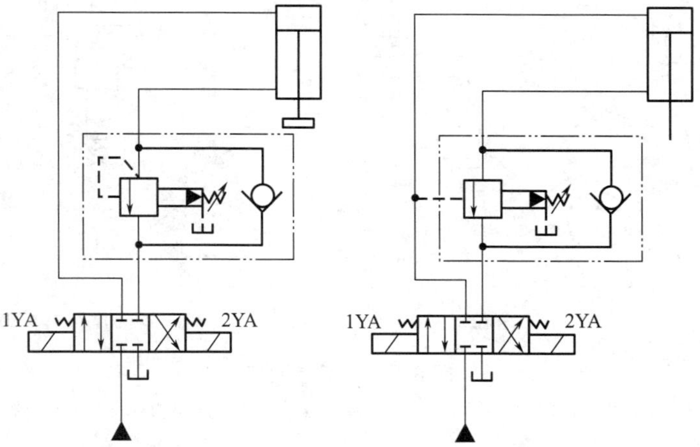

(a)采用单向顺序阀　(b)采用液控顺序阀

图8-9　平衡回路

6. 保压回路

在液压系统中，常要求液压执行机构在一定的行程位置上停止运动或在有微小的位移下稳定地维持住一定的压力，这就要采用保压回路。最简单的保压回路是密封性能较好的液控单向阀的回路，但是，阀类元件的泄漏使得这种回路的保压时间不能维持太久。常用的保压回路有以下几种。

1）利用液压泵的保压回路

利用液压泵的保压回路也就是在保压过程中，液压泵仍以较高的压力（保压所需压力）工作，此时，若采用定量泵则压力油几乎全经溢流阀流回油箱，系统功率损失大，易发热，故只在小功率的系统且保压时间较短的场合下才使用；若采用变量泵，在保压时泵的压力较高，但输出流量几乎等于零，故液压系统的功率损失小，这种保压方法能随泄漏量的变化而自动调整输出流量，因而其效率也较高。

2）利用蓄能器的保压回路

图8-10（a）所示为单缸系统的保压回路，当主换向阀在左位工作时，液压缸向前运动且压紧工件，进油路压力升高至调定值，压力继电器动作使二通阀通电，泵即卸荷，单向阀自动关闭，液压缸则由蓄能器保压。缸压不足时，压力继电器复位使泵重新工作。保压时间的长短取决于蓄能器容量，调节压力继电器的工作区间即可调节缸中压力的最大值和最小

值。图 8－10（b）所示为多缸系统中的保压回路，这种回路当主油路压力降低时，单向阀 3 关闭，支路由蓄能器保压补偿泄漏，压力继电器 5 的作用是当支路压力达到预定值时发出信号，使主油路开始动作。

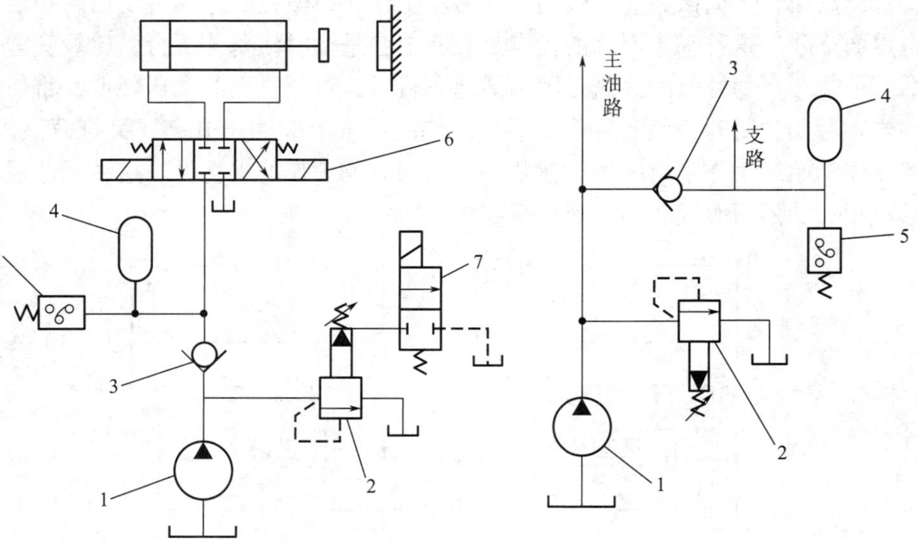

（a）单缸　　（b）多缸

图 8－10　保压回路

1—液压泵；2—先导式溢流阀；3—单向阀；4—蓄能器；5—压力继电器；6—主换向阀；7—二通阀

3）自动补油保压回路

如图 8－11 所示为采用液控单向阀和电接触式压力表的自动补油式保压回路，其工作原理为：当 1YA 得电，换向阀右位接入回路，液压缸上腔压力上升至电接触式压力表的上限值时，上触点接电，使电磁铁 1YA 失电，换向阀处于中位，液压泵卸荷，液压缸由液控单向阀保压。当液压缸上腔压力下降到预定下限值时，电接触式压力表又发出信号，使 1YA 得电，液压泵再次向系统供油，使压力上升。当压力达到上限值时，上触点又发出信号，使 1YA 失电。因此，这一回路能自动地使液压缸补充压力油，使其压力能长期保持在一定范围内。

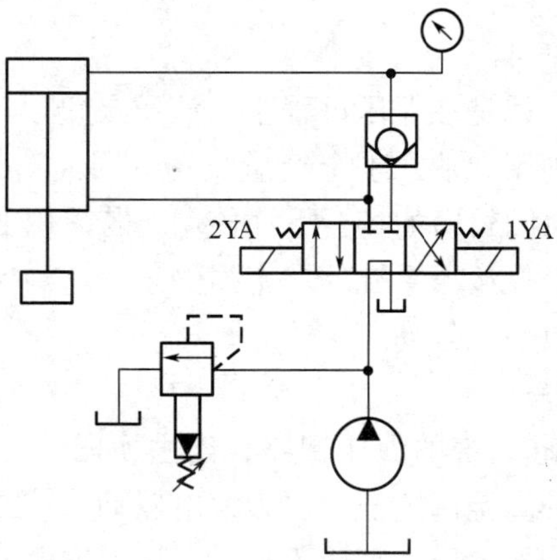

图 8－11　自动补油的保压回路

任务二　调速回路的分析

任务 1 描述

图 8-12 所示是一个速度调节回路。已知液压缸的内径 $D=70$ mm，活塞杆直径 $d=50$ mm，工作负载 $F=15$ kN，一切摩擦力忽略不计。快速运动速度 $v_1=5$ m/min，工进速度 $v_2=0.05$ m/min，调速阀压差 $\Delta p=0.3$ MPa，系统总的压力损失 $\sum\Delta p=0.5$ MPa。试表明其工作循环顺序表，计算并选择系统所需液压元件的型号。

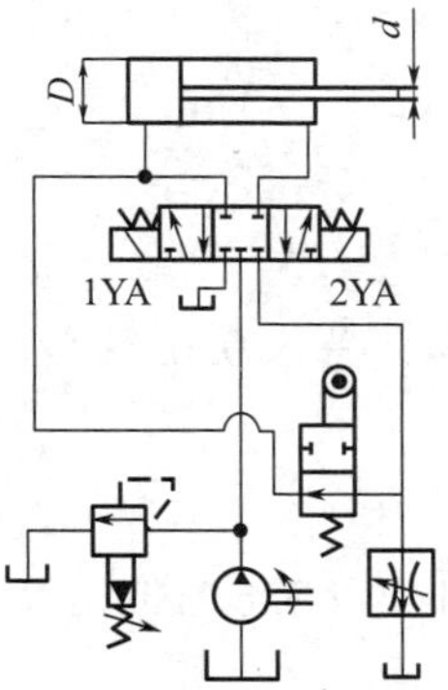

图 8-12　速度调节回路

任务 1 分析

该回路是一个较简单的速度调节回路，由一个调速阀和换向阀完成速度变换。在选择液压元件型号时，首先求出各元件所需的流量和最大压力，然后向较大值靠近元件的额定压力和额定流量。

任务 1 实施

解：（1）工作循环顺序表如表 8-1 所示。

表 8-1　工作循环顺序表

动作名称	电磁铁		行程阀
	1YA	2YA	
快进	+	−	抬起
工进	+	−	压下
快退	−	+	抬起

(2) 确定液压泵的工作压力。

工进时无杆腔所需的压力为

$$p_1 = \frac{F + \Delta p A_2}{A_1} = \frac{F + \Delta p \frac{\pi}{4}(D^2 - d^2)}{\frac{\pi}{4}D^2}$$

$$= \frac{15\ 000\ \text{N} + 0.3 \times 10^6 \text{N/m}^2 \times \frac{\pi}{4} \times (0.07^2 - 0.05^2)\text{m}^2}{\frac{\pi}{4} \times 0.07^2\ \text{m}^2} = 4.05\ \text{MPa}$$

工进时的压力为

$$p_2 = p_1 + \sum \Delta p = 4.05\ \text{MPa} + 0.5\ \text{MPa} = 4.55\ \text{MPa}$$

(3) 确定液压泵的流量。

快进时为差动连接，其流量为

$$q_1 = v_1 \frac{\pi}{4}d^2 = 5 \times \frac{\pi}{4} \times 0.05^2 \text{m}^3/\text{min} = 9.8\ \text{L/min}$$

考虑泄露损失，液压泵的流量为

$$q_2 = kq_1 = 1.2 \times 9.8\ \text{L/min} = 11.8\ \text{L/min}$$

根据以上数据，选择叶片泵 YB－16 单级叶片泵。

(4) 确定调速阀的最小稳定流量能否满足系统要求。

工进时通过调速阀的流量为

$$q_3 = v_1 \frac{\pi}{4}(D^2 - d^2) = 0.05 \times \frac{\pi}{4} \times (0.07^2 - 0.05^2)\ \text{L/min} = 0.1\ \text{L/min}$$

输入无杆腔的流量为

$$q_4 = v_2 \frac{\pi}{4}D^2 = 0.5 \times \frac{\pi}{4} \times 0.7^2\ \text{L/min} = 0.2\ \text{L/min}$$

由于 $q_4 < q_2$ 泵的输出流量远远满足工进速度要求的流量，而调速阀的最小稳定流量为 0.05 L/min，小于计算值 $q_3 = 0.1$ L/min，故满足要求。选择调速阀 Q－10B。

该回路是出口节流调速回路，由于油液经节流阀后直接回油箱，故可以减小系统发热和泄漏，而节流阀又起背压阀的作用，故运动平稳性好，同时还具有承受负值负载的能力。

任务 2 描述

图 8－13 所示为一多级速度调节回路。在图中，调速阀（5）的节流口较小，调速阀（4）的节流口较大，指出元件 1、元件 2、元件 3 的名称，试编制液压缸活塞完成“快速进给→中速进给→慢速进给→快速退回→停止”工作循环的电磁铁循环表。

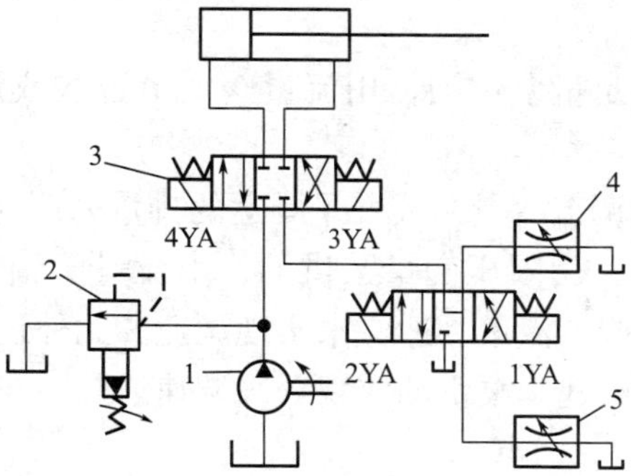

图 8－13　多级速度调节回路

任务 2 分析

该回路是出口节流调速回路，其速度的换接是通过三位四通电磁换向阀，三位实现三种速度。

任务 2 实施

解： 1 为液压泵，2 为先导式溢流阀，3 为三位四通电磁换向阀。

电磁铁动作顺序表如表 8－2 所示。

表 8－2　电磁铁动作顺序表

动作名称	电磁铁			
	1YA	2YA	3YA	4YA
快进	－	＋	－	＋
中进	－	－	－	＋
慢进	＋	－	－	＋
快退	－	＋	＋	－
原位停止	－	－	－	－

由于使用了三位换向阀和两个调速阀的组合，所以该回路可实现三种速度：不经过调速阀、经过两个调速阀、经过一个调速阀。

知识拓展

从液压马达的工作原理可知，液压马达的转速 n_m 由输入流量和液压马达的排量 V_m 决定，即 $n_m = q/V_m$，液压缸的运动速度 v 由输入流量和液压缸的有效作用面积 A 决定，即 $v = q/A$。所以，要想调节液压马达的转速 n_m 或液压缸的运动速度 v，可通过改变输入流量 q、改变液压马达的排量 V_m 和改变缸的有效作用面积 A 等方法来实现。由于液压缸的有效面积 A 是定值，所以只能通过改变流量 q 的大小来调速。而改变输入流量 q，可以通过采用流量阀或变量泵来实现，改变液压马达的排量 V_m，可通过采用变量液压马达来实现，因此，调速回路主要有以下三种方式。

（1）节流调速回路：由定量泵供油，用流量阀调节进入或流出执行机构的流量来实现调速。

（2）容积调速回路：用调节变量泵或变量马达的排量来调速。

（3）容积节流调速回路：用限压变量泵供油，由流量阀调节进入执行机构的流量，并使变量泵的流量与调节阀的调节流量相适应来实现调速。此外还可采用几个定量泵并联，按不同速度需要，启动一个泵或几个泵供油实现分级调速。

1. 节流调速回路

节流调速回路是通过调节流量阀的通流截面积改变进入执行机构的流量，从而实现运动速度的调节的。

如图 8－14 所示，如果调节回路里只有节流阀，则液压泵输出的油液全部经节流阀流入液压缸。改变节流阀节流口的大小，只能改变油液流经节流阀速度的大小，而总的流量不会改变，在这种情况下节流阀不能起调节流量的作用，液压缸的速度不会改变。

1）采用节流阀的的节流调速回路

采用节流阀的节流调速回路有以下几种。

（1）进油节流调速回路。进油调速回路是将节流阀装在执行机构的进油路上，用来控制进入执行机构的流量达到调速的目的，其调速原理如图 8－15（a）所示。其中，定量泵多余的油液通过溢流阀流回油箱，这是进油节流调速回路工作的必要条件。因此，溢流阀的调定压力与泵的出口压力 p_p 相等。

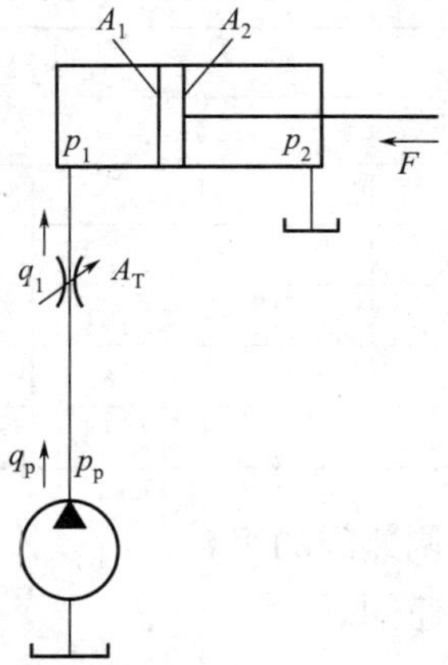

图 8－14　只有节流阀的回路

（1）速度负载特性。当不考虑回路中各处的泄漏和油液的压缩时，活塞运动速度为

$$v = \frac{A_1}{q_1} \tag{8-1}$$

活塞受力方程为

$$p_1A_1 = p_2A_2 + F \tag{8-2}$$

式中：F——外负载力；

p_2 ——液压缸回油腔压力，当回油腔通油箱时，$p_2 \approx 0$ ，于是

$$p_1 = \frac{F}{A_1}$$

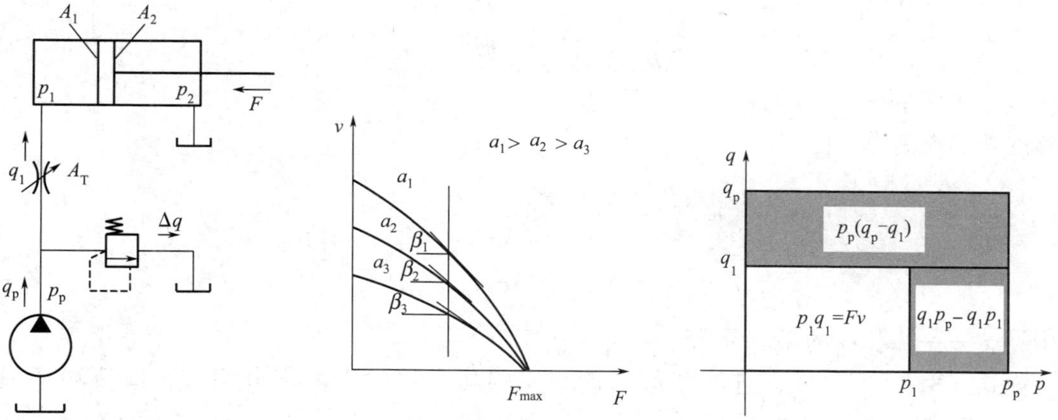

（a）回路图　（b）速度负载特性曲线　（c）功率特性

图 8－15　进油节流调速回路

进油路上通过节流阀的流量方程为

$$q_1 = CA_T(\Delta p_T)^m$$

$$q_1 = CA_T(p_p - p_1)^m = CA_T(p_p - \frac{F}{A_1})^m \tag{8-3}$$

于是

$$v = \frac{q_1}{A_1} = \frac{CA_T}{A_1^{1+m}}(p_pA_1 - F)^m \tag{8-4}$$

式中：C ——与油液种类等有关的系数；

A_T——节流阀的开口面积；

Δp_T——节流阀前后的压差，$\Delta p_T = p_p - p_1$ ；

m——节流阀的指数，当阀的节流口味薄壁孔口时，$m=0.5$。

式（8－4）为进油节流调速回路的速度负载特性方程，它描述了执行元件的速度 v 与负载 F 之间的关系。如以 v 为纵坐标，F 为横坐标，将式（8－4）按不同节流阀通流面积 A_T 作图，可得一组抛物线，称为进油节流调速回路的速度负载特性曲线，如图 8－15（b）所示。

由式（8－4）和图 8－15（b）可以看出，其他条件不变时，活塞的运动速度 v 与节流阀通流面积 A_T 成正比，调节 A_T 就能实现无级调速。当节流阀通流面积 A_T 一定时，活塞运动速度 v 随着负载 F 的增加按抛物线规律下降。但不论节流阀通流面积如何变化，当 $F = p_pA_1$ 时，节流阀两端压差为零，没有流体通过节流阀，活塞也就停止运动，此时液压泵的全部流量经溢流阀流回油箱。该回路的最大承载能力为 $F_{max} = p_pA_1$ 。

② 功率特性。调速回路的功率特性是以其自身的功率损失（不包括液压缸、液压泵和管路中的功率损失）、功率损失分配情况和效率来表达的。在图 8－15（a）中，液压泵输出

功率即为该回路的输入功率，即

$$P_{\mathrm{p}} = p_p q_p$$

液压缸输出的有效功率为

$$P_1 = Fv = F\frac{q_1}{A_1} = p_1 q$$

回路的功率损失为

$$\begin{aligned}\Delta P &= P_{\mathrm{p}} - P_1 = p_{\mathrm{p}}q_{\mathrm{p}} - p_1 q_1 \\ &= p_{\mathrm{p}}(q_1 + \Delta q) - (p_{\mathrm{p}} - \Delta p_{\mathrm{T}})q_1 \\ &= p_{\mathrm{p}}\Delta q + \Delta p_{\mathrm{T}} q_1 \end{aligned} \tag{8-5}$$

式中：Δq——溢流阀的溢流量，$\Delta q = q_{\mathrm{p}} - q_1$。

由式（8－5）可知，进油节流调速回路的功率损失由两部分组成：溢流功率损失 $\Delta P_1 = p_{\mathrm{p}}\Delta q$ 和节流功率损失 $\Delta P_2 = \Delta p_{\mathrm{T}} q_1$。其功率特性如图 8－15（c）所示。

回路的输出功率与回路的输入功率之比为回路效率。进油路节流调速回路的回路效率为

$$\eta = \frac{P_{\mathrm{p}} - \Delta P}{P_{\mathrm{p}}} = \frac{p_1 q_1}{p_{\mathrm{p}} q_{\mathrm{p}}} \tag{8-6}$$

由于回路存在两部分功率损失，因此进口节流调速回路效率较低。当负载恒定或变化很小时，回路效率可达 0.2～0.6；当负载发生变化时，回路的最大效率为 0.385。这种回路多用于要求冲击小、负载变动小的液压系统中。

（2）回油节流调速回路。回油节流调速回路中，节流阀串联在液压缸的回油路上，借助于节流阀控制液压缸的排油量 q_2 来实现速度调节。与进油节流调速一样，定量泵多余的油液经溢流阀流回油箱，即溢流阀保持溢流，泵的出口压力即溢流阀的调定压力保持基本恒定，其调速原理如图 8－16（a）所示。

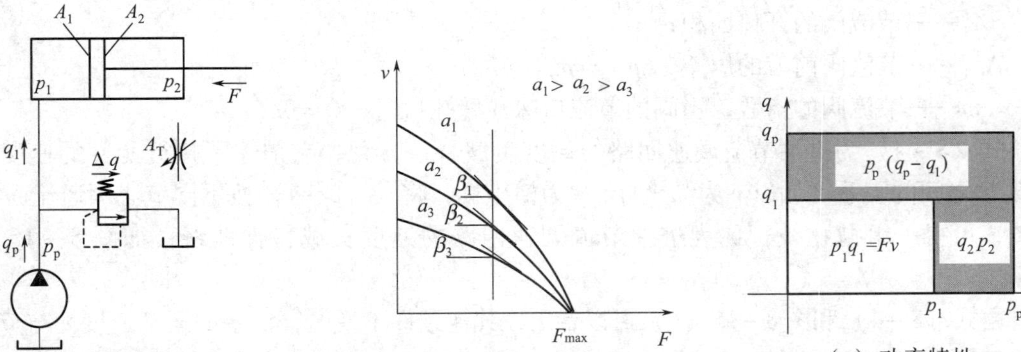

（a）回路图　（b）速度负载特性曲线　（c）功率特性

图 8－16　回油节流调速回路

采用同样的分析方法可以得到与进油节流调速回路相似的速度负载特性

$$v = \frac{CA_{\mathrm{T}}}{A_2^{1+m}}(p_{\mathrm{p}}A_1 - F)^m \tag{8-7}$$

其最大承载能力和功率特性与进油路节流调速回路相同，如图 8－16（c）所示。

虽然进油和回油节流调速的速度负载特性公式形式相似，功率特性相同，但它们在以下几方面的性能有明显差别，在选用时应加以注意。

① 承受负值负载的能力。所谓负值负载就是作用力的方向与执行元件的运动方向相同的负载。回油节流调速的节流阀在液压缸的回油腔能形成一定的背压，能承受一定的负值负载；对于进油节流调速回路，要使其能承受负值负载就必须在执行元件的回油路上加上背压阀。这必然会导致增加功率消耗，增大油液发热量。

② 运动平稳性。回油节流调速回路由于回油路上存在背压，可以有效地防止空气从回油路吸入，因而低速运动时不易爬行；高速运动时不易颤振，即运动平稳性好。进油节流调速回路在不加背压阀时就不具备这种特点。

③ 油液发热对回路的影响。进油节流调速回路中，通过节流阀产生的节流功率损失转变为热量，一部分由元件散发出去，另一部分使油液温度升高，直接进入液压缸，会使缸的内外泄漏增加，速度稳定性不好，而回油节流调速回路油液经节流阀升温后，直接回油箱，经冷却后再入系统，对系统泄漏影响较小。

④ 实现压力控制的方便性。进油节流调速回路中，进油腔的压力随负载而变化，当工作部件碰到止挡块而停止后，其压力将升到溢流阀的调定压力，可以很方便地利用这一压力变化来实现压力控制；但在回油节流调速回路中，只有回油腔的压力才会随负载变化，当工作部件碰到止挡块后，其压力将降至零，虽然同样可以利用该压力变化来实现压力控制，但其可靠性差，一般不采用。

⑤ 启动性能。回路节流调速回路中若停车时间较长，液压缸回油箱的油液会泄漏回油箱，重新启动时背压不能立即建立，会引起瞬间工作机构的前冲现象，对于进油节流调速，只要在开车时关小节流阀即可避免启动冲击。

综上所述，进油、回油节流调速回路结构简单，价格低廉，但效率较低，只宜用在负载变化不大、低速、小功率场合，如某些机床的进给系统中。

（3）旁路节流调速回路。把节流阀装在与液压缸并联的支路上，利用节流阀把液压泵供油的一部分排回油箱实现速度调节的回路，称为旁路节流调速回路。如图 8－17（a）所示，在这个回路中，由于溢流功能由节流阀来完成，故正常工作时，溢流阀处于关闭状态，溢流阀作安全阀用，其调定压力为最大负载压力的 1.1～1.2 倍，液压泵的供油压力 p_p 取决于负载。

① 速度负载特性。考虑到泵的工作压力随负载变化，泵的输出流量 q_p 应计入泵的泄漏量随压力的变化 Δq_p，采用与前述相同的分析方法可得速度表达式为

$$v = \frac{q_1}{A_1} = \frac{q_{pt} - \Delta q_p - \Delta q}{A_1} = \frac{q_{pt} - k\left(\dfrac{F}{A_1}\right) - CA_T\left(\dfrac{F}{A_1}\right)^m}{A_1} \tag{8-8}$$

式中：q_{pt} ——泵的理论流量；

k ——泵的泄漏系数，其余符号意义同前。

根据式（8－8），选取不同的 A_T 值可得到一组速度负载特性曲线，如图 8－17（b）所示，由图可知当 A_T 一定而负载增加时，速度显著下降，即特性很软；但当 A_T 一定时，负载

越大，速度刚度越大；当负载一定时，A_T 越小，速度刚度越大，因而旁路节流调速回路适用于高速重载的场合。

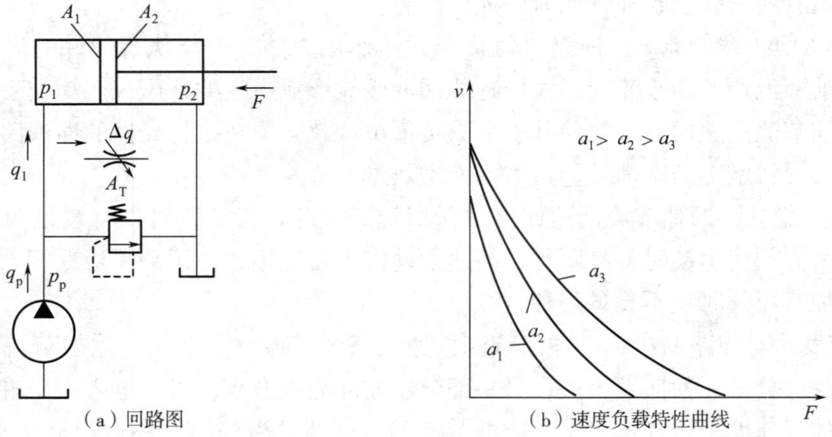

图 8－17　旁路节流调速回路

同时由图 8－17（b）知回路的最大承载能力随节流阀通流面积 A_T 的增加而减小。当达到最大负载时，泵的全部流量经节流阀流回油箱，液压缸的速度为零，继续增大 A_T 已不起调速作用，故该回路在低速时承载能力低，调速范围小。

② 功率特性。

回路的输入功率为

$$P_p = p_1 q_p$$

回路的输出功率为

$$P_1 = Fv = p_1 A_1 v = p_1 q_1$$

回路的功率损失为

$$\Delta P = P_p - P_1 = p_1 q_p - p_1 q_1 = p_1 \Delta q \tag{8-9}$$

回路效率为

$$\eta = \frac{P_1}{P_p} = \frac{p_1 q_1}{p_1 q_p} = \frac{q_1}{q_p} \tag{8-10}$$

由式（8－9）和式（8－10）看出，旁路节流调速只有节流损失，而无溢流损失，因而功率损失比前两种调速回路小，效率高。这种调速回路一般用于功率较大且对速度稳定性要求不高的场合。

2）采用调速阀的节流调速回路

采用节流阀的节流调速回路刚性差，主要是由于负载变化引起节流阀前后的压差变化，从而使通过节流阀的流量发生变化。对于一些负载变化较大，对速度稳定性要求较高的液压系统这种调速回路远不能满足要求，可采用调速阀来改善回路的速度负载特性。

（1）采用调速阀的调速回路。用调速阀代替前述各回路中的节流阀，也可组成进油、回油和旁油节流调速回路，如图 8－18（a）、（b）、（c）所示。

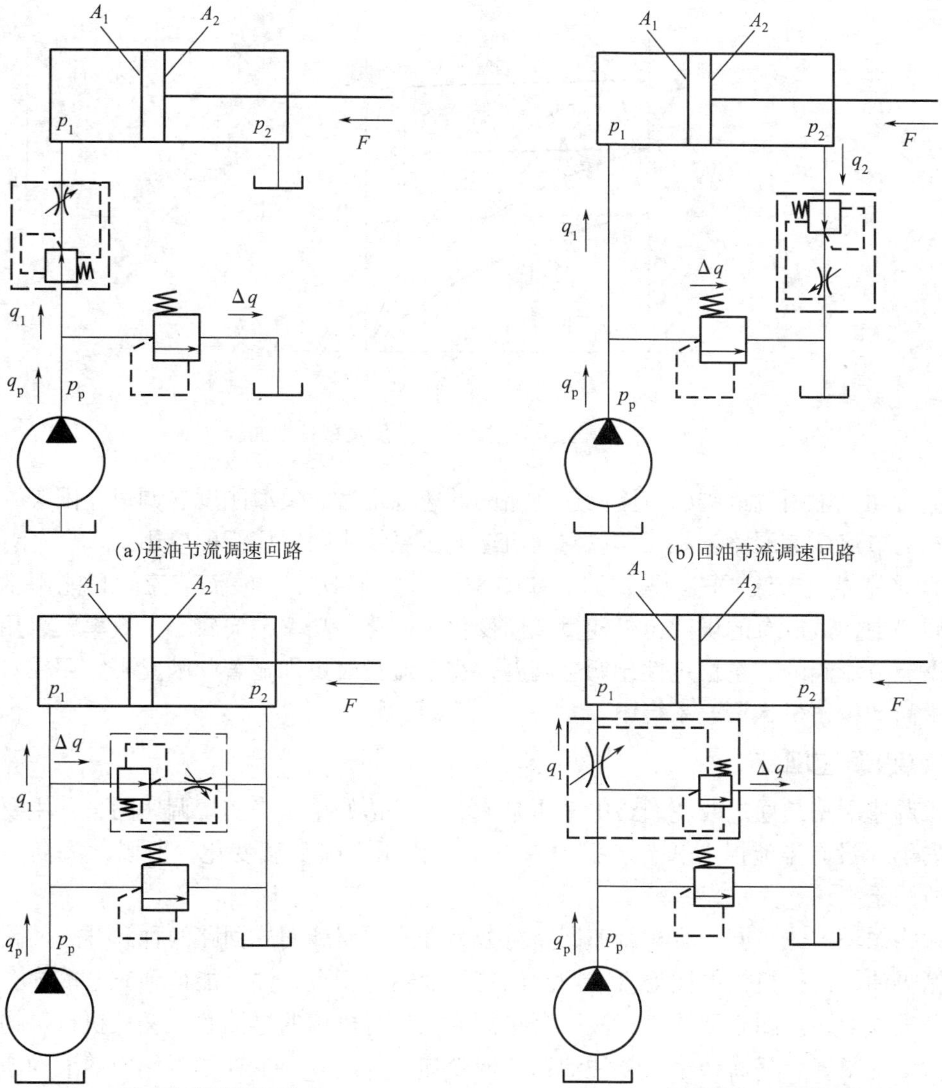

(a)进油节流调速回路　　(b)回油节流调速回路

(c)旁油节流调速回路　　(d)采用溢油节流阀的调速回路

图 8－18　采用调速阀、溢流节流阀的调速回路

采用调速阀组成的调速回路，速度刚性比节流阀调速回路好得多。对于旁路节流调速回路，因液压泵泄漏的影响，速度刚性稍差，但也要比节流阀调速回路好得多。旁油路也有泵输出压力随负载变化，效率较高的特点。图 8－19 所示是调速阀节流调速的速度负载特性曲线，显然速度刚性，承载能力均比节流阀调速回路好。在采用调速阀的调速回路中为了保证调速阀中定差减压阀起到压力补偿作用，调速阀两端的压差必须大于一定的数值，中低压调速阀为 0.5 MPa，高压调速阀为 1 MPa，否则其负载特性与节流阀调速回路没有区别。同时由于调速阀的最小压差比节流阀的压差大，因此其调速回路的功率损失比节流调速回路要大一些。

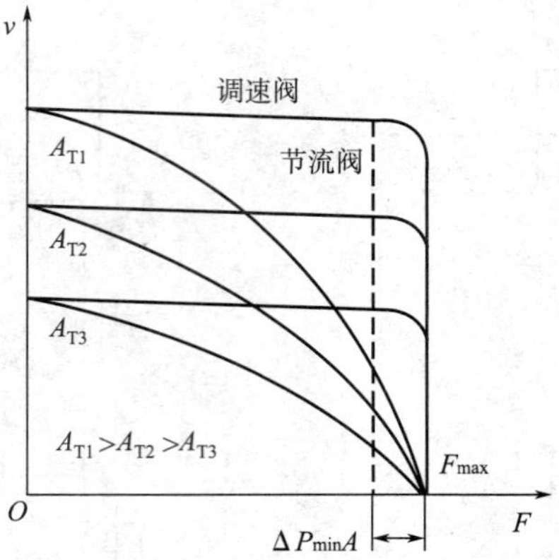

图 8－19　调速阀节流调速的速度负载特性曲线

综上所述，采用调速阀的节流调速回路的低速稳定性、负载刚度、调速范围等，要比采用节流阀的节流调速回路都好，所以它在机床液压系统中获得广泛的应用。

（2）采用溢流节流阀的调速回路。如图 8－18（d）所示，溢流节流阀只能用于进油节流调速回路中，液压泵的供油压力随负载而变化，回路的功率损失较小，效率较采用调速阀时高。溢流节流阀的流量稳定性比调速阀差，在小流量时更加显著，因此不宜用在对低速稳定性要求高的精密机床调速系统中。

2. 容积调速回路

容积调速回路是通过改变回路中液压泵或液压马达的排量来实现调速的，其主要优点是功率损失小（没有溢流损失和节流损失）且其工作压力随负载变化，所以效率高、油液温升低，适用于高速、大功率系统。

按油路循环方式不同，容积调速回路可分为开式回路和闭式回路两种。开式回路中液压泵从油箱吸油，执行机构的回油直接回到油箱，油箱容积大，油液能得到充分冷却，但空气和脏物易进入回路。闭式回路中，液压泵将油输入执行机构的进油腔，又从执行机构的回油腔吸油，结构紧凑，只需很小的补油油箱，但冷却条件差。为了补偿工作中油液的泄漏，一般设补油泵，补油泵的流量为主泵流量的 10% ~25%。压力调节为 2 ~3 MPa。容积调速回路通常有三种基本形式：定量泵和变量马达容积调速回路、变量泵和定量马达容积调速回路、变量泵和变量马达的容积调速回路。

1）定量泵和变量马达容积调速回路

定量泵与变量马达容积调速回路如图 8－20 所示。图 8－20（a）为开式回路，由定量泵、变量马达、溢流阀、换向阀组成；图 8－20（b）为闭式回路，由定量泵、变量马达、溢流阀、辅助泵（补油泵）。该回路是由调节变量马达的排量 V_M 来实现调速。

在这种回路中，液压泵转速 n_p 和排量 V_p 都是常值，改变液压马达排量 V_M 时，马达输出转矩的变化与 V_M 成正比，输出转速 n_M 则与 V_M 成反比。马达的输出功率 P_M 和回路的工作压力 p 都由负载功率决定，不因调速而发生变化，所以这种回路常被称为恒功率调速回路。回路的工作特性曲线如图 8－20（c）所示，该回路的优点是能在各种转速下保持很大输出功率不变，其缺点是调速范围小。同时，该调速回路如果用变量马达来换向，在换向的瞬间要经过“高转速—零转速—反向高转速”的突变过程，所以，不宜用变量马达来实现平稳换向。

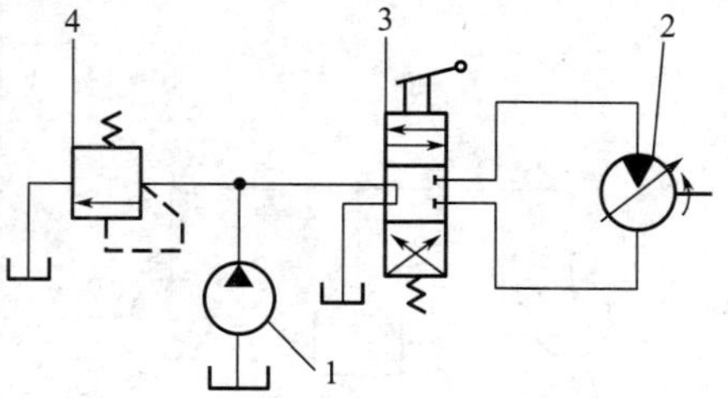

（a）开式回路

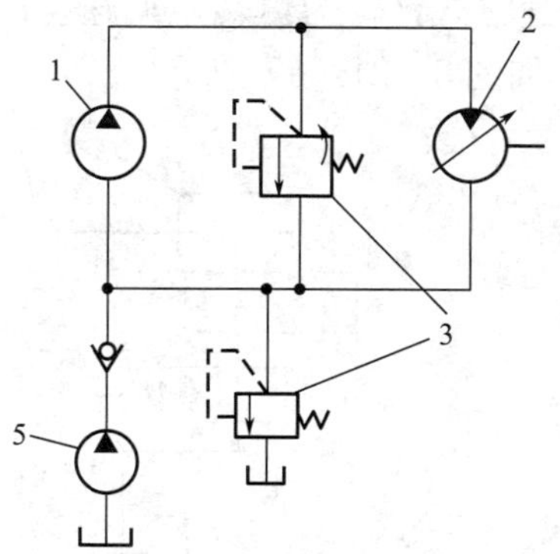

（b）闭式回路

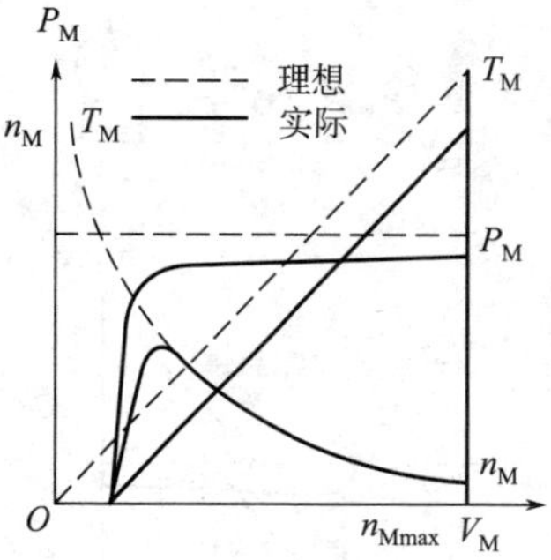

（c）工作特性图

图 8－20 定量泵和变量马达容积调速回路

1—定量泵；2—变量马达；3—三位四通手动换向阀；4—溢流阀；5—辅助泵

综上所述，定量泵和变量马达容积调速回路，由于不能用改变马达的排量来实现平稳换向，调速范围比较小（一般为 3～4），因而较少单独应用。

2）变量泵和定量马达容积调速回路

这种调速回路可由变量泵与液压缸或变量泵与定量液压马达组成。其回路如图8－21所示，图 8－21（a）为变量泵与液压缸所组成的开式容积调速回路；图 8－21（b）为变量泵与定量马达组成的闭式容积调速回路。

图 8－21（a）中液压缸活塞的运动速度由变量泵调节；图 8－21（b）所示为采用变量泵来调节液压马达的转速，安全阀用来防止过载，辅助泵用来补油，其补油压力由低压溢流阀来调节，同时置换部分已发热的油液，降低系统温升。

当不考虑回路的容积效率时，执行机构的速度 n_M（或 V_M）与变量泵的排量 V_B 的关系为，$n_M = n_B V_B / V_M$ 或 $V_M = n_B V_B / A$，因马达的排量 V_M 和缸的有效工作面积 A 是不变的，若变量泵的转速 n_B 不变，则马达的转速 n_M（或活塞的运动速度 v）与变量泵的排量成正比，是一条通过坐标原点的直线，如图 8－21（c）中虚线所示。实际上回路的泄漏是不可避免的，在一定负载下，需要一定流量才能启动和带动负载。所以其实际的 n_M（或 V_M）与 V_B 的关系如实线所示。这种回路在低速下承载能力差，速度不稳定。

当不考虑回路的损失时，液压马达的输出转矩 T_M（或缸的输出推力 F）为 $T_M = V_M \Delta P / 2\pi$ 或 $F = A\ (p_p - p_0)$。它表明当泵的输出压力 p_p 和吸油路（也即马达或缸的排油）压力 p_0

不变，马达的输出转矩 T_M 或缸的输出推力 F 理论上是恒定的，与变量泵的排量无关，故该回路的调速方式又称为恒转矩调速。但实际上由于泄漏和机械摩擦等的影响，会存在一个“死区”，如图 8 - 21（c）所示。

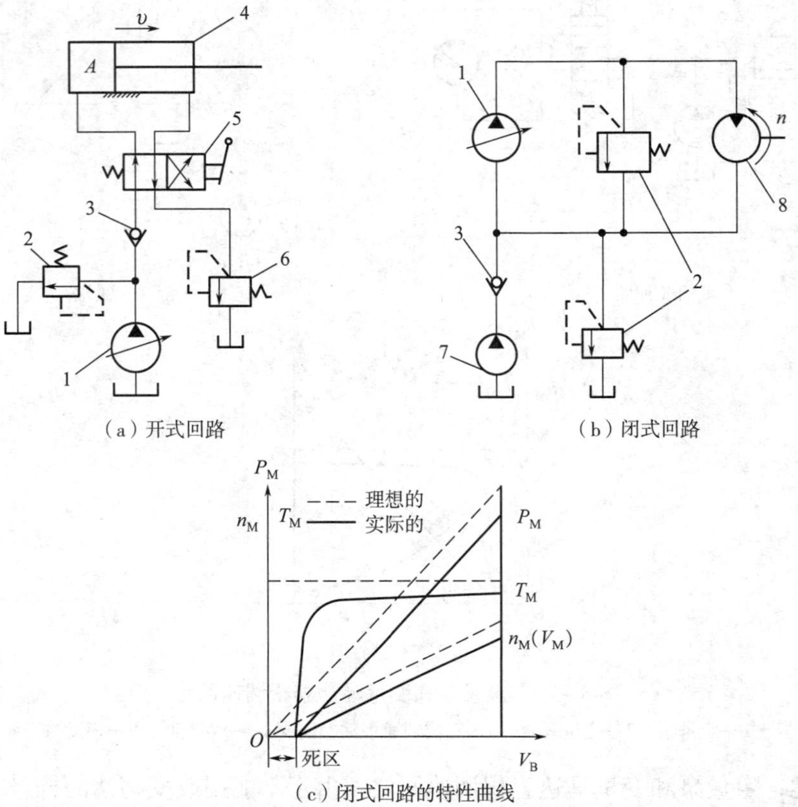

（a）开式回路　　（b）闭式回路

（c）闭式回路的特性曲线

图 8 - 21　变量泵定量液动机容积调速回路

1—变量泵；2—溢流阀；3—单向阀；4—液压缸；5—换向阀；6—背压阀（溢流阀）；7—辅助泵；8—定量泵

这种回路的调速范围，主要取决于变量泵的变量范围，其次是受回路的泄漏和负载的影响。这种回路的调速范围一般在 40 左右。

综上所述，变量泵和定量马达所组成的容积调速回路为恒转矩输出，可正反向实现无级调速，调速范围较大。适用于调速范围较大，要求恒转矩输出的场合，如大型机床的主运动或进给系统中。

3）变量泵和变量马达容积调速回路

这种调速回路是定量泵和变量马达与变量泵和定量马达容积调速回路的组合，其调速特性也兼有两者之特点。

图 8 - 22（a）为变量泵和变量马达组成的容积式调速回路。回路中各元件对称布置，改变泵的供油方向，就可实现马达的正反向旋转，单向阀（4）和（5）用于辅助泵双向补油，单向阀（6）和（7）使溢流阀在两个方向上都能对回路起过载保护作用。一般机

械要求低速时输出转矩大，高速时能输出较大的功率，这种回路恰好可以满足这一要求。在低速段，先将马达排量调到最大，用变量泵调速，当泵的排量由小调到大，马达转速随之升高，输出功率随之线性增加，此时因马达排量大，马达能获得较大的输出转矩，且处于恒转矩状态；高速段，泵为最大排量，用变量马达调速，将马达排量由大调小，马达转速继续升高，输出转矩随之降低，此时因泵处于最大输出功率状态，故马达处于恒功率状态。

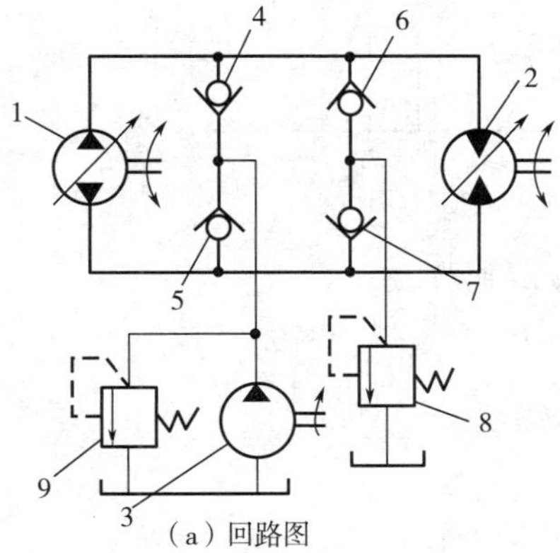

（a）回路图

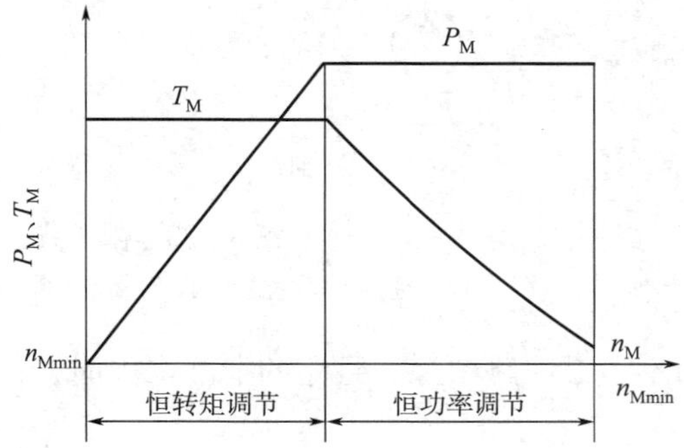

（b）调速特性

图 8-22　变量泵变量马达的容积调速回路

1—变量泵；2—变量马达；3—辅助泵；4、5、6、7—单向阀；8、9—溢流阀

这样，就可使马达换向平稳，且第一阶段为恒转矩调速，第二阶段为恒功率调速。回路特性曲线如图 8-22（b）所示。这种容积调速回路的调速范围是变量泵调节范围和变量马达调节范围之乘积，所以其调速范围大（可达 100），并且有较高的效率，它适用于大功率的场合，如矿山机械、起重机械以及大型机床的主运动液压系统。

3. 容积节流调速回路

容积节流调速回路的基本工作原理是采用压力补偿式变量泵供油、调速阀（或节流阀）调节进入液压缸的流量并使泵的输出流量自动地与液压缸所需流量相适应。

常用的容积节流调速回路有：限压式容积节流调速回路、差压式容积节流调速回路。

1）限压式容积节流调速回路

图 8-23 为限压式变量泵与调速阀组成的调速回路。在图示位置，液压缸的活塞快速向右运动，变量泵按快速运动要求调节其输出流量，同时调节限压式变量泵的压力调节螺钉，使泵的限定压力大于快速运动所需压力［图 8-23（b）中 *AB* 段］，泵输出的压力油经调速阀进入液压缸，其回油经背压阀流回油箱。调节调速阀的流量 q_1 就可调节活塞的运动速度，由于 $q_1 < q_B$，压力油迫使泵的出口与调速阀进口之间的油压升高，即泵的供油压力升高，泵的流量便自动减小到 $q_B \approx q_1$ 为止。

这种调速回路的运动稳定性、速度负载特性、承载能力和调速范围均与采用调速阀的节流调速回路相同。图 8-23（b）所示为其调速特性，由图可知，此回路只有节流损失而无溢流损失。

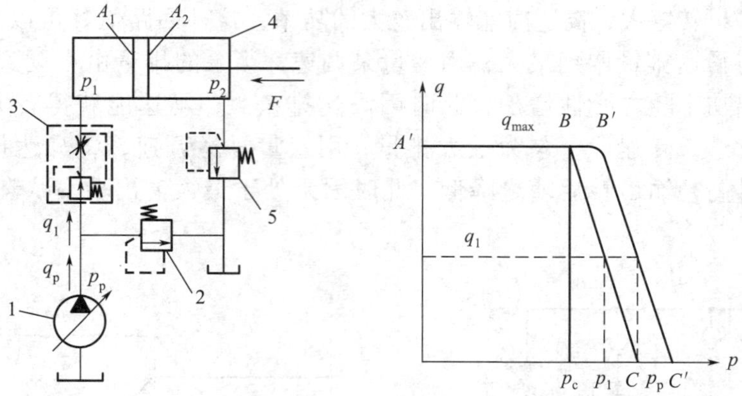

（a）回路图　　（b）调速特性图

图 8－23　限压式容积节流调速回路

1—变量泵；2—溢流阀；3—调速阀；4—液压缸；5—背压阀（溢流阀）

当不考虑回路中泵和管路的泄漏损失时，回路的效率为

$$\eta = \frac{q_1\left(p_1 - p_2\dfrac{A_2}{A_1}\right)}{q_1 p_B} = \frac{\left(p_1 - p_2\dfrac{A_2}{A_1}\right)}{p_B}$$

该式表明：泵的输油压力 p_B 调得低一些，回路效率就可高一些，但为了保证调速阀的正常工作压差，泵的压力应比负载压力 p_1 至少大 0.5 MPa。当此回路用于压力继电器发讯实现快退时，泵的压力还应调高些，以保证压力继电器可靠发讯，故此时的实际工作特性曲线如图 8－23（b）中 $A'B'C'$ 所示。此外，当 p_c 不变时，负载越小，p_1 便越小，回路效率越低。

综上所述：限压式变量泵与调速阀等组成的容积节流调速回路，具有效率高、调速稳定、结构简单等优点。目前已广泛应用于负载变化不大的中、小功率组合机床的液压系统中。

2）*差压式容积节流调速回路*

图 8－24 所示是差压式变量泵和节流阀组成的容积节流调速回路。该回路采用差压式变量泵供油，通过节流阀来确定进入液压缸或流出液压缸的流量，不但使变量泵输出的流量与液压缸所需要的流量相适应，而且液压泵的工作压力能自动跟随负载压力变化。

图 8－24 中，节流阀安装在液压缸的进油路上，节流阀两端的压差反馈作用在变量泵的两个控制柱塞上，其中柱塞（1）的面积 A_1 等于活塞（2）活塞杆面积 A_2。由力的平衡关系，变量泵定子的偏心距 e 的大小受节流阀的两端的压差的控制，从而控制变量泵的流量。调节节流阀的开口，就可以调节进入液压缸的流量 q_1，并使泵的输出流量 q_p 自动与 q_1 相适应。阻尼孔的作用是防止变量泵定子移动过快发生振荡。

该回路效率比前述容积节流调速回路高，适用于调速范围大、速度较低的中小功率液压系统，常用在某些组合机床的进给系统中。

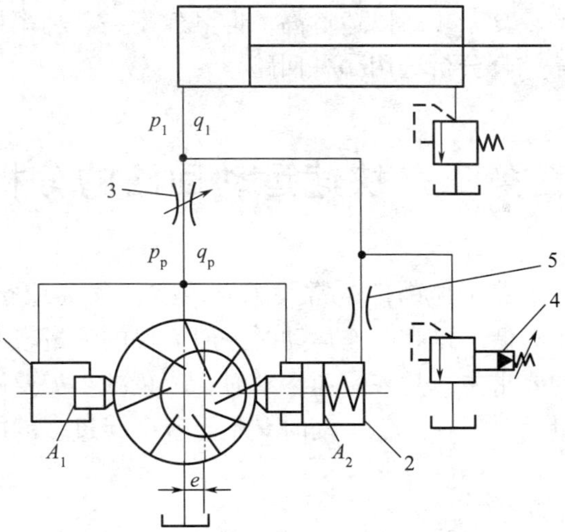

图 8 - 24　差压式容积节流调速回路

1—柱塞；2—活塞；3—节流阀；4—溢流阀；5—阻尼孔

4. 调速回路的比较和选用

调速回路的比较如表 8 - 3 所示。

表 8 - 3　调速回路的比较

主要性能		节流调速回路				容积调速回路	容积节流调速回路	
		用节流阀		用调速阀			限压式	差压式
		进回油	旁路	进回油	旁路			
机械特性	速度稳定性	较差	差	好		较好	好	
	承载能力	较好	较差	好		较好	好	
调速范围		较大	小	较大		大	较大	
功率特性	效率	低	较高	低	较高	最高	较高	高
	发热	大	较小	大	较小	最小	较小	小
适用范围		小功率、轻载的中、低压系统				大功率、重载、高速的中、高压系统	中、小功率的中压系统	

调速回路的选用主要考虑以下几个问题。

（1）执行机构的负载性质、运动速度、速度稳定性等要求。负载小，且工作中负载变化也小的系统可采用节流阀节流调速；在工作中负载变化较大且要求低速稳定性好的系统，宜采用调速阀的节流调速或容积节流调速；负载大、运动速度高、油的温升要求小的系统，宜采用容积调速回路。

一般来说，功率在 3 kW 以下的液压系统宜采用节流调速；3 ~ 5 kW 范围宜采用容积节流调速；功率在 5 kW 以上的宜采用容积调速。

（2）工作环境要求。处于温度较高的环境下工作，且要求整个液压装置体积小、重量轻的情况，宜采用闭式回路的容积调速。

（3）经济性要求。节流调速回路的成本低，功率损失大，效率也低；容积调速回路因变量泵、变量马达的结构较复杂，所以造价高，但其效率高、功率损失小；而容积节流调速则介于两者之间。所以需综合分析选用哪种回路。

任务三　快速运动回路的分析

为了提高生产效率，机器工作部件常常要求实现空行程（或空载）的快速运动。这时要求液压系统流量大而压力低。这和工作运动时一般需要的流量较小和压力较高的情况正好相反。对快速运动回路的要求主要是在快速运动时，尽量减小需要液压泵输出的流量，或者在加大液压泵的输出流量后，但在工作运动时又不至于引起过多的能量消耗。

任务描述

分析图 8－25 所示差动连接快速运动回路的工作原理。

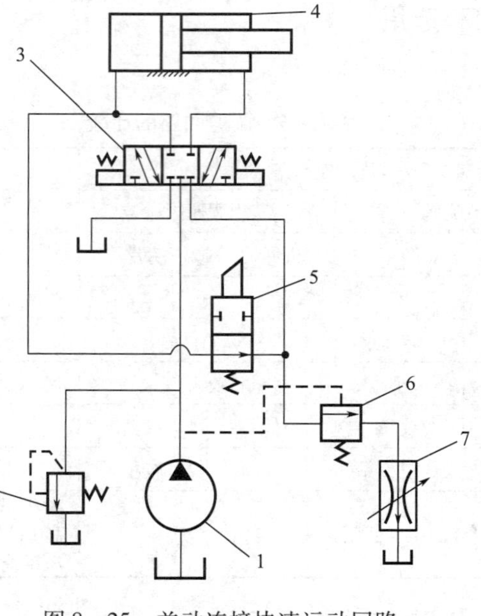

图 8－25　差动连接快速运动回路

1—液压泵；2—溢流阀；3—三位五通电磁换向阀；4—液压缸；5—二位二通机动阀；6—外控顺序阀；7—调速阀

任务分析

这是在不增加液压泵输出流量的情况下，来提高工作部件运动速度的一种快速回路，其实质是改变了液压缸的有效作用面积。

任务实施

图 8－25 是用于快、慢速转换的回路，其中快速运动时采用差动连接。当换向阀左端的电磁铁通电时，换向阀左位进入系统，液压泵输出的压力油同缸右腔的油经换向阀左位、机动阀下位（此时外控顺序阀关闭）也进入液压缸的左腔，实现了差动连接，使活塞快速向右运动。当快速运动结束，工作部件上的挡铁压下机动阀时，泵的压力升高，外控顺序阀打开，液压缸右腔的回油只能经调速阀流回油箱，这时是工作进给。当换向阀右端的电磁铁通电时，活塞向左快速退回（非差动连接）。

归纳总结

采用差动连接的快速回路方法简单，较经济，但快、慢速度的换接不够平稳。必须注意，差动油路的换向阀和油管通道应按差动时的流量选择，不然流动液阻过大，会使液压泵的部分油从溢流阀流回油箱，速度减慢，甚至不起差动作用。

知识拓展

1. 双泵供油快速运动回路

双泵供油的快速运动回路是利用低压大流量泵和高压小流量泵并联为系统供油，回路如图 8－26 所示。

图 8－26 中，高压小流量泵用以实现工作进给运动，低压大流量泵用以实现快速运动。在快速运动时，低压大流量液压泵输出的油经单向阀和高压小流量液压泵输出的油共同向系统供油。在工作进给时，系统压力升高，打开液控顺序阀（卸荷阀）使低压大流量液压泵卸荷，此时单向阀关闭，由高压小流量液压泵单独向系统供油。溢流阀控制高压小流量液压泵的供油压力是根据系统所需最大工作压力来调节的，而卸荷阀使低压大流量液压泵在快速运动时供油，在工作进给时则卸荷，因此它的调整压力应比快速运动时系统所需的压力要高，但比溢流阀的调整压力低。

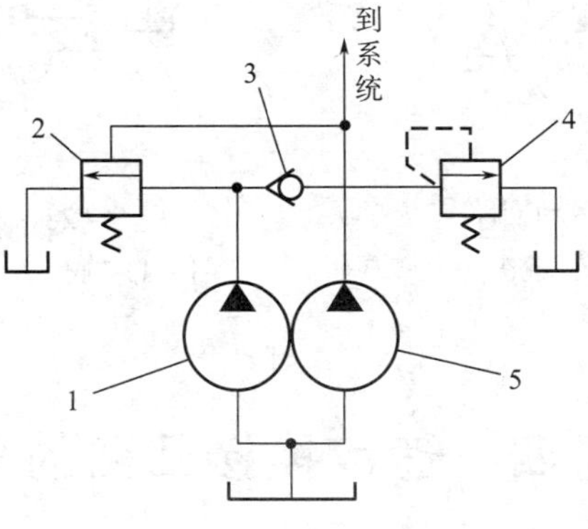

图 8－26　双泵供油快速运动回路

1—低压大流量液压泵；2—卸荷阀；3—单向阀；4—溢流阀；5—高压小流量液压泵

双泵供油回路功率利用合理、效率高，并且速度换接较平稳，在快、慢速度相差较大的机床中应用很广泛，缺点是要用一个双联泵，油路系统也稍复杂。

2. 充液增速回路

图 8－27 是增速缸快速运动回路。增速缸是一种复合缸，由活塞缸和柱塞缸复合而成。当手动换向阀的左位接入系统，压力油经柱塞孔进入增速缸小腔，推动活塞快速向右移动，增速缸大腔所需油液由充液阀从油箱吸取，活塞缸右腔的油液经换向阀流回油箱。当执行元件接触工件负载增加时，系统压力升高，顺序阀开启，充液阀关闭，高压油进入增速缸大腔，活塞转换成慢速前进，推力增大。换向阀右位接入时，压力油进入活塞缸右腔，打开充液阀，增速缸大腔的回油流回油箱。该回路增速比大、效率高，但液压缸结构复杂，常用于液压机中。

3. 采用蓄能器的快速运动回路

采用蓄能器的快速运动回路，是在执行元件不动或需要较少的压力油时，将其余的压力油贮存在蓄能器中，需要快速运动时再释放出来。该回路的关键在于能量贮存和释放的控制方式。图 8－28 所示是蓄能器快速回路之一，用于液压缸间歇式工作。当液压缸不动时，换向阀中位将液压泵与液压缸断开，液压泵的油经单向阀给蓄能器充油。当蓄能器压力达到卸荷阀的调定压力时卸荷阀开启，液压泵卸荷。当需要液压缸动作时，换向阀换向，溢流阀关闭后，蓄能器和泵一起给液压缸供油，实现快速运动。该回路可减小液压装置功率，实现高速运动。

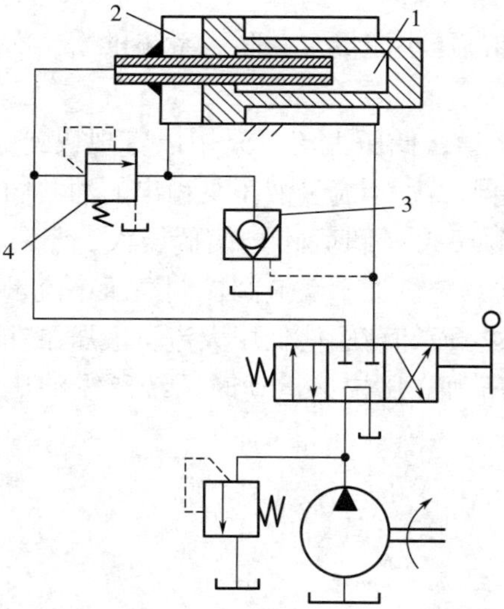

图 8－27 增速缸快速运动回路

1—增速缸小腔；2—增速缸大腔；3—充液阀；4—顺序阀

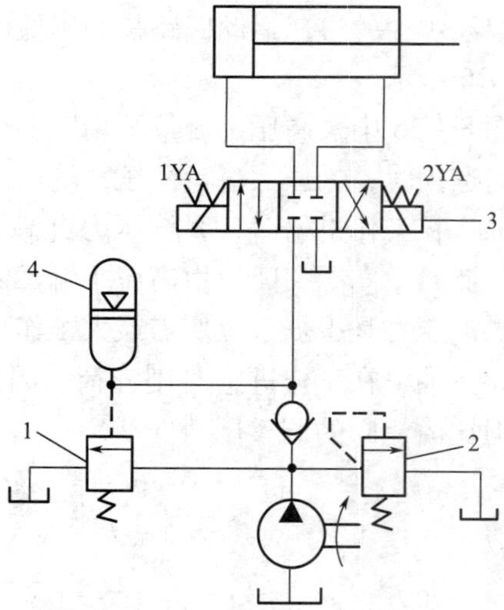

图 8－28 采用蓄能器的快速运动回路

1—卸荷阀；2—溢流阀；3—换向阀；4—蓄能器

任务四 速度换接回路的分析

速度换接回路用来实现运动速度的变换，即在原来设计或调节好的几种运动速度中，从一种速度换成另一种速度。对这种回路的要求是速度换接要平稳，即不允许在速度变换的过程中有前冲（速度突然增加）现象。

任务描述

分析图 8－29 所示的速度换接回路的工作原理。

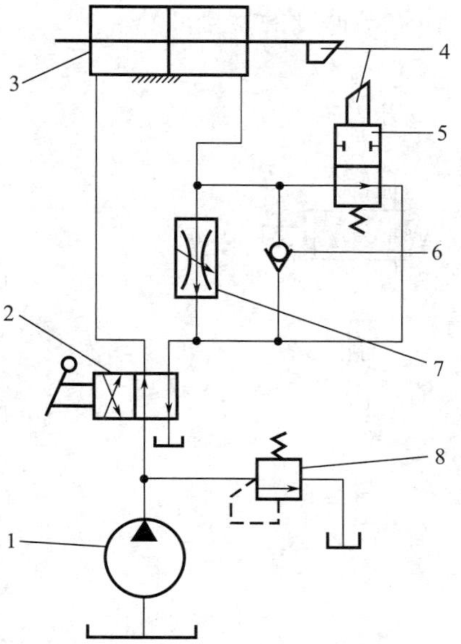

图 8－29　采用单向行程节流阀的速度换接回路

1—液压泵；2—换向阀；3—液压缸；4—挡块；5—行程阀；6—单向阀；7—节流阀（溢流阀）；8—溢流阀

任务分析

图 8－29 所示是采用单向行程节流阀换接快速运动的速度换接回路。

任务实施

在图 8－29 所示位置，液压缸右腔的回油可经行程阀和换向阀流回油箱，使活塞快速向右运动。当快速运动到达所需位置时，活塞上挡块压下行程阀，将其通路关闭，这时液压缸右腔的回油就必须经过节流阀流回油箱，活塞的运动转换为工作进给运动（简称工进）。当操纵换向阀使活塞换向后，压力油可经换向阀和单向阀进入液压缸右腔，使活塞快速向左退回。

归纳总结

这种速度换接回路中，因为行程阀的通油路是由液压缸活塞的行程控制阀芯移动而逐渐关闭的，所以换接时的位置精度高，冲击小，运动速度的变换也比较平稳。这种回路在机床液压系统中应用较多，它的缺点是行程阀的安装位置受一定限制，所以有时管路连接稍复杂。行程阀也可以用电磁换向阀来代替，这时电磁阀的安装位置不受限制，但其换接精度及速度变换的平稳性会变差。

知识拓展

1. 调速阀（节流阀）串并联的速度换接回路

对于某些自动机床、注塑机等，需要在自动工作循环中变换两种以上的工作进给速度，这时就需要采用两种或多种工作进给速度的换接回路。

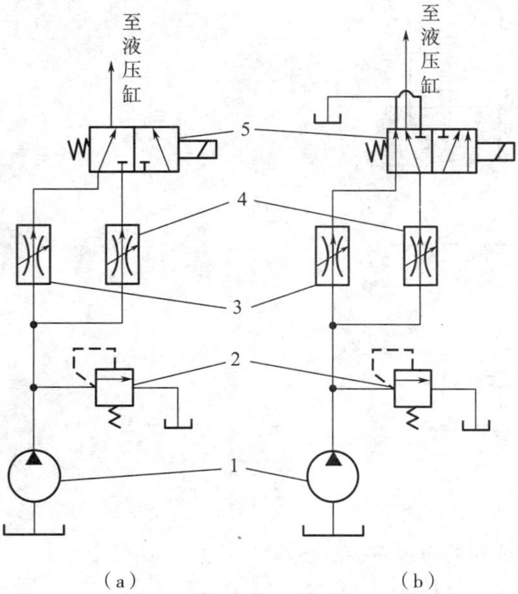

图 8－30　两个调速阀并联式速度换接回路

1—液压泵；2—溢流阀；3、4—调速阀；5—换向阀

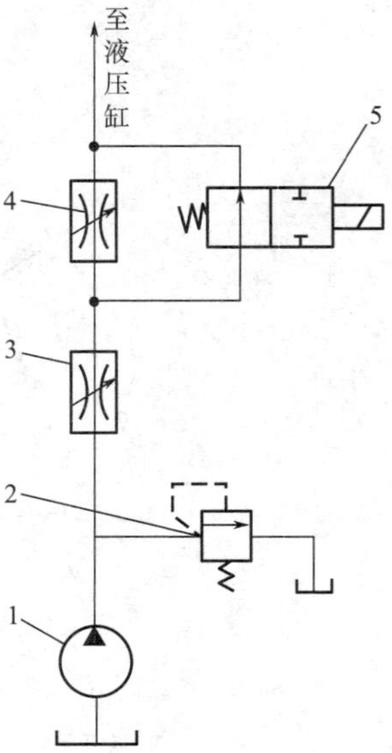

图 8－31　两个调速阀串联的速度换接回路

1—液压泵；2—溢流阀；3、4—调速阀；5—换向阀

图 8－30 是两个调速阀并联以实现两种工作进给速度换接的回路。在图 8－30（a）中，液压泵输出的压力油经调速阀（3）和换向阀进入液压缸。当需要第二种工作进给速度时，换向阀通电，其右位接入回路，液压泵输出的压力油经调速阀（4）和换向阀进入液压缸。这种回路中两个调速阀的节流口可以独立调节，互不影响，即第一种工作进给速度和第二种工作进给速度互相间没有什么限制。但一个调速阀工作时，另一个调速阀中没有油液通过，它的减压阀则处于完全打开的位置，在速度换接开始的瞬间不能起减压作用，容易出现部件突然前冲的现象。

图 8－30（b）所示为另一种调速阀并联的速度换接回路。在这个回路中，两个调速阀始终处于工作状态，在由一种工作进给速度转换为另一种工作进给速度时，不会出现工作部件突然前冲现象，因而工作可靠。但是液压系统在工作中总有一定量的油液通过不起调速作用的那个调速阀流回油箱，造成能量损失，使系统发热。

图 8－31 所示是两个调速阀串联的速度换接回路。图中液压泵输出的压力油经调速阀（3）和换向阀进入液压缸，这时的流量由调速阀（3）控制。当需要第二种工作进给速度时，换向阀通电，其右位接入回路，则液压泵输出的压力油先经调速阀（3），再经调速阀（4）进入液压缸，这时的流量应由调速阀（4）控制，所以这种回路中调速阀（4）的节流口应调得比调速阀（3）小，否则调速阀（4）速度换接将不起作用。这种回路在工作时调速阀（3）一直工作，它限制着进入液压缸或调速阀（4）的流量，因此在速度换接时不会

使液压缸产生前冲现象，换接平稳性较好。在调速阀（4）工作时，油液需经两个调速阀，故能量损失较大，系统发热也较大，但却比图 8－30（b)所示的回路要小。

2. 液压马达串并联速度换接回路

液压马达串并联速度换接回路如图 8－32 所示。图 8－32（a）所示为液压马达并联回路，两个液压马达的主轴刚性连接在一起，手动换向阀左位时，压力油只驱动马达（1），马达（2）空转；手动换向阀在右位时两个液压马达并联。若两个液压马达的排量相等，并联时进入每个马达的流量减少一半，转速相应降低一半，而转矩增加一倍。图 8－32（b）所示为液压马达串、并联回路。用二位四通阀使两马达串联或并联来使系统实现快慢速切换。二位四通阀的上位接入回路时，两马达并联，低速，输出转矩大；当下位接入回路时，两马达串联，高速。

液压马达串并联速度换接回路主要用于由液压驱动的行走机械中，可根据路况需要提供两档速度：在平地行驶时为高速，上坡时输出转矩增加，转速降低。

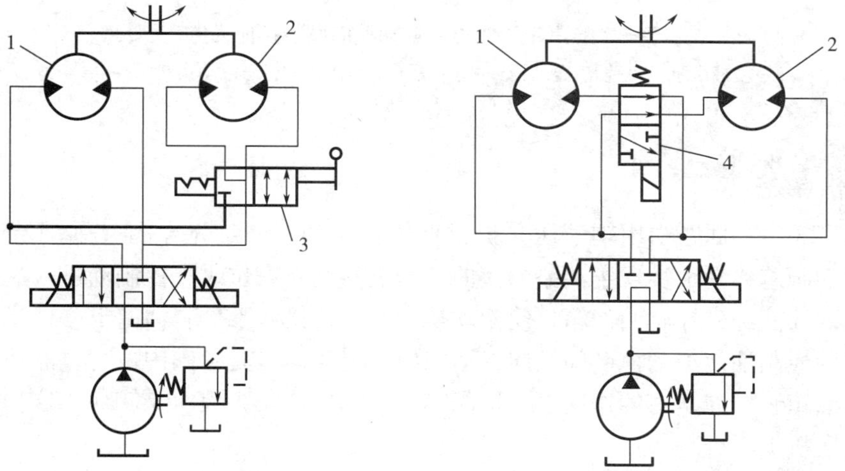

（a）液压马达并联回路　　（b）液压马达串、并联回路

图 8－32　液压马达串并联速度换接回路

1，2—液压马达；3—手动换向阀；4—二位四通阀

任务五　方向控制回路的分析

在液压系统中，起控制执行元件的起动、停止及换向作用的回路，称为方向控制回路。方向控制回路可分为换向回路和锁紧回路两种。

任务描述

分析图 8－33 所示的先导阀控制液动换向阀的换向回路的工作原理。

任务分析

图 8－33 所示为先导阀（手动转阀）控制液动换向阀的换向回路。

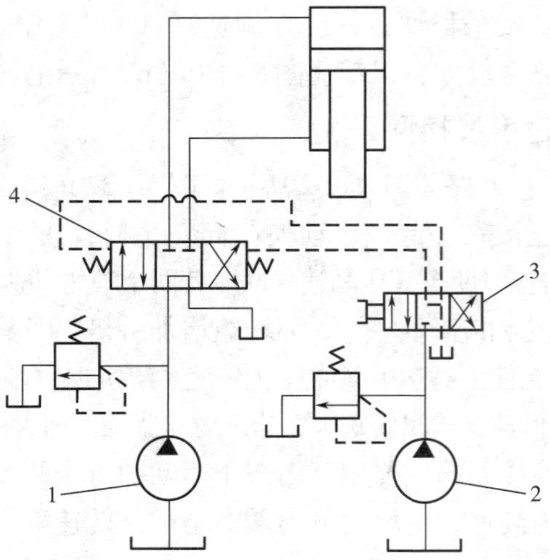

图 8－33　先导阀控制液动换向阀的换向回路

1—主液压泵；2—辅液压泵；3—先导阀（手动转阀）；4—液动换向阀

任务实施

在图 8－33 中，回路中用辅液压泵提供低压控制油，通过先导阀（手动转阀）来控制液动换向阀的阀芯移动，实现主油路的换向，当先导阀在右位时，控制油进入液动换向阀的左端，右端的油液经先导阀回油箱，使液动换向阀左位接入工件，活塞下移；当先导阀切换至左位时，即控制油使液动换向阀换向，活塞向上退回；当先导阀中位时，液动换向阀两端的控制油通油箱，在弹簧力的作用下，使阀芯回复到中位，主液压泵卸荷。这种换向回路常用于大型液压机上。

知识拓展

1. 采用双向变量泵的换向回路

采用双向变量泵的换向回路如图 8－34 所示，常用于闭式油路中，采用变更供油方向来实现液压缸或液压马达换向。图中若双向变量泵吸油侧供油不足时，可由补油泵通过单向阀来补充；双向变量泵吸油侧多余的油液可通过液压缸进油侧压力控制的二位二通换向阀和溢流阀（2）流回油箱。

溢流阀（2）和（7）的作用是使液压缸活塞向右或向左运动时泵的吸油侧有一定的吸入压力，改善泵的吸油性能，同时能使活塞运动平稳。溢流阀（4）为防止系统过载的安全阀。

2. 锁紧回路

为了使工作部件能在任意位置上停留，以及在停止工作时防止在受力的情况下发生移动，可以采用锁紧回路。

早期的锁紧回路采用 O 型或 M 型机能的三位换向阀，当阀芯处于中位时，液压缸的进、出口都被封闭，可以将活塞锁紧，这种锁紧回路由于受到滑阀泄漏的影响，锁紧效果较差。

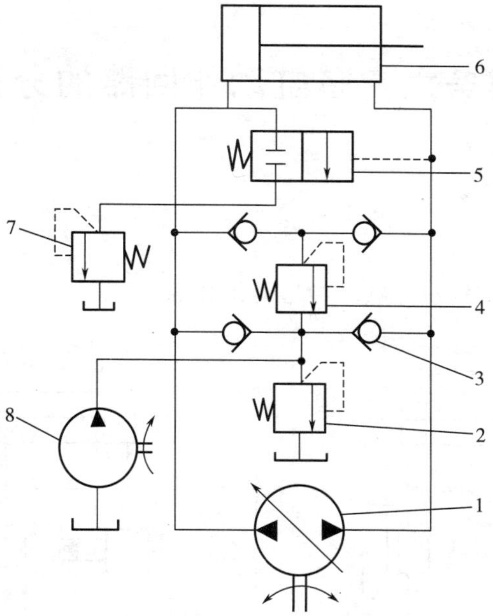

图 8－34　采用双向变量泵的换向回路

1—双向变量泵；2、4、7—溢流阀；3—单向阀；
5—换向阀；6—液压缸；8—补油泵

图 8－35 所示是采用液控单向阀的锁紧回路。在液压缸的进、回油路中都串接液控单向阀（又称液压锁），活塞可以在行程的任何位置锁紧。其锁紧精度只受液压缸内少量的内泄漏影响，因此，锁紧精度较高。采用液控单向阀的锁紧回路，换向阀的中位机能应使液控单向阀的控制油液卸压（换向阀采用 H 型或 Y 型），此时，液控单向阀便立即关闭，活塞停止运动。假如采用 O 型机能，在换向阀中位时，由于液控单向阀的控制腔压力油被闭死而不能使其立即关闭，直至由换向阀的内泄漏使控制腔泄压后，液控单向阀才能关闭，影响其锁紧精度。

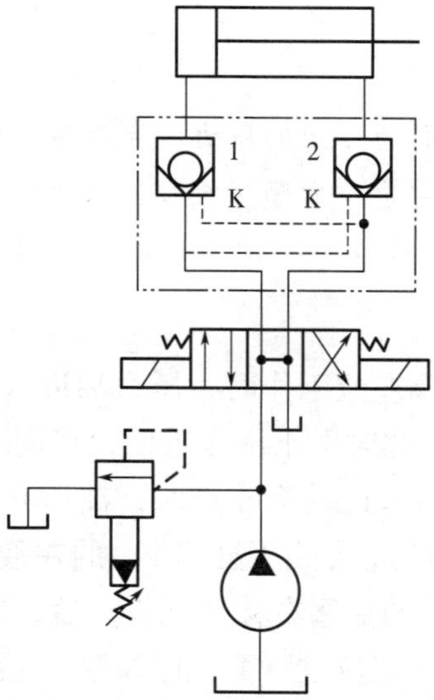

图 8－35　采用液控单向阀的锁紧回路

1、2—液控单向阀（液压锁）

任务六　多缸动作回路的分析

任务描述

分析图 8－36 所示的多缸动作顺序回路的工作原理。

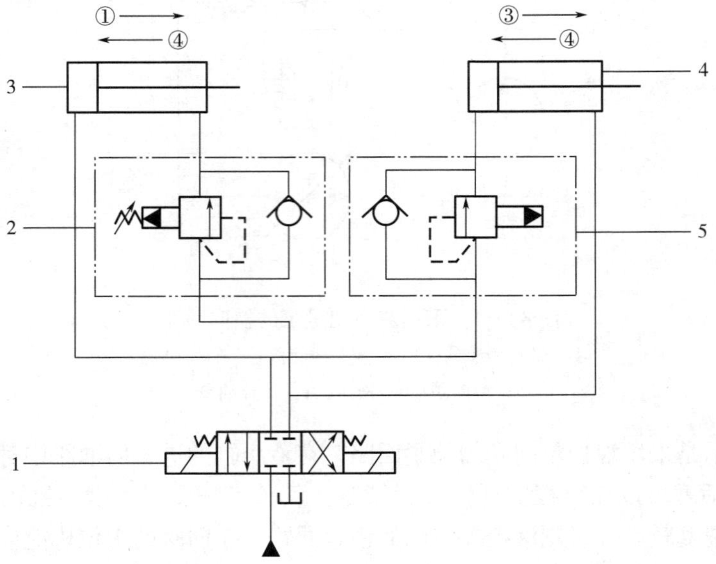

图 8－36　多缸动作顺序回路

1—电磁换向阀；2、5—单向顺序阀；3、4—液压缸

任务分析

图 8－36 所示是采用两个单向顺序阀的压力控制顺序动作回路。其中右边单向顺序阀控制两液压缸前进时的先后顺序，左边单向顺序阀控制两液压缸后退时的先后顺序。

任务实施

在图 8－36 中，当电磁换向阀左位工作时，压力油进入液压缸（3）的左腔，右腔经单向顺序阀（2）中的单向阀回油，此时由于压力较低，单向顺序阀（5）关闭，液压缸（3）的活塞先动。当液压缸（3）的活塞运动至终点时，油压升高，达到单向顺序阀（5）的调定压力时，该顺序阀开启，压力油进入液压缸（4）的左腔，右腔直接回油，液压缸（4）的活塞向右移动。当液压缸（4）的活塞右移达到终点后，电磁换向阀断电复位。如果此时电磁换向阀右位工作，压力油进入液压缸（4）的右腔，左腔经单向顺序阀（5）中的单向阀回油，使液压缸（4）的活塞向左返回，到达终点时，压力油升高打开单向顺序阀（2），使液压缸（3）的活塞返回。

归纳总结

这种顺序动作回路的可靠性，在很大程度上取决于单向顺序阀的性能及其压力调整值。单向顺序阀的调整压力应比先动作的液压缸的工作压力高（8～10）$\times10^5$Pa，以免在系统压力波动时，发生误动作。

知识拓展

1. 用压力继电器控制的顺序回路

图 8－37 所示是压力继电器控制的顺序回路，常用于机床的夹紧、进给系统。

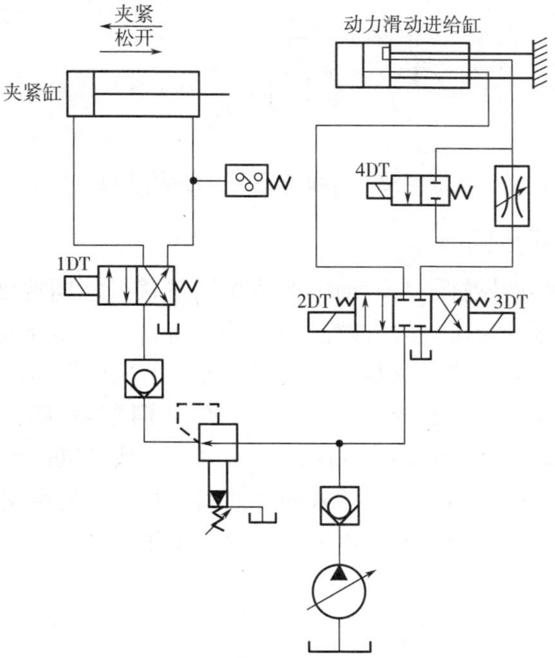

图 8－37　压力继电器控制的顺序回路

图 8－37 中，要求的动作顺序是：先将工件夹紧，然后动力滑台进行切削加工，动作循环开始时，二位四通电磁阀处于图示位置，液压泵输出的压力油进入夹紧缸的右腔，左腔回油，活塞向左移动，将工件夹紧。夹紧后，液压缸右腔的压力升高，当油压超过压力继电器的调定值时，压力继电器发出讯号，指令电磁阀的电磁铁 2DT、4DT 通电，动力滑动进给缸动作（其动作原理详见速度换接回路）。油路中要求先夹紧后进给，工件没有夹紧则不能进给，这一严格的顺序是由压力继电器保证的。压力继电器的调整压力应比减压阀的调整压力低（3～5）$\times10^5$Pa。

2. 用行程控制的顺序动作回路

用行程控制的顺序动作回路是利用工作部件到达一定位置时，发出讯号来控制液压缸的先后动作顺序，它可以利用行程开关、行程阀或顺序缸来实现。

图 8－38 所示是利用电气行程开关发讯来控制电磁阀先后换向的顺序动作回路。其动作

顺序是：按起动按钮，电磁铁1DT通电，液压缸（1）活塞右行；当挡铁触动行程开关2XK，使2DT通电，液压缸（2）活塞右行；液压缸（2）活塞右行至行程终点，触动3XK，使1DT断电，液压缸（1）活塞左行；而后触动1XK，使2DT断电，液压缸（2）活塞左行。至此完成了液压缸（1）、（2）的全部顺序动作的自动循环。采用电气行程开关控制的顺序回路，调整行程大小和改变动作顺序均甚方便，且可利用电气互锁使动作顺序可靠。

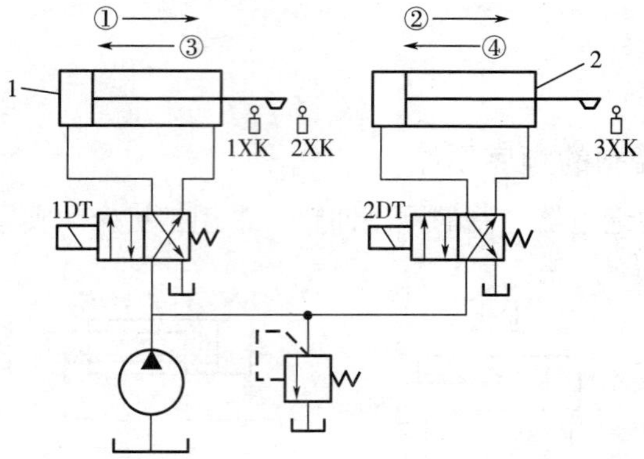

图8－38　行程开关控制的顺序回路

3. 串联液压缸的同步回路

使两个或两个以上的液压缸，在运动中保持相同位移或相同速度的回路称为同步回路。在一泵多缸的系统中，尽管液压缸的有效工作面积相等，但是由于运动中所受负载不均衡、摩擦阻力不相等、泄漏量的不同以及制造上的误差等，不能使液压缸同步动作。所以为了解决这些问题，补偿它们在流量上所造成的变化，特设计了同步回路。

图8－39所示是串联液压缸的同步回路。图中第一个液压缸回油腔排出的油液，被送入第二个液压缸的进油腔。如果串联油腔活塞的有效面积相等，便可实现同步运动。这种回路两缸能承受不同的负载，但泵的供油压力要大于两缸工作压力之和。

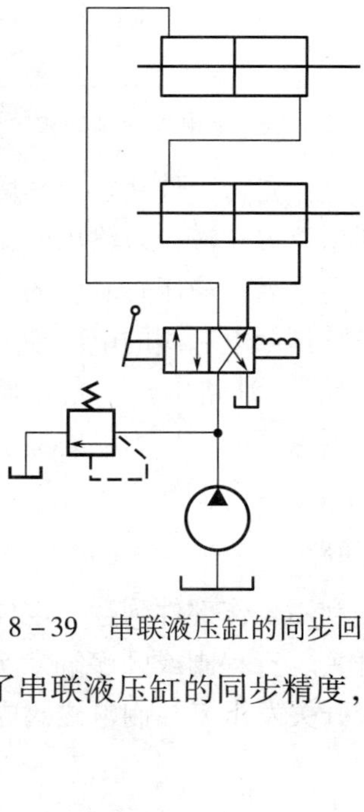

图8－39　串联液压缸的同步回路

由于泄漏和制造误差，影响了串联液压缸的同步精度，当活塞往复多次后，会产生严重的失调现象，为此要采取补偿措施。图 8-40 所示是两个单作用缸串联并带有补偿装置的同步回路。为了达到同步运动，液压缸（1）有杆腔的有效面积应与液压缸（2）无杆腔的有效面积相等。在活塞下行的过程中，若液压缸（1）的活塞先运动到底，触动行程开关 1XK 发讯，使电磁铁 1DT 通电，此时压力油便经过二位三通电磁阀（3）、液控单向阀向液压缸（2）的无杆腔补油，使液压缸（2）的活塞继续运动到底。如果液压缸（2）的活塞先运动到底，触动行程开关 2XK，使电磁铁 2DT 通电，此时压力油便经二位三通电磁阀（4）进入液控单向阀的控制油口，液控单向阀反向导通，使液压缸（1）能通过液控单向阀和二位三通电磁阀（3）回油，使液压缸（1）的活塞继续运动到底，对失调现象进行补偿。

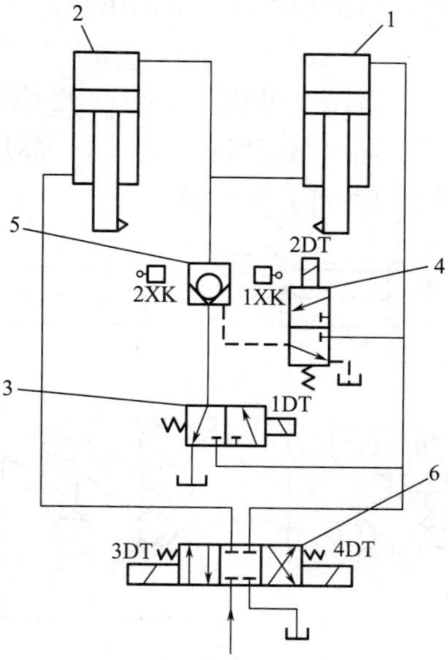

图 8-40　采用补偿措施的串联液压缸同步回路

1、2—液压缸；3、4—二位三通电磁阀；

5—液控单向阀；6—三位四通电磁阀

4. 用调速阀控制的同步回路

图 8-41 所示是两个并联的液压缸，分别用调速阀控制的同步回路。

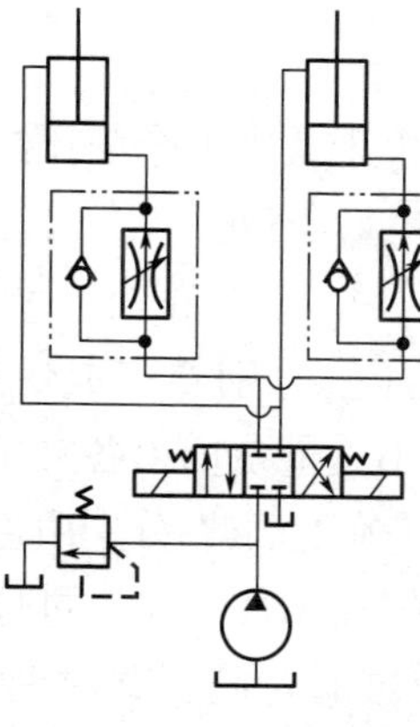

图 8-41　用调速阀控制的同步回路

两个调速阀分别调节两缸活塞的运动速度，当两缸有效面积相等时，流量也相同；若两缸面积不等，则改变调速阀的流量也能达到同步的运动。用调速阀控制的同步回路，结构简单，并且可以调速，但是由于受到油温变化以及调速阀性能差异等影响，同步精度较低，一般在5% ~7%。

5. 用电液比例调速阀控制的同步回路

图8－42所示为用电液比例调速阀控制的同步回路。回路中使用了一个普通调速阀和一个比例调速阀，它们装在由多个单向阀组成的桥式回路中，并分别控制着两个液压缸和的运动。当两个活塞出现位置误差时，检测装置就会发出讯号，调节比例调速阀的开度，使两个缸的活塞运动实现同步。

这种回路的同步精度较高，位置精度可达0.5 mm，已能满足大多数工作部件所要求的同步精度。比例阀性能虽然比不上伺服阀，但费用低，系统对环境适应性强。因此，用它来实现同步控制被认为是一个新的发展方向。

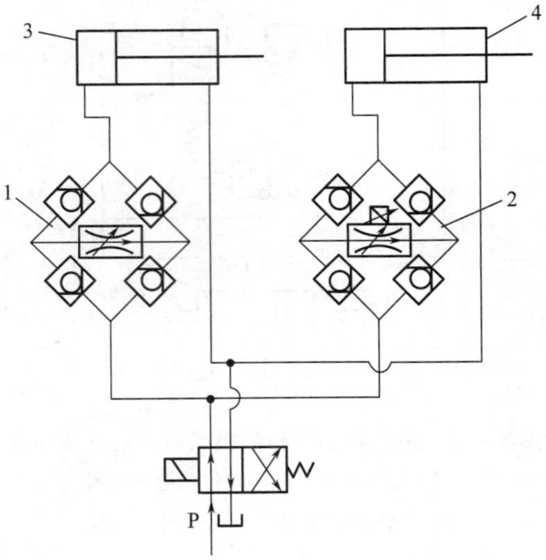

图8－42　用电液比例调速阀控制的同步回路

1—普通调速阀；2—比例调速阀；3、4—液压缸

6. 多缸快慢速互不干涉回路

在一泵多缸的液压系统中，往往由于其中一个液压缸快速运动时，会造成系统的压力下降，影响其他液压缸工作进给的稳定性。因此，在工作进给要求比较稳定的多缸液压系统中，必须采用快慢速互不干涉回路。

在图8－43所示的回路中，各液压缸分别要完成快进、工作进给和快速退回的自动循环。回路采用双泵的供油系统，高压小流量泵供给各缸工作进给所需的压力油；低压大流量泵为各缸快进或快退时输送低压油，它们的压力分别由溢流阀（3）、（4）调定。

当开始工作时，电磁阀1DT、2DT和3DT、4DT同时通电，低压大流量泵输出的压力油经单向阀（6）和（8）进入两个液压缸的左腔，此时两泵供油使各活塞快速前进。当电磁铁3DT、4DT断电后，由快进转换成工作进给，单向阀（6）和（8）关闭，工进所需压力油由高压小流量泵供给。如果其中某一液压缸（如液压缸 15）先转换成快速退回，即换向阀（9）失电换向，低压大流量泵输出的油液经单向阀（6）、换向阀（9）和单向调速阀（11）进入液压缸（15）的右腔，左腔经换向阀回油，使活塞快速退回。其他液压缸仍由高压小流量泵供油，继续进行工作进给。这时，调速阀（5）（或 7）使高压小流量泵仍然保持溢流阀（3）的调整压力，不受快退的影响，防止了相互干扰。在回路中调速阀（5）和（7）的调整流量应适当大于单向调速阀（11）和（13）的调整流量，这样，工作进给的速度由单向调速阀（11）和（13）来决定，这种回路可以用在具有多个工作部件各自分别运动的机床液压系统中。换向阀（10）用来控制液压缸（16）换向，换向阀（12）、（14）分别控制（15）、（16）缸快速进给。

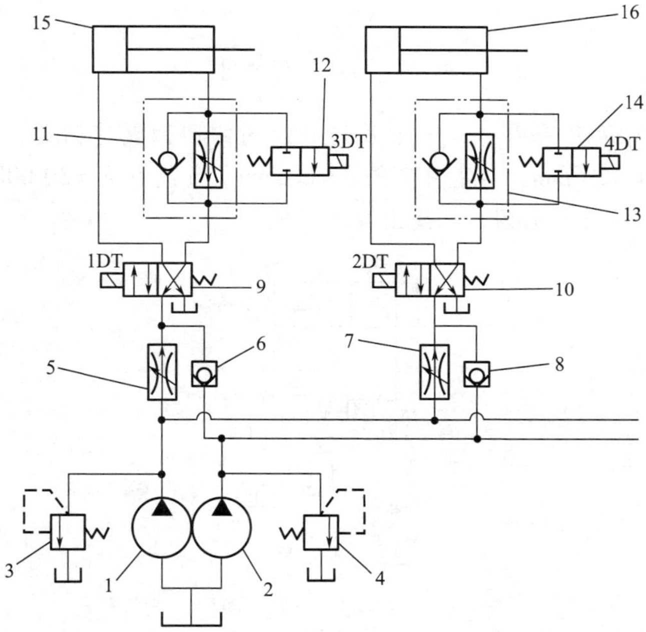

图 8－43　防干扰回路

1—高压小流量泵；2—低压大流量泵；3、4—溢流阀；5、7—调速阀；6、8—单向阀；10—二位四通电磁换向阀；11、13—单向调速阀；12、14—二位二通电磁换向阀；15、16—液压缸

思考与练习题

1. 液压基本回路按其在液压系统中的功能可分为哪几种？
2. 二级调压回路中先导型溢流阀和直动式溢流阀是如何选择的？
3. 常见的压力卸荷方式有哪几种？
4. 常用的保压回路有哪几种？
5. 常用的速度控制回路有哪几种？
6. 分析变量泵和变量马达的容积调速回路的工作原理。
7. 容积调速回路有什么特点？
8. 如图 8－44 所示回路中，液压泵的流量 $q_p = 12$ L/min，液压缸无杆腔面积 $A_1 =$

50 cm^2，液压缸有杆腔面积 $A_2=25$ cm^2，溢流阀的调定压力 $p_y=2$ MPa，负载 $F=8$ kN。节流阀口为薄壁孔，流量系数 $C_d=0.62$，油液密度 $\rho=900$ kg/m^3，试求：节流阀口通流面积 $A_T=0.05$ cm^{2}时的液压缸速度 v、液压泵压力 p_p、溢流功率损失 Δp_y 和回路效率 η。

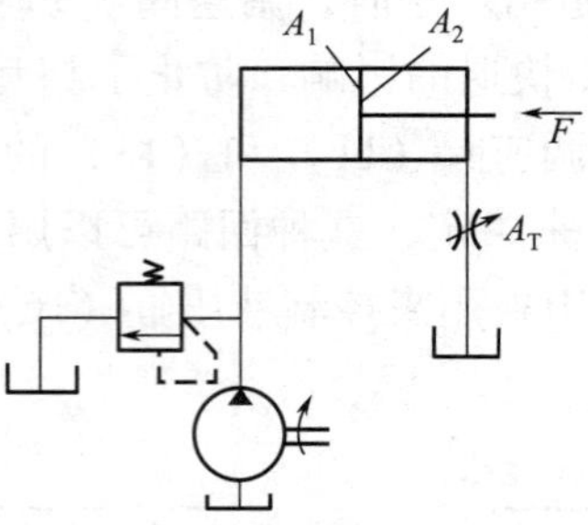

图 8-44　习题 8 图

9. 如图 8-45 所示为采用中、低压系列调速阀的回油调速回路，溢流阀的调定压力 $p_g=5$ MPa，缸径 $D=120$ mm，活塞杆直径 $d=60$ mm，负载力 $F=30\ 000$ N，工作时发现活塞运动速度不稳定，试分析原因，并提出改进措施。

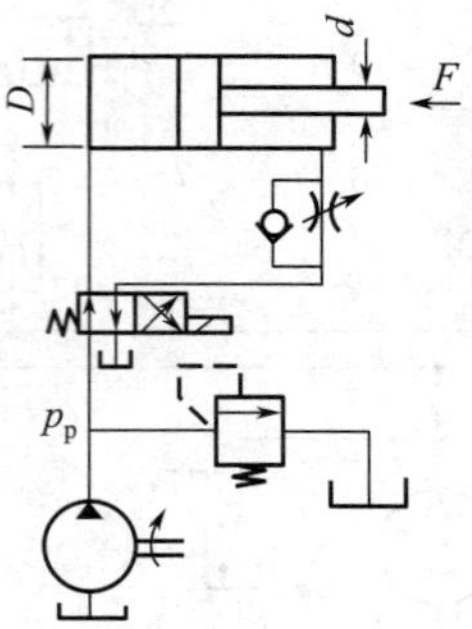

图 8-45　习题 9 图

10. 如图 8-46 所示液压回路中，若液压泵输出流量 $q_p=12$ L/min，溢流阀的调定压力 $p_y=3$ MPa，两个薄壁式节流阀的流量系数都是 $C_d=0.62$，开口面积 $A_{T1}=0.02$cm^2，$A_{T2}=0.01$ cm^2，油液密度 $\rho=900$ kg/m^3，在不考虑溢流阀的调压偏差时，求：

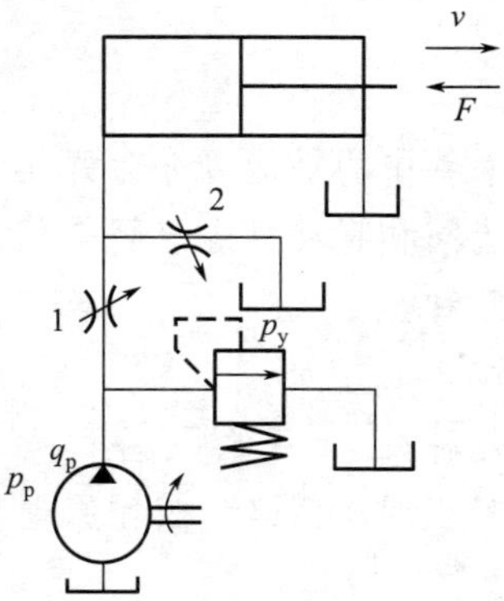

图 8-46　习题 10 图

（1）液压缸大腔的最高工作压力；

（2）溢流阀的最大溢流量。

11. 如图 8－47 所示回路中，已知两节流阀通流截面分别为 $A_1=0.02\ \mathrm{cm}^2$，$A_2=0.01\ \mathrm{cm}^2$，流量系数 $C_d=0.67$，油液密度 $\rho=900\ \mathrm{kg/m}^3$，负载压力 $p_1=2\ \mathrm{MPa}$，溢流阀调整压力 $p_y=4\ \mathrm{MPa}$，活塞面积 $A=50\ \mathrm{cm}^2$，液压泵流量 $q_p=30\ \mathrm{L/min}$，如不计管道损失，试问：

（1）电磁铁接通和断开时，活塞的运动速度各为多少？

（2）将两个节流阀对换一下，结果如何？

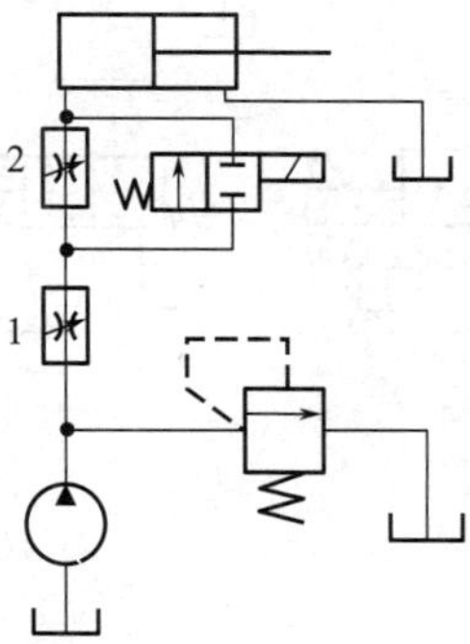

图 8－47　习题 11 图

12. 如图 8－48 所示的液压系统，两液压缸的有效面积 $A_1=A_2=100\ \mathrm{cm}^2$，缸Ⅰ负载 $F=30\,000\ \mathrm{N}$，缸Ⅱ运动时负载为零。不计摩擦阻力、惯性力和管路损失，溢流阀、顺序阀和减压阀的调定压力分别为 5 MPa、4 MPa 和 3 MPa。求在下列三种情况下，A、B 和 C 处的压力。

（1）液压泵起动后，两换向阀处于中位；

（2）1Y 通电，液压缸Ⅰ活塞移动时及活塞运动到终点时；

（3）1Y 断电，2Y 通电，液压缸Ⅱ活塞移动时及活塞碰到固定挡块时。

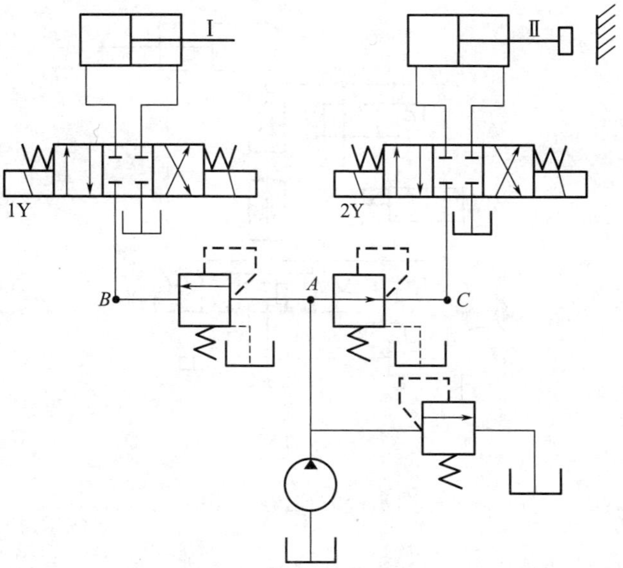

图 8－48　习题 12 图

13. 如图 8－49 所示为实现“快进—工进（1）—工进（2）—快退—停止”动作的回路，工进（1）速度比工进（2）快，试列出电磁铁动作的顺序表。

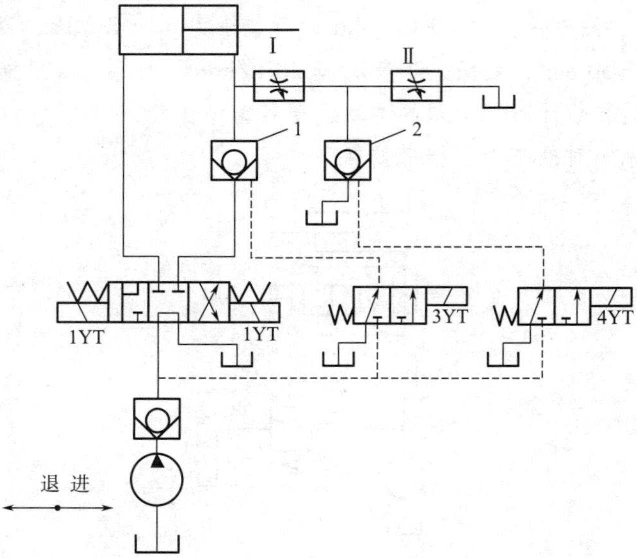

图 8－49　习题 13 图

14. 如图 8－50 所示液压系统可实现快进，Ⅰ工进，Ⅱ工进（$V_{工1} > V_{工2}$），快退，原位停止的工作循环，分析图示系统的工作原理，并回答下列问题：

（1）列出各运动时的进、回油路线；

（2）说明工进属何种调速回路；

（3）指出溢流阀在工作循环时的四种动作中，哪两种动作有液压油溢回油箱；

（4）填写电磁铁动作顺序表。

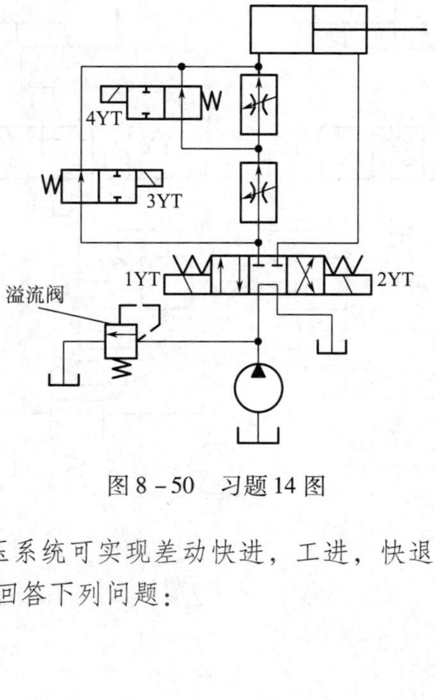

图 8－50　习题 14 图

15. 如图 8－51 所示液压系统可实现差动快进，工进，快退，原位停止的工作循环，分析图示系统的工作原理，并回答下列问题：

（1）列出各运动时的进、回油路线；
（2）说明工进属何种调速回路；
（3）指出溢流阀在工作循环时的四种动作中，哪种动作有液压油溢回油箱。
（4）填写电磁铁动作顺序表（见表 8－4）。

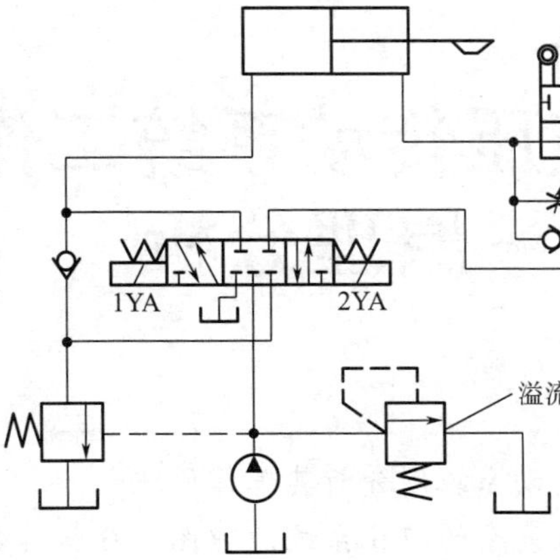

图 8－51　习题 15 图

表 8－4　习题 15 表

电磁铁运动	1YA	2YA
快进		
工进		
快退		
原位停止		

项目九

液压传动系统工作原理分析

【项目描述】 根据液压传动系统图分析其工作原理。

【技能目标】 能识读比较复杂的液压系统原理图，分析其各基本回路的组成及整个液压系统的性能。

【知识目标】 掌握液压系统原理图的分析方法及特点；理解液压系统的工作原理及特点。

在分析液压系统前，看懂液压系统图是一项基本功。要能很好地阅读液压系统图，必须熟悉液压元件的工作原理和符号，以及各种典型回路的组成。一台机器设备的液压系统无论有多复杂，都是由若干个基本回路组成，基本回路的特性也就决定了整个系统的特性。本项目通过介绍几种不同类型的液压系统，使大家能够掌握分析液压系统的一般步骤和方法。

分析液压传动系统工作原理的大致步骤一般如下。

（1）首先要了解设备的功用及对液压系统动作和性能的要求。

（2）初步分析液压系统图，以执行元件为中心，将系统分解为若干个子系统。

从液压泵到执行元件（液压缸或马达）和从执行元件到液压泵双向同时进行，按油路的走向初步阅读液压系统原理图，寻找它们的连接关系。

（3）对每个子系统进行分析。

分析组成子系统的基本回路及各液压元件的作用，按执行元件的工作循环分析实现每步动作的进油和回油路线。

（4）按照系统中组成的基本回路（如换向回路、调速回路、压力控制回路等）来分解系统的功能，并根据设备各执行元件间的互锁、同步、顺序动作和防干扰等要求，全面读懂液压系统原理图。

（5）总结归纳出液压系统的特点和使设备正常工作的要领，以加深对整个液压系统的理解。

任务一 180t 钣金冲床液压系统工作原理分析

任务描述

分析图 9－1 所示液压系统原理图。

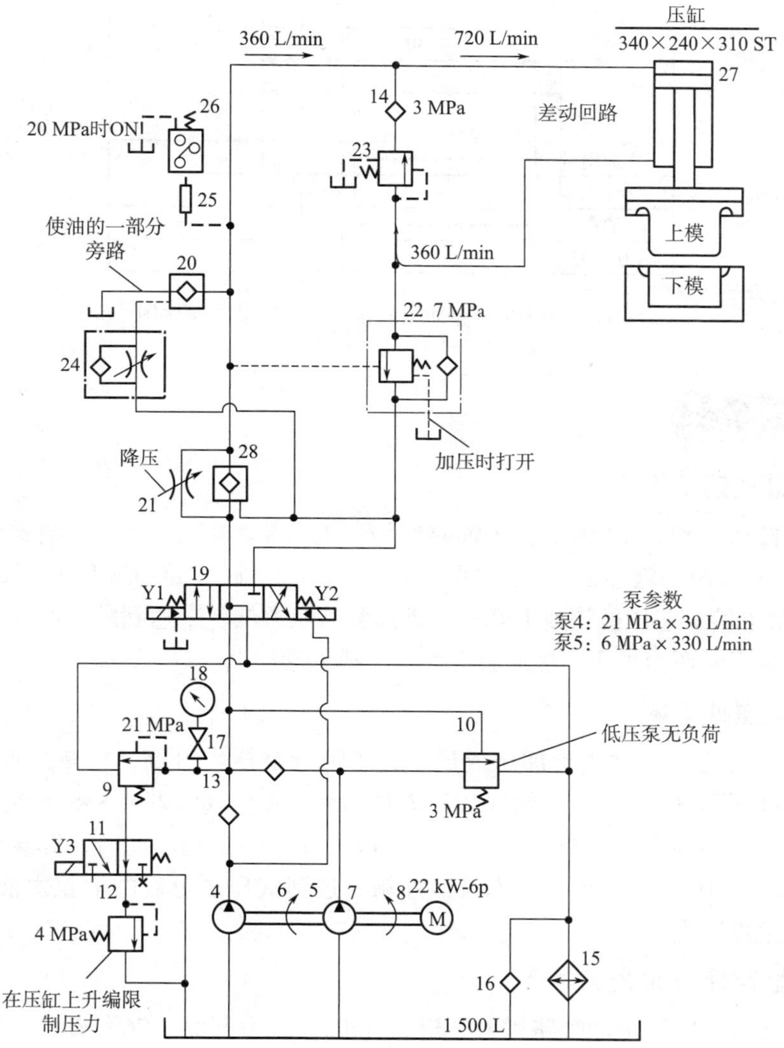

图 9－1 180t 钣金冲床液压系统原理图

任务分析

钣金冲床改变上下模的形状，即可进行成型剪切冲裁等工作。如图 9－2 所示为 180t 钣金冲床液压系统控制动作顺序图，动作顺序为：液压缸快速下降—液压缸慢速下降—液压缸暂停（降压）—液压缸快速上升。

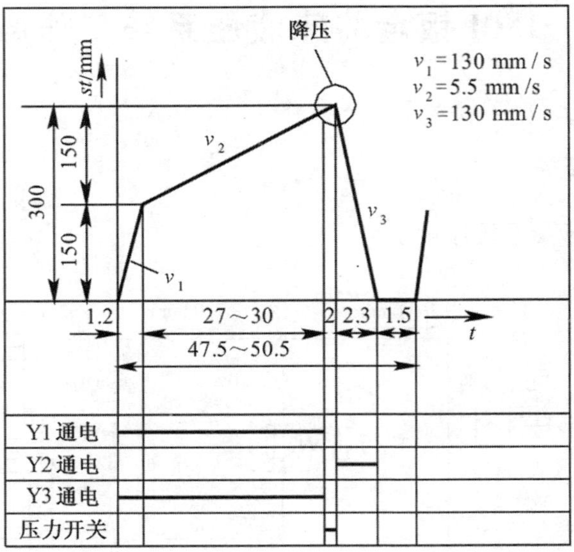

图9-2　180t钣金冲床液压系统控制动作顺序图

任务实施

1. 液压缸快速下降

按下启动按钮，Y1，Y3通电，进油路线为：液压泵（4）、（5）→电磁阀（19）左位→液控单向阀（28）→液压缸上腔；回油路线为：液压缸下腔→顺序阀（23）→单向阀（14）→液压缸上腔。液压缸快速下降时，进油管路压力低，未达到顺序阀（22）所设定的压力，故液压缸下腔压力油再回液压缸上腔，形成差动回路。

2. 液压缸慢速下降

当液压缸上模碰到工件进行加压成形时，进油管路压力升高，使顺序阀（22）打开，进油路线为：液压泵（4）→电磁阀（19）左位→液控单向阀（28）→液压缸上腔；回油路线为：液压缸下腔→顺序阀（22）→电磁阀（19）左位→油箱。此时，卸载阀（10）被打开，液压泵（5）的压力油以低压状态流回油箱，送到液压缸上腔的油仅由液压泵（4）供给，故液压缸速度减慢。

3. 液压缸暂停（降压）

当上模加压成形时，进油管路压力升到20 MPa，压力开关（26）动作，Y1、Y3断电，电磁阀（19）、（11）恢复常态位置。此时，液压缸上腔压力油经节流阀（21）、电磁阀（19）中位流回油箱。如此，可使液压缸上腔油压力下降，防止了液压缸在上升时上腔油压由高压变成低压而发生的冲击、振动等现象。

4. 液压缸快速上升

当降压完成时（通常为0.5～7 s，视阀的容量而定），Y2通电，进油路线为：液压泵（4）、（5）→电磁阀（19）右位→顺序阀（22）→液压缸下腔。液压缸上腔的油与液压泵

(4)、(5) 的液压油同时送往液压缸下腔，故液压缸快速上升。

归纳总结

180t 钣金冲床液压系统包含差动回路、平衡回路（或顺序回路）、降压回路、压力控制回路、高压和低压泵回路等基本回路，具有以下几个特点。

(1) 当液压缸快速下降时，下腔回油由顺序阀（23）建立背压，以防止液压缸自重产生失速等现象。同时系统又采用差动回路，泵流量可以比较少。

(2) 当液压缸慢速下降做加压成形时，顺序阀（22）由外部控制压力打开，液压缸下腔压油几乎毫无阻力地流回油箱，因此，在加压成形时，上模重量可完全加在工件上。

(3) 在上升之前做短暂时间的卸荷，可防止液压缸上升时产生振动、冲击现象，100t 以上的冲床尤其需要降压。

(4) 当液压缸上升时，油要流回油箱，回油时一部分压力油经液控单向阀（20）流回油箱，剩余压力油经电磁阀（19）右位流回油箱，如此，电磁阀（19）可选用额定流量较小的阀件。

(5) 当液压缸下降时，系统压力由溢流阀（9）控制，上升时，系统压力由遥控溢流阀 12 控制，如此，可使系统产生的热量减少，防止了油温上升。

任务二　压力机液压系统工作原理分析

任务描述

分析 YT4543 型动力滑台液压系统的工作原理。

任务分析

图 9-3 所示是 YT4543 型动力滑台液压系统图，该滑台由液压缸驱动，系统用限压式变量叶片泵供油，三位五通电液换向阀换向，用液压缸差动连接实现快进，用调速阀调节实现工进，由两个调速阀串联、电磁铁控制实现一工进和二工进转换，用死挡铁保证进给的位置精度。可见，该系统的一个完整的循环动作是：快进→一工进→二工进→死挡铁停留→快退→原位停止。表 9-1 为该滑台的动作循环表（表中“+”表示电磁铁得电）。

相关知识

组合机床是一种由通用部件和部分专用部件组合而成的高效、工序集中的专用机床，具有加工能力强、自动化程度高、经济性好等优点。动力滑台是组合机床上实现进给运动的一种通用部件，配上动力头和主轴箱可以完成钻、扩、铰、镗、铣、攻螺纹等工序，还能加工孔和端面。广泛应用于大批量生产的流水线。卧式组合机床的结构如图 9-4 所示。

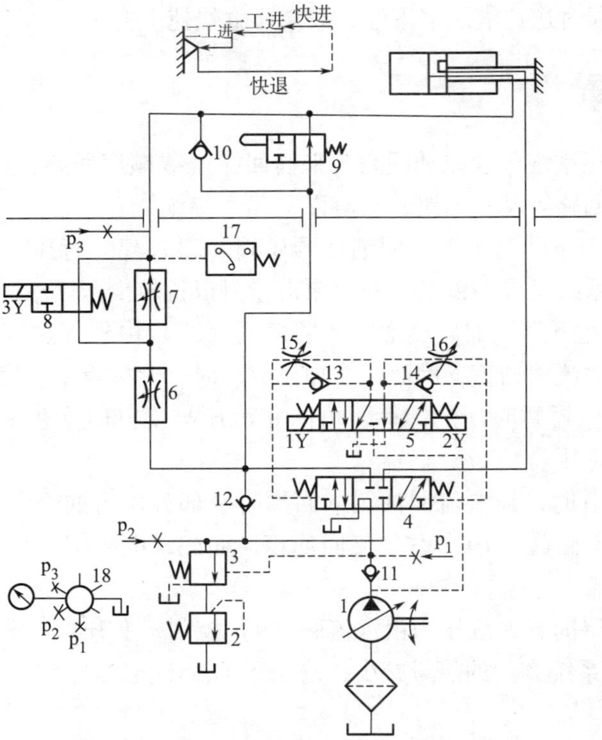

图 9－3　YT4543 型动力滑台液压系统图

1—限压式变量叶片泵；2—背压阀；3—外控顺序阀；4—液动阀（主阀）；5—电磁先导阀

6、7—调速阀；8—电磁阀；9—行程阀；10、11、12、13、14—单向阀；15、16—节流阀

17—压力继电器；18—压力表开关；p_1、p_2、p_3—压力表接点

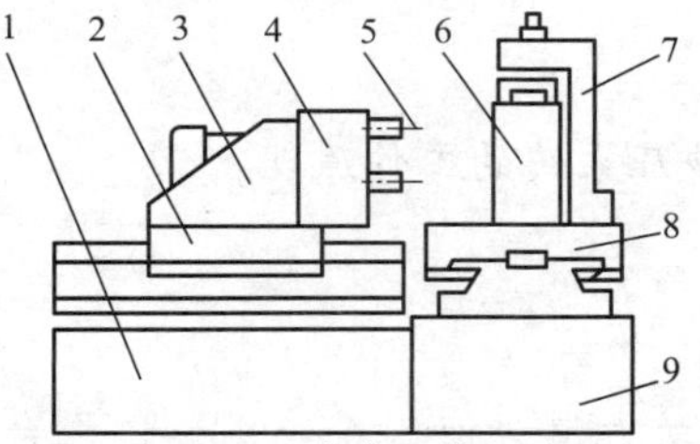

图 9－4　卧式组合机床

1—床身；2—动力滑台；3—动力头；4—主轴箱；5—刀具；

6—工件；7—夹具；8—工作台；7—底座

任务实施

1. 快进

人工按下自动循环启动按钮，使电磁铁 1Y 得电，电液换向阀中的先导阀（5）左位接入系统，在控制油路驱动下，液动换向阀（4）左位接入系统，系统开始实现快进。由于快进时滑台上无工作负载，液压系统只需克服滑台上负载的惯性力和导轨的摩擦力，泵的出口压力很低，使限压式变量叶片泵（1）处于最大偏心距状态，输出最大流量，外控式顺序阀（3）处于关闭状态，通过单向阀（12）的单向导通和行程阀（9）右位接入系统，使液压缸处于差动连接状态，实现快进。这时油路的流动情况如下。

（1）控制油路：

进油路：泵（1）→先导阀（5）左位→单向阀（13）→主阀（4）左边；

回油路：主阀（4）右边→节流阀（16）→先导阀（5）左位→油箱。

（2）主油路：

进油路：泵（1）→单向阀（11）→主阀（4）左位→行程阀（9）常位→液压缸左腔；

回油路：液压缸右腔→主阀（4）左位→单向阀（12）→行程阀（9）常位→液压缸左腔。

2. 一工进

当滑台快进到预定位置时，滑台上的行程挡块压下行程阀（9），使行程阀左位接入系统，单向阀（12）与行程阀（9）之间的油路被切断，单向阀（10）反向截止，3Y又处于失电状态，压力油只能经过调速阀（6）、电磁阀（8）的右位后进入液压缸左腔，由于调速阀（6）接入系统，造成系统压力升高，系统进入容积节流调速工作方式，使系统第一次工进开始。这时，其余液压元件所处状态不变，但顺序阀（3）被打开，由于压力的反馈作用，使限压式变量叶片泵（1）输出流量与调速阀（6）的流量自动匹配。这时油路的流动情况如下。

进油路：泵（1）→单向阀（11）→换向阀（4）左位→调速阀（6）→电磁阀（8）右位→液压缸左腔。

回油路：液压缸右腔→换向阀（4）左位→顺序阀（3）→背压阀（2）→油箱。

3. 二工进

当滑台第一次工作进给结束时，装在滑台上的另一个行程挡块压下行程开关，使电磁铁3Y得电，电磁换向阀（8）左位接入系统，压力油经调速阀（6）、调速阀（7）后进入液压缸左腔，此时，系统仍然处于容积节流调速状态，第二次工进开始。由于调速阀（7）的开口比调速阀（6）小，使系统工作压力进一步升高，限压式变量叶片泵（1）的输出流量进一步减少，滑台的进给速度降低。这时油路的流动情况如下。

进油路：泵（1）→单向阀（11）→换向阀（4）左位→调速阀（6）→调速阀（7）→液压缸左腔。

回油路：液压缸右腔→换向阀（4）左位→顺序阀（3）→背压阀（2）→油箱。

4. 进给终点停留

当滑台以二工进速度运动到终点时，碰上事先调整好的死挡块，使滑台不能继续前进，被迫停留。此时，油路状态保持不变，泵（1）仍在继续运转，使系统压力将不断升高，泵的输出流量不断减少直到流量全部用来补偿泵的泄漏，系统没有流量。由于流过调速阀（6）、（7）的流量为零，阀前后的压力差为零，从泵（1）出口到液压缸之间的压力油路段变为静压状态，使整个压力油路上的油压力相等，即液压缸左腔的压力升高到泵出口的压力。由于液压缸左腔压力的升高，引起压力继电器（17）动作并发出信号给时间继电器（图9-3中未画出），经过时间继电器的延时处理，使滑台在死挡铁停留一定时间后开始下一个动作。

5. 快退

当滑台停留一定时间后，时间继电器发出快退信号，使电磁铁1Y失电、2Y得电，先导阀（5）右位接入系统，控制油路换向，使液动阀（4）右位接入系统，因而主油路换向。由于此时滑台没有外负载，系统压力下降，限压式变量液压泵（1）的流量又自动增至最大，有杆腔进油、无杆腔回油，使滑台实现快速退回。这时油路的流动情况如下。

（1）控制油路：

进油路：泵（1）→先导阀（5）右位→单向阀（14）→主阀（4）右边；

回油路：主阀（4）左边→节流阀（15）→先导阀（5）右位→油箱。

（2）主油路：

进油路：泵（1）→单向阀（11）→换向阀（4）右位→液压缸右腔；

回油路：液压缸左腔→单向阀（10）→换向阀（4）右位→油箱。

6. 原位停止

当滑台快退到原位时，另一个行程挡块压下原位行程开关，使电磁铁1Y、2Y和3Y都失电，先导阀（5）在对中弹簧作用下处于中位，液动阀（4）左右两边的控制油路都通油箱，因而液动阀（4）也在其对中弹簧作用下回到中位，液压缸两腔封闭，滑台停止运动，液压泵（1）卸荷。此时，油路的流动情况为：液压泵（1）→单向阀（11）→换向阀（4）中位→油箱。

YT4543型滑动液压系统动作循环表如表9－1所示。

表9－1　YT4543型动力滑台液压系统动作循环表

动作名称	信号来源	电磁铁工作状态			液压元件工作状态				
		1Y	2Y	3Y	顺序阀（3）	先导阀（5）	主阀（4）	电磁阀（8）	行程阀（9）
快进	人工启动按钮	+	−	−	关闭	左位	左位	右位	右位
一工进	挡块压下行程阀（9）	+	−	−	打开				左位
二工进	挡块压下行程开关	+	−	+				左位	
停留	滑台靠压在死挡块处	+	−	+					
快退	压力继电器（17）发出信号	−	+	+	关闭	右位	右位		右位
停止	挡块压下终点开关	−	−	−		中位	中位	右位	

归纳总结

YT4543型滑台液压系统主要由以下一些基本回路组成：由限压式变量液压泵、调速阀和背压阀组成的容积节流调速回路；液压缸差动连接的快速运动回路；电液换向阀的换向回路；由行程阀、电磁阀、顺序阀、两个调速阀等组成的快慢速换接回路；采用电液换向阀M型中位机能和单向阀的卸荷回路等。该液压系统的主要性能特点如下。

（1）该系统采用了限压式变量液压泵和调速阀组成的容积节流调速回路，它能保证液压缸稳定的低速运动、较好的速度刚性和较大的调速范围。回油路上的背压阀除了防止空气渗入系统外，还可使滑台承受一定的负值负载。

（2）该系统采用了限压式变量液压泵和液压缸差动连接实现快进，得到较大的快进速度，能量利用也比较合理。滑台工作间歇停止时，系统采用单向阀和M型中位机能换向阀串联使液压泵卸荷，既减少了能量损耗，又使控制油路保持一定的压力，保证下一工作循环的顺利启动。

（3）该系统采用行程阀和外控顺序阀实现快进与工进的转换，不仅简化了油路，而且使动作可靠，换接位置精度较高。两次工进速度的换接采用布局简单、灵活的电磁阀，保证了换接精度，避免换接时滑台前冲。采用死挡块作限位装置，定位准确、可靠，重复精度高。

（4）该系统采用换向时间可调的三位五通电液换向阀来切换主油路，使滑台的换向平稳，冲击和噪声小。同时，电液换向阀的五通结构使滑台进和退时分别从两条油路回油，这样滑台快退时系统没有背压，减少了压力损失。

（5）该系统回路中的三个单向阀（10）、（11）和（12）的用途完全不同。单向阀（11）使系统在卸荷情况下能够得到一定的控制压力，实现系统在卸荷状态下平稳换向。单阀（12）实现快进时差动连接，工进时压力油与回油隔离。单向阀（10）实现快进与两次工进时的反向截止与快退时的正向导通，使滑台快退时的回油通过管路和换向阀（4）直接回油箱，以尽量减少系统快退时的能量损失。

任务三　汽车起重机液压系统工作原理分析

任务描述

分析图 9－5 所示的 Q2－8 型汽车起重机液压系统的工作原理。

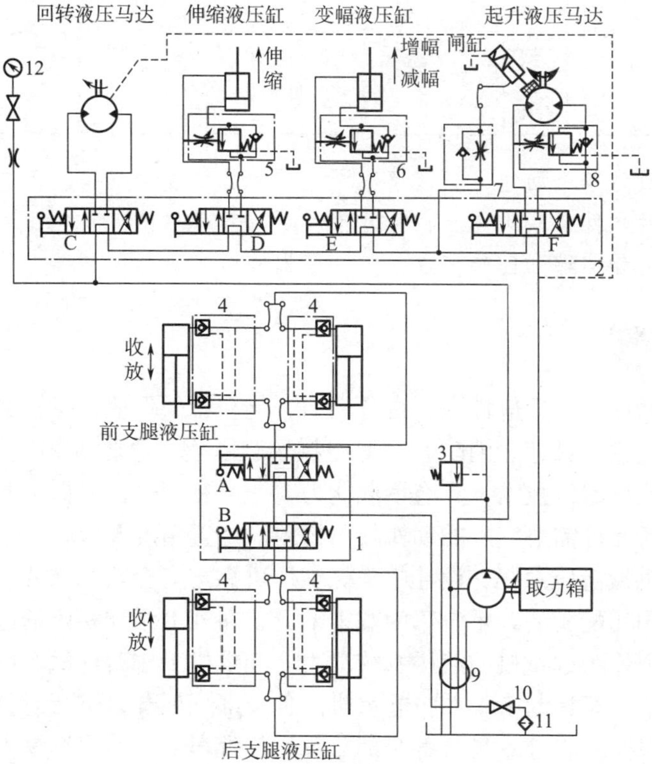

图 9－5　Q2－8 型汽车起重机液压系统图

1、2—手动阀组；3—溢流阀；4—双向液压锁；5、6、8—平衡阀；7—节流阀；9—中心回转接头；10—开关；11—过滤器；12—压力计；A、B、C、D、E、F—手动换向阀

任务分析

Q2－8 型汽车起重机是一种中小型起重机（最大起重能力 8 t），表 9－2 列出了该汽车起重机液压系统的工作情况。

表 9－2　Q2－8 型汽车起重机液压系统的工作情况

<table>
<tr><th colspan="6">手动阀位置</th><th colspan="7">系统工作情况</th></tr>
<tr><th>阀 A</th><th>阀 B</th><th>阀 C</th><th>阀 D</th><th>阀 E</th><th>阀 F</th><th>前支腿液压缸</th><th>后支腿液压缸</th><th>回转液压马达</th><th>伸缩液压缸</th><th>变幅液压缸</th><th>起升液压马达</th><th>制动液压缸</th></tr>
<tr><td>左位</td><td rowspan="2">中位</td><td rowspan="4">中位</td><td rowspan="6">中位</td><td rowspan="8">中位</td><td rowspan="10">中位</td><td>伸出</td><td rowspan="2">不动</td><td rowspan="4">不动</td><td rowspan="6">不动</td><td rowspan="8">不动</td><td rowspan="10">不动</td><td rowspan="10">制动</td></tr>
<tr><td>右位</td><td>缩回</td></tr>
<tr><td rowspan="10">中位</td><td>左位</td><td rowspan="10">不动</td><td>伸出</td></tr>
<tr><td>右位</td><td>缩回</td></tr>
<tr><td rowspan="8">中位</td><td>左位</td><td rowspan="8">不动</td><td>正转</td></tr>
<tr><td>右位</td><td>反转</td></tr>
<tr><td rowspan="6">中位</td><td>左位</td><td rowspan="6">不动</td><td>缩回</td></tr>
<tr><td>右位</td><td>伸出</td></tr>
<tr><td rowspan="4">中位</td><td>左位</td><td rowspan="4">不动</td><td>减幅</td></tr>
<tr><td>右位</td><td>增幅</td></tr>
<tr><td rowspan="2">中位</td><td>左位</td><td rowspan="2">不动</td><td>正转</td><td rowspan="2">松开</td></tr>
<tr><td>右位</td><td>反转</td></tr>
</table>

起重作业时一般为单个动作，少数情况下有两个缸的复合动作。为简化结构，系统采用一个液压泵给各执行元件串联供油。在轻载情况下，各串联的执行元件可任意组合，使几个执行元件同时动作，如伸缩和回转，或伸缩和变幅同时进行等。

相关知识

汽车起重机机动性好，适应性强，自备动力，能在野外作业，操作简便灵活，能以较快速度行走，在交通运输、城建、消防、大型物料场、基建、急救等领域得到了广泛的使用。汽车起重机上采用液压起重技术，具有承载能力大，可在有冲击、振动和环境较差的条件下工作。由于系统执行元件需要完成的动作较为简单，位置精度要求较低，所以系统以手动操纵为主。对于起重机械液压系统，设计中确保工作可靠与安全至关重要。

汽车起重机是用相配套的载重汽车为基本部分，在其上添加相应的起重功能部件，并且利用汽车自备的动力作为起重机的液压系统动力。起重机工作时，汽车的轮胎不受力，依靠四条液压支腿将整个汽车抬起来，并将起重机的各个部分展开，进行起重作业。当需要转移起重作业现场时，只需要将起重机的各个部分收回到汽车上，使汽车恢复到车辆运输功能状态进行转移即可。

图 9－6 所示为汽车起重机的结构原理图。它主要由如下五个部分构成。

（1）支腿装置。起重作业时使汽车轮胎离开地面，架起整车，不使载荷压在轮胎上，并可调节整车的水平度。

（2）吊臂回转机构。使吊臂实现360°任意回转，并在任何位置能够锁定停止。

（3）吊臂伸缩机构。使吊臂在一定尺寸范围内可调，并能够定位，用以改变吊臂的工作长度。一般为3节或4节套筒伸缩结构。

（4）吊臂变幅机构。使吊臂在一定角度范围内任意可调，用以改变吊臂的倾角。

（5）吊钩起降机构。使重物在起吊范围内任意升降，并在任意位置负重停止，起吊和下降速度在一定范围内无级可调。

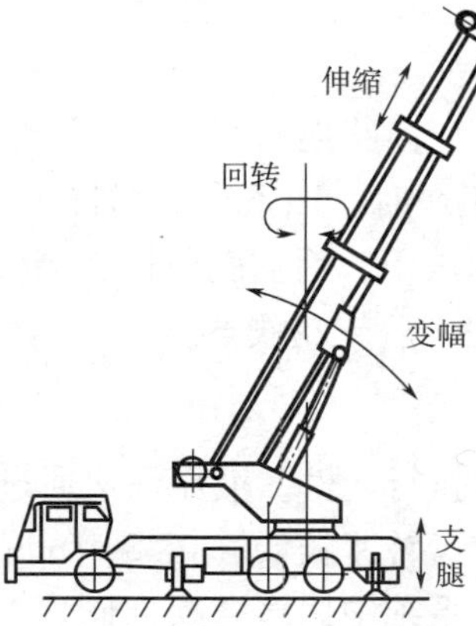

图9-6 汽车起重机工作机构原理图

任务实施

汽车起重机液压系统中液压泵的动力，都是由汽车发动机通过装在底盘变速箱上的取力箱提供。液压泵为高压定量齿轮泵。由于发动机的转速可以通过油门人为调节控制，因此尽管是定量泵，但在一定的范围内，其输出的流量可以通过控制汽车油门开度的大小来人为控制，从而实现无级调速。在图9-5中，该泵的额定压力为21 MPa，排量为40 mL/r，额定转速为1 500 r/min。液压泵通过中心回转接头（9）、开关（10）和过滤器（11）从油箱吸油；输出的压力油经中心回转接头（9）、多路手动换向阀组（1）和（2）的操作，将压力油串联地输送到各执行元件。当起重机不工作时，液压系统处于卸荷状态。系统工作的具体情况如下。

1. 支腿缸收放回路

汽车起重机的底盘前后各有两条支腿，在每一条支腿上都装着一个液压缸，支腿的动作由液压缸驱动。两条前支腿和两条后支腿分别由多路换向阀（1）中的三位四通手动换向阀A和B控制其伸出或缩回。换向阀均采用M型中位机能，且油路采用串联方式。每个液压缸的油路上均设有双向锁紧回路，以保证支腿被可靠地锁住，防止在起重作业时发生“软腿”现象或行车过程中支腿自行滑落。这时油路的流动情况如下。

1）前支腿

（1）进油路：取力箱→液压泵→多路换向阀（1）中的阀A（左位或右位）→两个前支腿缸进油腔（阀A左位进油，前支腿放下；阀A右位进油，前支腿收回）。

（2）回油路：两个前支腿缸回油腔→多路换向阀（1）中的阀 A（左位或右位）→阀 B（中位）→中心回转接头（9）→多路换向阀（2）中阀 C、D、E、F 的中位→中心回转接头（9）→油箱。

2）后支腿

（1）进油路：取力箱→液压泵→多路换向阀（1）中的阀 A（中位）→阀 B（左位或右位）→两个后支腿缸进油腔（阀 B 左位进油，后支腿放下；阀 B 右位进油，后支腿收回）。

（2）回油路：两个后支腿缸回油腔→多路换向阀（1）中的阀 B（左位或右位）→阀 A（中位）→中心回转接头（9）→多路换向阀（2）中阀 C、D、E、F 的中位→中心回转接头（9）→油箱。

前后四条支腿可以同时收和放，当多路换向阀（1）中的阀 A 和 B 同时左位工作时，四条支腿都放下；阀 A 和 B 同时右位工作时，四条支腿都收回；当多路换向阀（1）中的阀 A 左位工作，阀 B 右位工作时，前支腿放下，后支腿收回；当多路换向阀（1）中的阀 A 右位工作，阀 B 左位工作时，前支腿收回，后支腿放下。

2. 吊臂回转回路

吊臂回转机构采用液压马达作为执行元件。液压马达通过蜗轮蜗杆减速箱和一对内啮合的齿轮传动来驱动转盘回转。由于转盘转速较低（1～3 r/min），故液压马达的转速也不高，没有必要设置液压马达的制动回路。系统中用多路换向阀（2）中的一个三位四通手动换向阀 C 来控制转盘正、反转和锁定不动三种工况。这时油路的流动情况如下。

（1）进油路：取力箱→液压泵→多路换向阀（1）中的阀 A、阀 B 中位→中心回转接头（9）→多路换向阀（2）中的阀 C（左位或右位）→回转液压马达进油腔。

（2）回油路：回转液压马达回油腔→多路换向阀（2）中的阀 C（左位或右位）→多路换向阀（2）中的阀 D、E、F 的中位→中心回转接头（9）→油箱。

3. 伸缩回路

起重机的吊臂由基本臂和伸缩臂组成，伸缩臂套在基本臂之中，用一个由三位四通手动换向阀 D 控制的伸缩液压缸来驱动吊臂的伸出和缩回。为防止因自重而使吊臂下落，油路中设有平衡回路。这时油路的流动情况如下。

（1）进油路：取力箱→液压泵→多路换向阀（1）中的阀 A、阀 B 中位→中心回转接头（9）→多路换向阀（2）中的阀 C 中位→换向阀 D（左位或右位）→伸缩缸进油腔。

（2）回油路：伸缩缸回油腔→多路换向阀（2）中的阀 D（左位或右位）→多路换向阀 2 中的阀 E、F 的中位→中心回转接头（9）→油箱。

当多路换向阀（2）中的阀 D 左位工作时，伸缩缸上腔进油，缸缩回；阀 D 右位工作时，伸缩缸下腔进油，缸伸出。

4. 变幅回路

吊臂变幅是用一个液压缸来改变起重臂的角度。变幅液压缸由三位四通手动换向阀 E 控制。同理，为防止在变幅作业时因自重而使吊臂下落，在油路中设有平衡回路。这时油路的流动情况如下。

（1）进油路：取力箱→液压泵→多路换向阀（1）中的阀 A、阀 B 中位→中心回转接头（9）→阀 C 中位→阀 D 中位→阀 E（左位或右位）→变幅缸进油腔。

（2）回油路：变幅缸回油腔→阀 E（左位或右位）→阀 F 中位→中心回转接头（9）→油箱。

当多路换向阀（2）中的阀 E 左位工作时，变幅缸上腔进油，缸减幅；阀 E 右位工作时，变幅缸下腔进油，缸增幅。

5. 起降回路

起降机构是汽车起重机的主要工作机构，它由一个低速大转矩定量液压马达来带动卷扬机工作。液压马达的正、反转由三位四通手动换向阀 F 控制。起重机起升速度的调节是通过改变汽车发动机的转速从而改变液压泵的输出流量和液压马达的输入流量来实现的。在液压马达的回油路上设有平衡回路，以防止重物自由落下。此外，在液压马达上还设有由单向节流阀和单作用闸缸组成的制动回路，当系统不工作时，通过闸缸中的弹簧力实现对卷扬机的制动，防止起吊重物下滑。当起重机负重起吊时，利用制动器延时张开的特性，可以避免卷扬机起吊时发生溜车下滑现象。这时油路的流动情况如下。

（1）进油路：取力箱→液压泵→多路换向阀（1）中的阀 A、阀 B 中位→中心回转接头（9）→阀 C 中位→阀 D 中位→阀 E 中位→阀 F（左位或右位）→卷扬机液压马达进油腔。

（2）回油路：卷扬机液压马达回油腔→阀 F（左位或右位）→中心回转接头（9）→油箱。

归纳总结

从图 9－5 可以看出，该液压系统由调速、调压、锁紧、换向、制动、平衡、多缸卸荷等液压基本回路组成，其性能特点有如下几个。

（1）在调速回路中，用手动调节换向阀的开度大小来调整工件机构的速度，方便灵活，但工人的劳动强度较大。

（2）在调压回路中，用安全阀来限制系统最高工作压力，防止系统过载，对起重机起到超重起吊安全保护作用。

（3）在锁紧回路中，采用由液控单向阀构成的双向液压锁将前后支腿锁定在一定位置上，工作可靠、安全，确保整个起吊过程中每条支腿都不会出现“软腿”的现象，有效时间长。

（4）在平衡回路中，采用经过改进的单向液控顺序阀作平衡阀，以防止在起升、吊臂伸缩和变幅作业过程中因重物自重而下降的情况发生，且工作稳定、可靠。但在一个方向有背压，会对系统造成一定的功率损耗。

（5）在多缸卸荷回路中，采用多路换向阀结构，其中的每一个三位四通手动换向阀的中位机能都为 M 型，并且将阀在油路中串联起来使用，这样可以使任何一个工作机构单独动作，也可在轻载下任意组合地同时动作。但采用 6 个换向阀串联连接，会使液压泵的卸荷压力加大，系统效率降低。

（6）在制动回路中，采用由单向节流阀和单作用闸缸构成的制动器，制动可靠，动作快，由于要用液压油输入液压缸压缩弹簧来松开制动，因此制动松开的动作慢，可防止负重起重时的溜车现象发生，确保起吊安全。

任务四　注塑机液压系统工作原理分析

任务描述

图 9－7 所示为 250 g 注塑机液压系统的原理图，该机每次最大注射量为 250 g，属于中小型注塑机。该注塑机各执行元件的动作循环主要依靠行程开关切换电磁换向阀来实现，电磁铁动作如表 9－3 所示，分析其工作原理。

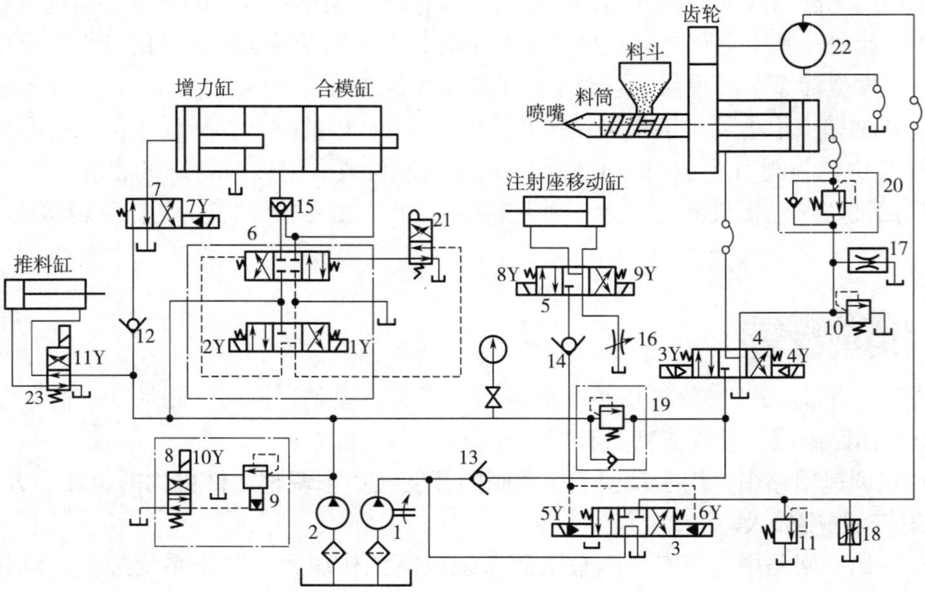

图 9－7　250g 注塑机液压系统原理图

1—大流量液压泵；2—小流量液压泵；3、4、6、7—电液换向阀；5、8、23—电磁换向阀；9、10、11—溢流阀；12、13、14—单向阀；15—液控单向阀；16—节流阀；17、18—调速阀；19、20—单向顺序阀；21—行程阀；22—液压马达

表 9－3　250g 注塑机液压系统原理图电磁铁动作表

动作程序		1Y	2Y	3Y	4Y	5Y	6Y	7Y	8Y	9Y	10Y	11Y
合模	启动慢移	+	−	−	−	−	−	−	−	−	+	−
	快速合模	+	−	−	−	+	−	−	−	−	+	−
增压锁模		+	−	−	−	−	−	+	−	−	+	−
注射座前进		−	−	−	−	−	−	+	−	+	+	−
注射		−	−	−	+	+	−	+	−	+	+	−
注射保压		−	−	−	+	−	−	+	−	+	+	−
减压		−	+	−	+	−	−	−	−	+	+	−
再增压		+	−	−	−	−	−	+	−	+	+	−

续表

动作程序		1Y	2Y	3Y	4Y	5Y	6Y	7Y	8Y	9Y	10Y	11Y
预塑		−	−	−	−	−	+	+	−	+	+	−
注射座后退		−	−	−	−	−	−	−	+	−	+	−
开模	慢速开模	+	−	−	−	−	−	−	−	−	−	−
	快速开模	+	−	−	−	+	−	−	−	−	+	−
顶出	推料缸伸出	−	−	−	−	−	−	−	−	−	+	+
	推料缸缩回	−	−	−	−	−	−	−	−	−	+	−
系统卸荷		−	−	−	−	−	−	−	−	−	−	−

注：“+”表示电磁铁得电；“−”表示电磁铁失电。

任务分析

该机每次最大注射量为 250 g，属于中小型注塑机。该注塑机各执行元件的动作循环主要依靠行程开关切换电磁换向阀来实现。

注塑机的工作循环过程一般如下：

合模→增压锁模→注射座前进→注射→注射保压→{减压再增压 / 预塑}→注射座后退→开模→顶出→

推料缸后退→系统卸荷

以上动作分别由合模缸、注射座移动缸、预塑液压马达、注射缸、顶出缸完成。注塑机液压系统要求有足够的合模力，可调节的合模开模速度，可调节的注射压力和注射速度，保压及可调的保压压力，系统还应设置安全联锁装置。

相关知识

注塑机是塑料注射成型机的简称，是热塑性塑料制品的成型加工设备。它将颗粒塑料加热熔化后，高压快速注入模腔，经一定时间的保压、冷却后成型就能制成相应的塑料制品。由于注塑机具有复杂制品一次成型的能力，因此在塑料机械中，它的应用非常广。

注塑机是一种通用设备，通过它与不同专用注射模具配套使用，能够生产出多种类型的塑料制品。注塑机主要由机架、动/静模板、合模保压部件、预塑/注射部件、液压系统、电气控制系统等部件组成。注塑机的动模板和静模板用来成对安装不同类型的专用注射模具。合模保压部件有两种结构形式，一种是用液压缸直接推动动模板工作，另一种是用液压缸推动机械机构再驱动动模板工作（机液联合式）。注塑机整个工作过程中运动复杂、动作多变、系统压力变化大。

任务实施

为保证安全生产，注塑机设置了安全门，并在安全门下装设一个行程阀 21 加以控制，只有在安全门关闭、行程阀（21）上位接入系统的情况下，系统才能进行合模运动。系统工作过程如下。

（1）合模。合模是动模板向定模板靠拢并最终合拢的过程。动模板由合模液压缸或机液组合机构驱动，合模速度一般按慢—快—慢的顺序进行。

① 动模板慢速合模运动 当按下合模按钮，电磁铁1Y、10Y得电，电液换向阀（6）右位接入系统，电磁阀（8）上位接入系统。低压大流量液压泵（1）通过电液换向阀（3）的M型中位机能卸荷，高压小流量液压泵（2）输出的压力油经阀（6）、阀（15）进入合模缸左腔，右腔油液经阀（6）回油箱，合模缸推动动模板开始慢速向右运动。这时油路的流动情况如下。

进油路：液压泵（2）→电液换向阀（6）右位→单向阀（15）→合模缸（左腔）。

回油路：合模缸右腔→电液换向阀（6）右位→油箱。

② 动模板快速合模运动：当慢速合模转为快速合模时，动模板上的行程挡块压下行程开关，使电磁铁5Y得电，阀（3）左位接入系统，低压大流量液压泵（1）不再卸荷，其压力油经单向阀（13）、单向顺序阀（19）与高压小流量液压泵（2）的压力油汇合，双泵共同向合模缸供油，实现动模板快速合模运动。这时油路的流动情况如下。

进油路：液压泵（1）→单向阀（13）→单项顺序阀（19）+液压泵（2）→电液换向阀（6）右位→单向阀（15）→合模缸左腔。

回油路：合模缸右腔→电液换向阀（6）右位→油箱。

③ 合模前动模板的慢速运动：当动模快速靠近静模板时，另一行程挡块将压下其对应的行程开关，使5Y失电、阀（3）回到中位，泵（1）卸荷，油路又恢复到以前状况，使快速合模运动又转为慢速合模运动，直至将模具完全合拢。

（2）增压锁模。当动模板合拢到位后又压下一行程开关，使电磁铁7Y得电、5Y失电，泵（1）卸荷、泵（2）工作，电液换向阀（7）右位接入系统，增力缸开始工作，将其活塞输出的推力传给合模缸的活塞以增加其输出推力。此时，溢流阀（9）开始溢流，调定低压大流量液压泵（2）输出的最高压力，该压力也是最大合模力下对应的系统最高工作压力。因此，系统的锁模力由溢流阀（9）调定，动模板的锁紧由单向阀（12）保证。这时油路的流动情况如下。

进油路：液压泵（2）→单向阀（12）→电磁换向阀（7）右位→增压缸左腔；
液压泵（2）→电液换向阀（6）右位→单向阀（15）→合模缸左腔。

回油路：增压缸右腔→油箱；
合模缸右腔→电液换向阀（6）右位→油箱。

（3）注射座前进。注射座的整体运动由注射座移动液压缸驱动。当电磁铁9Y得电时，电磁阀5右位接入系统，液压泵（2）的压力油经阀（14）、阀（5）进入注射座移动缸右腔，左腔油液经节流阀（16）回油箱。此时注射座整体向左移动，使注射嘴与模具浇口接触。注射座的保压顶紧由单向阀（14）实现。这时油路的流动情况如下。

进油路：液压泵（2）→单向阀（14）→注射座移动缸右腔。

回油路：注射座移动缸左腔→电磁换向阀（5）右位→节流阀（16）→油箱。

（4）注射。当注射座到达预定位置后，压下行程开关，使电磁铁4Y、5Y得电，电磁换向阀（4）右位接入系统，阀（3）左位接入系统。泵（1）的压力油经阀（13）与经阀（19）而来的液压泵（2）的压力油汇合，一起经阀（4）、阀（20）进入注射缸右腔，左腔油液经阀（4）回油箱。注射缸活塞带动注射螺杆将料筒前端已经预塑好的熔料经注射嘴快速注入模腔。注射缸的注射速度由旁路节流调速的调速阀（17）调节。单向顺序阀（20）

在预塑时能够产生一定背压，确保螺杆有一定的推力。溢流阀（10）起调定螺杆注射压力作用。这时油路的流动情况如下。

进油路：[泵（1）→阀（13）] + [泵（2）→单向顺序阀（19）] →电磁换向阀（4）左位→单向顺序阀（20）→注射缸右腔。

回油路：注射缸左腔→电磁阀（4）左位→油箱。

（5）注射保压。当注射缸对模腔内的熔料实行保压并补塑时，注射液压缸活塞工作位移量较小，只需少量油液即可。所以，电磁铁 5Y 失电，阀（3）处于中位，使低压大流量液压泵（1）卸荷，高压小流量液压泵（2）单独供油，以实现保压，多余的油液经溢流阀（9）回油箱。

（6）减压再增压。先让电磁铁 1Y、7Y 失电，电磁铁 2Y 得电；后让 1Y、7Y 得电，2Y 失电，使动模板略松一下后，再继续压紧，尽量排放模腔中的气体，以保证制品质量。

（7）预塑。保压完毕，从料斗加入的塑料原料被裹在机筒外壳上的电加热器加热，并随着螺杆的旋转将加热熔化好的熔塑带至料筒前端，并在螺杆头部逐渐建立起一定压力。当此压力足以克服注射液压缸活塞退回的背压阻力时，螺杆逐步开始后退，并不断将预塑好的塑料送至机筒前端。当螺杆后退到预定位置，即螺杆头部熔料达到所需注射量时，螺杆停止后退和转动，为下一次向模腔注射熔料做好准备。与此同时，已经注射到模腔内的制品冷却成型过程完成。

预塑螺杆的转动由液压马达（22）通过一对减速齿轮驱动实现。这时，电磁铁 6Y 得电，阀（3）右位接入系统，泵（1）的压力油经阀（3）进入液压马达，液压马达回油直通油箱。马达转速由旁路调速阀（18）调节，溢流阀（11）为安全阀。螺杆后退时，阀（4）处于中位，注射缸右腔油液经阀（20）和阀（4）回油箱，其背压力由阀（20）调节。同时活塞后退时，注射缸左腔会形成真空，此时依靠阀（4）的 Y 型中位机能进行补油。此时系统油液流动情况如下。

① 液压马达回路：

进油路：泵（1）→阀（3）右位→液压马达（22）进油口。

回油路：液压马达（22）回油口→阀（3）右位→油箱。

② 液压缸背压回路：注射缸右腔→单向顺序阀（20）→调速阀（17）→油箱。

（8）注射座后退。当保压结束，电磁铁 8Y 得电，阀（5）左位接入系统，泵（2）的压力油经阀（14）、阀（5）进入注射座移动液压缸左腔，右腔油液经阀（5）、阀（16）回油箱，使注射座后退。泵（1）经阀（3）卸荷。此时系统油液流动情况如下。

进油路：泵（2）→阀（14）→阀（5）左位→注射座移动缸左腔。

回油路：注射座移动缸右腔→阀（5）左位→节流阀（16）→油箱。

（9）开模。开模过程与合模过程相似，开模速度一般历经慢—快—慢的过程。

① 慢速开模。电磁铁 2Y 得电，阀（6）左位接入系统，液压泵的压力油经阀（6）进入合模液压缸右腔，左腔的油经液控单向阀（15）、阀（6）回油箱，泵（1）经阀（3）卸荷。

② 快速开模。此时电磁铁 2Y 和 5Y 都得电，液压泵（1）、（2）汇流向合模液压缸右腔供油，开模速度提高。

（10）顶出。模具开模完成后，压下一行程开关，使电磁铁 11Y 得电，从泵（2）来的压力油，经过单向阀（12），电磁换向阀（23）上位，进入推料缸的左腔，右腔回油经阀（23）的上位回油箱。推料顶出缸通过顶杆将已经成型好的塑料制品从模腔中推出。

（11）推料缸后退。推料完成后，电磁阀 11Y 失电，从泵（2）来的压力油经阀（23）

下位进入推料缸油腔，左腔回油经过阀（23）下位后回油箱。

（12）系统卸荷。上述循环动作完成后，系统所有电磁铁都失电。液压泵（1）经阀（3）卸荷，液压泵（2）经先导式溢流阀（8）卸荷。到此，注塑机一次完整的工作循环完成。

归纳总结

（1）该系统在整个工作循环中，由于合模缸和注射缸等液压缸的流量变化较大，锁模和注射后系统又有较长时间的保压，为合理利用能量，系统采用双泵供油方式；液压缸快速动作（低压大流量）时，采用双液压泵联合供油方式；液压缸慢速动作或保压时，采用高压小流量泵供油，低压大流量泵卸荷的供油方式。

（2）由于合模液压缸要求实现快、慢速开模、合模以及锁模动作，系统采用电液换向阀换向回路控制合模缸的运动方向，为保证足够的锁模力，系统设置了增力缸作用合模缸的方式，再通过机液复合机构完成合模和锁模，因此，合模缸结构较小、回路简单。

（3）由于注射液压缸运动速度较快，但运动平稳性要求不高，故系统采用调速阀旁路节流调速回路。由于预塑时要求注射缸有背压且背压可调，所以在注射缸的无杆腔出口处串联一个背压阀。

（4）由于预塑工艺要求注射座移动缸在不工作时应处于背压且浮动状态，所以系统采用 Y 型中位机能的电磁换向阀、顺序阀（20）产生可调背压、回油节流调速回路等措施，调节注射座移动缸的运动速度，以提高运动的平稳性。

（5）预塑时螺杆转速较高，对速度平稳性要求较低，系统采用调速阀旁路节流调速回路。

（6）由于注塑机的注射压力很大（最大注射压力达 153 MPa），为确保操作安全，该机设置了安全门，在安全门下端装一个行程阀，串接在电液阀（6）的控制油路上，控制合模缸的动作。只有当操作者离开模具，将安全门关闭压下行程阀后，电液换向阀才有控制油进入，合模缸才能实现合模运动，以确保操作者的人身安全。

（7）由于注塑机的执行元件较多，其循环动作主要由行程开关控制，按预定顺序完成。这种控制方式机动灵活，且系统较简单。

（8）系统工作时，各种执行装置的协同运动较多、工作压力的要求较多、变化较大，分别通过电磁溢流阀（9），溢流阀（10）、（11），再加上单向顺序阀（19）、（20）的联合作用，实现系统中不同位置、不同运动状态的不同压力控制。

任务五 “穿地龙”机器人液压控制系统工作原理分析

任务描述

分析图 9－8 所示的“穿地龙”液压系统的工作原理。

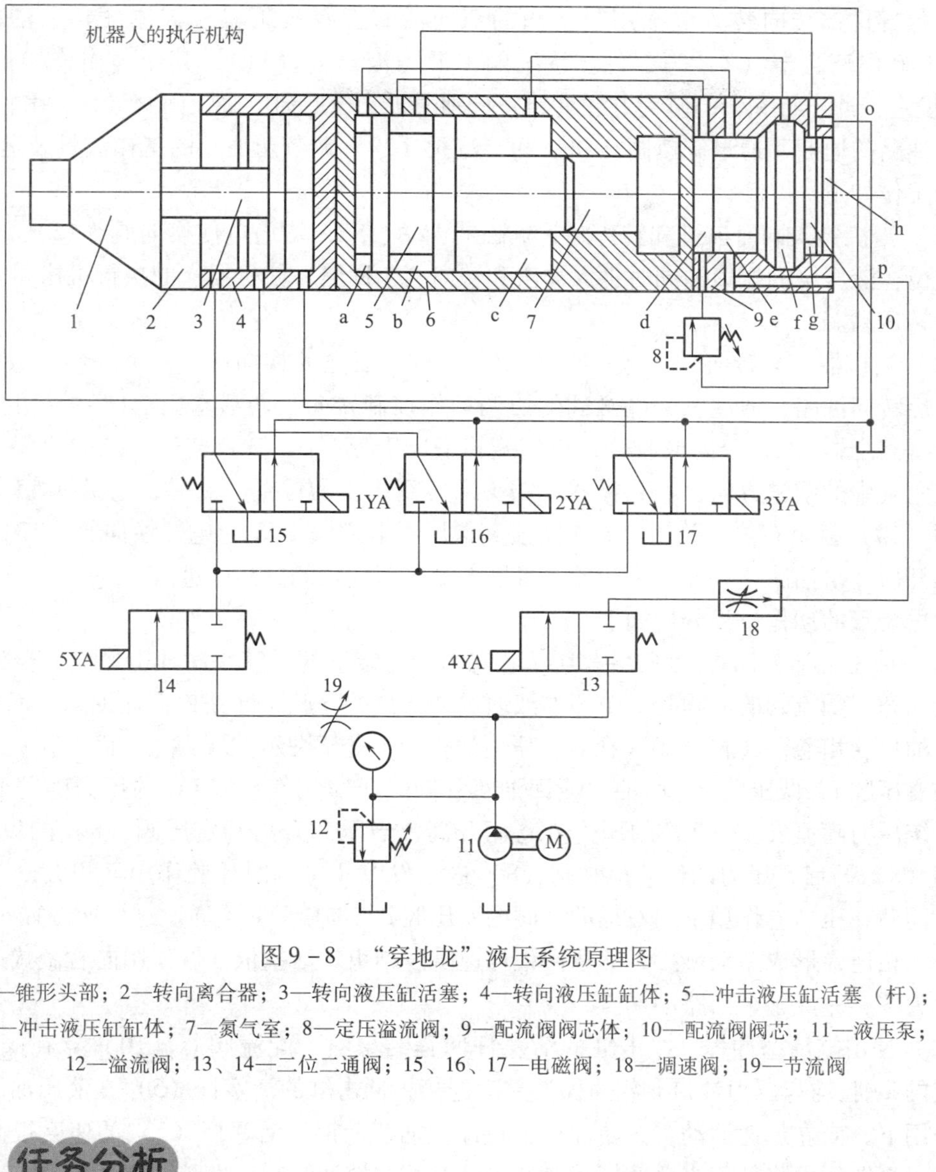

图 9－8 “穿地龙”液压系统原理图

1—锥形头部；2—转向离合器；3—转向液压缸活塞；4—转向液压缸缸体；5—冲击液压缸活塞（杆）；6—冲击液压缸缸体；7—氮气室；8—定压溢流阀；9—配流阀阀芯体；10—配流阀阀芯；11—液压泵；12—溢流阀；13、14—二位二通阀；15、16、17—电磁阀；18—调速阀；19—节流阀

任务分析

“穿地龙”机器人是一种可在土中克服土壤阻力的自行走设备，用于实现 PE 或 PVC 管、电缆、光缆等中、小直径管线的地下非开挖铺设施工。该设备的执行机构如图 9－8 所示，主要由液压驱动的锥形头部、转向装置、冲击装置三部分组成。工作室，微机系统发出各种操作指令，冲击装置往返运动提供机器人前进驱动力；转向装置旋转运动提供锥形头转动的驱动力，实现机器人在土壤中的姿态变化。

任务实施

图 9－8 所示的系统中，执行器即为整个机器人的执行机构，其中冲击装置包括带有 a、b、c 三个工作腔的冲击液压缸［包括缸体（6）、活塞（杆）（5）、p 和 o 分别为压力油口）、氮气室（7）、压力反馈式配流阀［包括阀体（9）、阀芯（10）、配流阀腔 d、e、f、 g、h］等部件；转向装置包括用于转向的双向活塞三腔液压缸［缸体（4）、活塞（杆）（3）］和转向离合器（2）等部件。系统的油源为液压泵（11），其压力由先导式溢流阀（12）设定；冲击缸和转向缸为并联油路，分别通过二位二通电磁换向阀（13）和（14）控制两缸油路的通断，通过调速阀（18）和节流阀（19）调节两油缸的工作流量及运动速度。系统的工作如下。

（1）当机器人同时前进和转弯时，电磁铁4YA、5YA均通电使换向阀（13）、（14）切换至左位，液压泵的压力油同时进入冲击和转向两个回路，使机器人的执行机构同时实现冲击和旋转运动。

（2）当机器人只转向时，首先通过电磁铁4YA断电使换向阀（13）、（14）切换至左位，开启转向油路，通过三个电磁阀的协调动作控制转向缸两活塞向前向后及相互间的运动，使得离合器（2）分离或咬合，产生旋转带动锥形头部（1）转过不同的角度，改变机器人在土壤中的前进方向，直到机器人的头部转到指定的位置。然后，电磁铁5YA断电使换向阀（14）复至右位，关闭转向油路使其保压；电磁铁4YA通电使换向阀（13）切换至左位，开启冲击油路，只冲击不旋转，机器人沿头部偏移的方向前进。

冲击装置的动作过程分析如下。

（1）冲击缸活塞回程。图9－8所示状态为冲击装置的活塞一次冲击形成完全处于回程的开始状态。配流阀的左阀腔d中的油液通过冲击缸的b腔、回路口o通油箱，而右阀腔h与压力油口p相通，阀芯（10）在h腔压力油作用下处于图示左端为止，而右腔c的油液则经阀的变压腔f、低压腔g、回油口o回油箱，同时压缩氮气室（7）的压力随着回程而增加，系统压力随氮气室（7）的压力升高而升高，当压力升高到定压阀（8）的设定值时，定压阀（8）开启，压力油经p口和阀（8）进入发腔d中，因d腔作用面积大于h腔作用面积，阀芯在压力差作用下向右运动，阀的变压腔f与高压腔e连通。这样冲击缸a、c腔均与压力油相通，形成差动链接，活塞回程加速阶段结束。活塞依惯性作用向右做减速运动直至速度为零，完成整个回路动作。

（2）冲击缸活塞冲程。冲击缸的活塞杆回程结束时，配流阀芯（10）靠在阀腔右侧，冲击缸的ac腔均与压力油口p相通保持差动连接，冲击缸的活塞杆（5）在液压油压差氮气膨胀作用下，向左加速运动，开始冲程，在冲程加速后期，活塞杆（5）的速度很高，油液流量大，系统压力降低，当活塞杆越过冲击缸b腔左端油孔时，发腔d经冲击缸中腔b与回油口o连通压力迅速降低，此时，定压阀（8）关闭阀芯在h腔压力油作用下迅速向左运动，靠在阀腔左侧，而活塞杆（5），依靠惯性，高速撞击冲击缸的左端面产生冲击力克服土壤阻力，带动机器人向左运动一段距离，这时，一次冲击结束，系统又恢复到初始状态，通过如此循环实现冲击缸活塞回程与冲程运动，每次冲击后，机器人都向前行近一段距离，从而实现了机器人在土壤中的自行前进。

归纳总结

“穿地龙”机器人液压系统的控制有如下几个特点。

（1）“穿地龙”机器人的执行机构采用液压驱动，体积小，功率和冲击力大，可以同时实现土中的冲击前进与转向。

（2）冲击装置采用三腔液压缸及压力反馈式配流机构，转向装置采用双活塞液压缸装置，并分别采用调速阀和节流阀进油节流调速，通过电磁换向阀的通断组合，实现冲击装置和换向装置的分时或同时工作。

（3）该机器人的转向转矩为 90～150 N·m；冲击频率为 100～300 次/min，液压系统的工作压力为 16 MPa。

任务六　M1432A 型万能外圆磨床液压传动系统工作原理分析

任务描述

分析图 9－9 所示的 M1432A 型万能外圆磨床液压系统的工作原理。

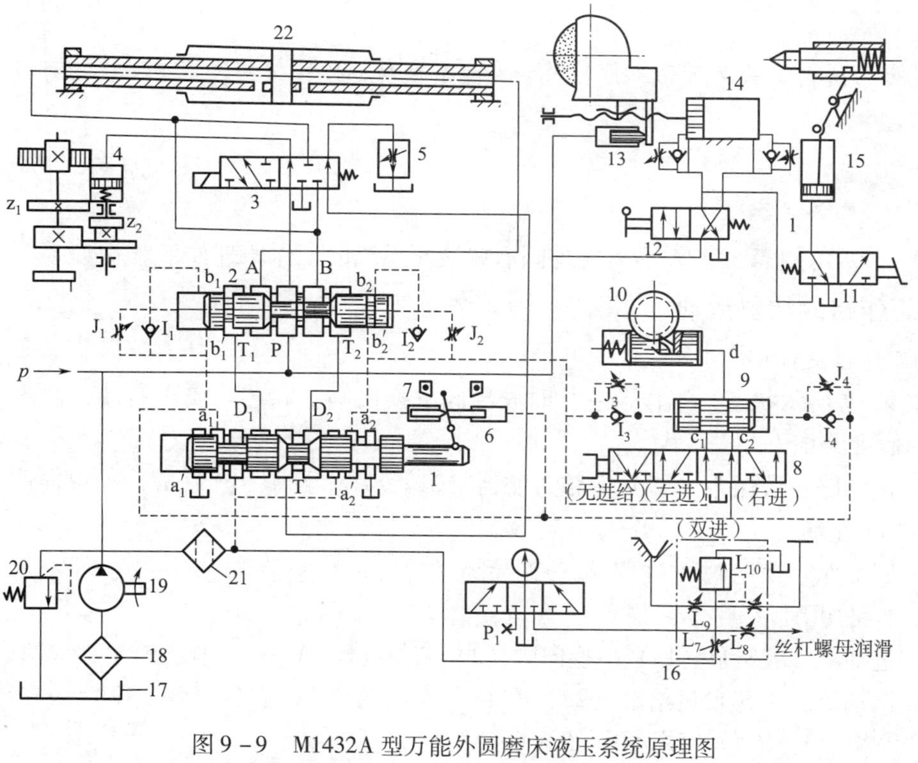

图 9－9　M1432A 型万能外圆磨床液压系统原理图

1—先导阀；2—换向阀；3—开停阀；4—互锁缸；5—节流阀；6—抖动缸；7—挡块；8—选择阀；9—进给阀；10—进给缸；11—尾架换向阀；12—快动换向阀；13—闸缸；14—快动缸；15—尾架缸；16—润滑稳定器；17—油箱；18—粗过滤器；19—液压泵；20—溢流阀；21—精过滤器；22—工作台进给缸

任务分析

M1432A 型万能外圆磨床液压传动系统的动作包括工作台直线往复运动、砂轮架横向快速进退运动、砂轮架周期进给、尾座顶尖的自动松开及机床导轨润滑。其液压系统是利用专用的液压操作箱进行控制的多缸低压系统。

M1432A 型万能外圆磨床的液压系统具有以下功能。

(1) 能实现工作台的自动往复运动，并能在 0.05 ~ 4 m/min 无级调速，工作台换向平稳，启动、制动迅速，换向精度高。

(2) 在装卸工件和测量工件时，为缩短辅助时间，砂轮架具有快速进退动作，为避免惯性冲击，控制砂轮架快速进退的液压缸设置有缓冲装置。

(3) 为方便装卸工件，尾架顶尖的伸缩采用液压传动。

(4) 工作台可作微量抖动。切入磨削或加工工件略大于砂轮宽度时，为了提高生产率和改善表面精度，工作台可作短距离频繁往复运动。

(5) 传动系统具有必要的连锁动作。

① 工作台有液动与手动连锁，以免液动时带动手轮旋转引起工伤事故。

② 砂轮架快速前进时，可保证尾架顶尖不后退，以免加工时工件脱落。

③ 磨内孔时，为使砂轮不后退，传动系统中设置有与砂轮架快速后退连锁的机构，以免撞坏工件或砂轮。

砂轮架快进时，头架带动工件转动，冷却泵启动；砂轮架快速后退时，头架与冷却泵电动机停转。

任务实施

图 9 - 9 所示的 M 1432A 型万能外圆磨床液压系统的工作原理如下。

1. 工作台的往复运动

1) 工作台左行

如图 9 - 9 所示状态，工作台左行时先导阀、换向阀、阀芯均属于右端，开停阀处于右位，其控制油路如下。

(1) 进油路：液压泵 (19) →精过滤器 (21) →先导阀 (1) (a_1) →单向阀 (I_1) →换向阀 (2) 左端。

(2) 回油路：换向阀 (2) 右端→先导阀 (1) (a_2) →油箱。

其主油路如下。

(1) 进油路：液压泵 (19) →换向阀 (2) 右位 (P→A) →工作台进给缸 (22) 右腔。

(2) 回油路：工作台进给缸 (22) 左腔→换向阀 (2) 右位 (B→T2) →先导阀 (1) 右位→开停阀 (3) 右位→调速阀 (5) →油箱。

工作台进给缸带动工作台向左运动，其运动速度由调速阀来调节。

2) 工作台右行

当工作台左行到预定位置，工作台上左边的挡块推动与先导阀 (1) 的阀芯相连接的杠杆，使先导阀阀芯左移，开始工作台的换向过程。先导阀阀芯左移过程中，其阀芯中段制动锥 A 的右边逐渐将回油路上通向节流阀 (5) 的通道 (D→T) 关小，使工作台逐渐减速制动，实现预制动。当先导阀阀芯继续向左移动，到先导阀阀芯右部环形槽，使 a_2 点高压油路与高压油路 a'_2 相通，先导阀阀芯左部环形槽使 $a_1 \to a'_1$ 接通油箱时，控制油路被切换。

这时借助于抖动缸推动导向阀向左快速移动，抖动缸油路如下。

(1) 进油路：液压泵 (19) →精过滤器 (21) →先导阀 (1) 左位 (a'_2→a_2) →抖动缸 (6) 左端。

(2) 回油路：抖动缸 (6) 右端→先导阀 (1) 左位 (a_1→a'_1) →油箱。

因为抖动缸的直径很小，上述流量很小的压力油足以使之快速右移，并通过杠杆使先导阀阀芯快调到左端，从而使通过先导阀到达换向阀右端的控制压力油路迅速打通，同时使换向阀左端的回油路也迅速打通（畅通）。

这时的控制油路如下。

(1) 进油路：液压泵 (19) →精过滤器 (21) →先导阀 (1) 左位→单向阀 I_2→换向阀 (2) 右端。

(2) 回油路：换向阀 (2) 左端回油路在换向阀阀芯左移过程中有三种变换。

① 换向阀 (2) 左端→b'_1→先导阀 (1) 左位→油箱。换向阀阀芯因回油畅通而迅速左移，实现第一次快跳。

当换向阀阀芯快调到制动锥右侧时，关小主回油路通道，工作台便迅速制动。换向阀阀芯继续迅速左移到中部台阶，处于阀体中间沉割槽的中心处时，工作台进给缸两腔都通压力油，工作台便停止运动。

② 换向阀阀芯在控制压力油作用下继续左移，换向阀阀芯左端回油路改为：换向阀 (2) 左端→节流阀 J_1→先导阀 (1) 左位→油箱。这时换向阀阀芯按节流阀 J_1 调节的速度左移。由于换向阀体中心沉割槽的宽度大于中部台阶的宽度，所以阀芯慢速左移的一定时间内，工作台进给缸两腔继续保持互通，使工作台的端点保证短暂的停留，其停留时间在零到五秒内，由节流阀 J_1、J_2 调节。

③ 当换向阀阀芯慢速左移的左部环形槽，与油路相同时，换向阀左端控制油的回油路，又变为换向阀 (2) 左端→油路 b_1→换向阀 (2) 左部环形槽→油路 b'_1→先导阀 (1) 左位→油箱。

这是由于换向阀左端回油路畅通，换向阀芯实现第二次快跳，使主油路迅速切换，工作台则迅速反响启动。这时的主油路如下。

- 进油路：液压泵 (19) →换向阀左位→工作台进给缸 (22) 左腔。
- 回油路：工作台进给缸 (22) 右腔→换向阀 (2) 左位→先导阀 (1) 左位→开停阀 (3) 右位→调速阀 (5) →油箱。

当工作台右行到位时，工作台上的挡铁又通过杠杆推动先导阀右移，重复上述换向过程而实现工作台的自由换向。

2. 工作台液动与手动的互锁

工作台液动与手动的互锁是由互锁缸 (4) 来完成的。当开停阀 (3) 处于图 9-9 所示位置时，互锁缸 (4) 的活塞在压力油的作用下压缩弹簧并推动齿轮 z_1 和 z_2 脱开，这样，当工作台液动时，手轮不会转动。

当开停阀 (3) 处于左位时，互锁缸 (4) 经开停阀通油箱，活塞在弹簧力的作用下带着齿轮 z_2 移动，z_2 与 z_1 契合，工作台就可用手摇机构摇动。

3. 砂轮架的快速进退运动

砂轮架的快速进退运动是由手动二位四通快动换向阀 (12) 来操作，由快动缸 (14) 来实现的。在图 9-9 所示位置时，快动换向阀右位接入系统，压力油经快动换向阀 (12)

右位进入快动缸（14）右腔，砂轮架快进到前端位置，快进终点是靠活塞与缸体端盖接触来保证其重复定位精度；当快动缸（14）左位接入系统时，砂轮架快速后退到最后端位置。为防止砂轮架在快速运动到前后终点处产生冲击，在快动缸两端设缓冲装置，并设有抵住砂轮架的闸缸（13），用以消除丝杠和螺母间的间隙。

快动换向阀（12）的下面装有一个自动启闭头架电动机、冷却电动机的行程开关和一个与内圆磨具连锁的电磁铁。

当快动换向阀（12）处于右位，砂轮架处于快进时，手动阀的手柄压下行程开关，使头架电动机和冷却电动机启动。当翻下内圆磨具进行内孔磨削时，内圆磨具压另一行程开关，使连锁电磁铁通电吸合，将快动换向阀锁住在左位，以防止运动，保证安全。

4. 砂轮架的周期进给运动

砂轮架的周期进给运动是由选择阀（8）进给阀（9）进给缸（10）通过棘爪棘轮齿轮丝杠来完成的。选择阀（8）根据加工需要可以使砂轮架在工件左端停止或右端停止时进给，也可以在工件两端停止时都进给，也可以不进给。

图 9-9 所示为双向进给，周期进给油路为：压力油从 a_1 点→节流阀 J_4→进给阀（9）右端；进给阀（9）左端→单向阀 I_3→a_2→先导阀（1）→油箱。与此同时进给缸（10）→d→进给阀 9→c_1→选择阀 8→a_2→先导阀（1）→油箱，进给缸柱塞在弹簧力的作用下复位。

当工作台开始换向时，先导阀换位使 a_2 点变高压、a_1 点变低压；此时周期进给油路为：压力油从 a_2→节流阀 J_3→进给阀（9）左端→进给阀（9）右端→单向阀 I_4→a_1→先导阀 1→油箱，使进给阀右移；与此同时，压力油经 a_2 点→选择阀（8）→c_1→进给阀（9）→d→进给缸（10），推动进给缸柱塞左移，柱塞上的棘爪拨棘轮转动一个角度，通过齿轮等推砂轮架进给一次。在进给活塞继续右移时，堵住 c_1 打通 c_2，这时进给缸（10）右端→d→进给阀（9）→c_2→选择阀（8）→a_1→先导阀（1）→a'_1→油箱，进给缸在弹簧力的作用下再次复位。当工作台再次换向时，再周期进给一次。

若将选择阀转到其他位置，如右端进给，则工作台只有再换向到右端才进给一次，其进给过程不再赘述。从上述周期进给过程可知，每进给一次是由一股压力油推进给柱塞上的棘爪拨动棘轮旋转一定角度。

5. 尾架顶尖的松开与加紧

尾架顶尖只有在砂轮架处于退后位置时才允许松开。为方便操作，采用脚踏式二位三通尾架换向阀（11）来操作，由尾架缸（15）来实现。由图 9-9 可知，只有当快动换向阀（12）处于左位，砂轮架处于后退位置，尾架换向阀（11）处于右位时，才能有压力油通过尾架阀，进入尾架缸推动杠杆拨动尾架，顶尖松开工件。当快动换向阀（12）处于右位时，油路 l 为低压，这时误踏尾架，换向阀（11）也无压力油进入尾架缸（15），顶尖也不会推出。尾架顶尖的夹紧是靠弹簧力。

6. 抖动缸的作用

抖动缸（6）的作用有两个：一是帮助先导阀（1）实现换向过程中的快跳，二是当工作台需要做频繁短距离换向时，实现工作台的抖动。

当砂轮做切入磨削或磨削短圆槽时，为提高磨削表面质量和磨削效率，需工作台频繁短距离换向一抖动，这时将换向挡铁调的很近或夹住换向杠杆。当工作台向左或向右移动时，挡铁带动杠杆使先导阀阀芯向右或向左移动一个很小的距离，使先导阀（1）的控制进油路和回油路仅有一个很小的开口，通过此开口的压力油不可能使换向阀阀芯快速移动。这时，因为抖动缸柱塞直径很小，所通过的压力油足以使抖动缸的快速移动推动杠杆带动先导阀快速移动，迅速打开控制油路的进、回油口，使换向阀也迅速换向，从而使工作台做短距离频繁往复换向——抖动。

归纳总结

由于机床加工工艺的要求，M1432A 型万能外圆磨床液压系统是机床液压系统中要求较高、较复杂的一种，其主要特点如下。

（1）系统采用节流阀回油节流调速回路，功率损失较小。

（2）工作台采用了活塞杆固定式双杆液压缸，保证左右往复运动的一致，并使机床占地面积不大。

（3）本系统采用了将开停阀、先导阀、换向阀、节流阀、抖动缸等组合成一体的操纵箱，使结构紧凑、管路缩短、操作方便，又便于制造和装配修理。此操纵箱形成制动换向回路，具有较高的换向位置精度和幻想平稳性。

思考与练习题

1. 图 9－10 所示为 XL350 型注塑机的液压系统图，动作过程为

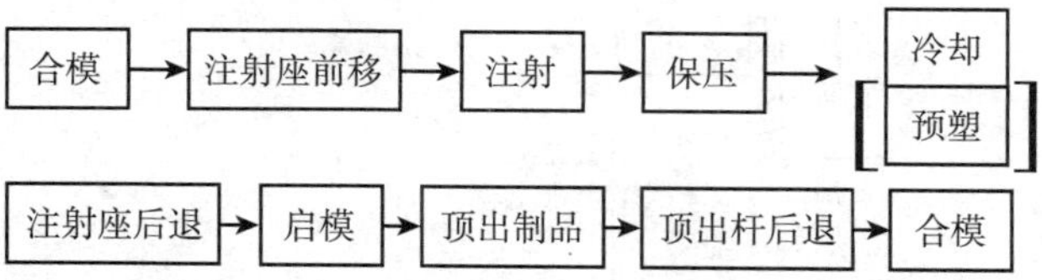

试分析其工作原理，并填写电磁铁动作顺序表（见表 9－4）。

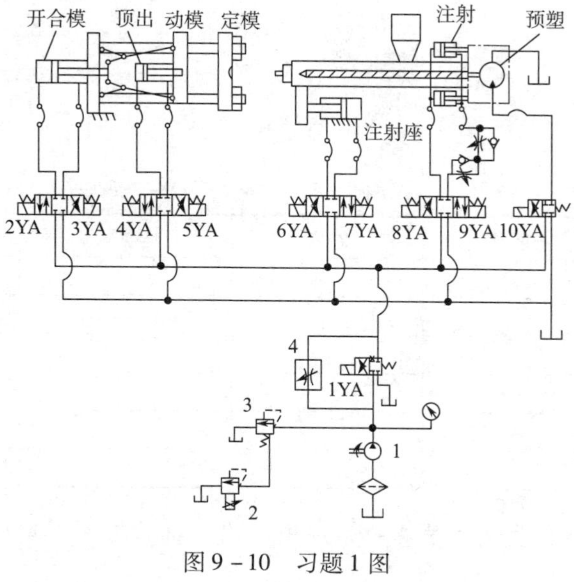

图 9－10　习题 1 图

表9-4 习题1表

	1YA	2YA	3YA	4YA	5YA	6YA	7YA	8YA	9YA	10YA
合模										
注射座前移										
注射										
保压										
预塑										
注射座后移										
开模										
顶出制品										
顶出杆后退										

注："+"表示电磁铁得电，不填为表示电磁铁失电。

2. 图9-11所示为组合机床动力滑台液压系统图，该滑台是组合机床上用来完成刀具切削工件时的进给运动，其工作循环：快进→一工进→二工进→挡块停留→快退→原位停止。试分析其工作原理，并填写电磁铁及行程阀的动作顺序表（见表9-5）。

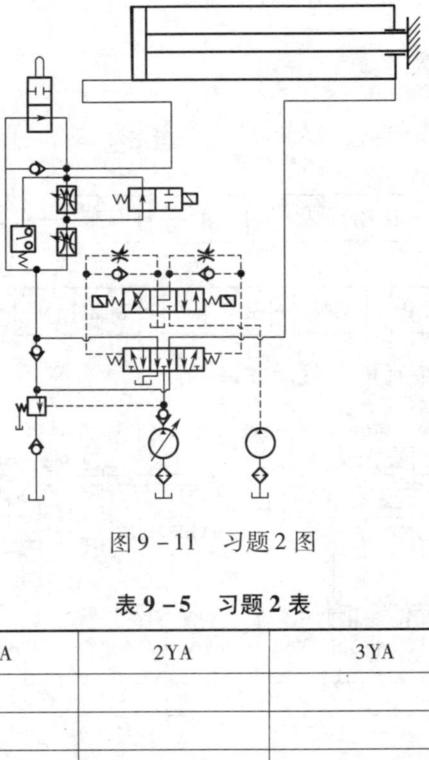

图9-11 习题2图

表9-5 习题2表

	1YA	2YA	3YA	行程阀
快进				
一工进				
二工进				
挡块停留				
快退				
原位停止				

3. 图9-12所示为工业机械手液压系统图，试分析其工作原理，并填写电磁铁、压力继电器动作顺序表（见表9-6）。

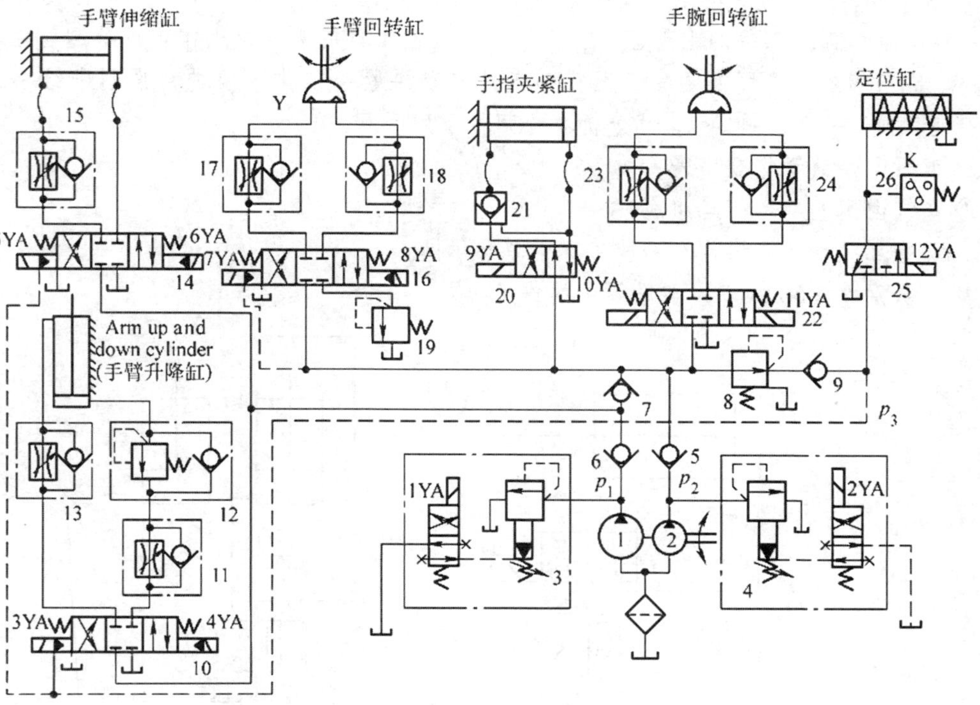

图 9－12　习题 3 图

表 9－6　习题 3 表

动作顺序	1Y	2Y	3Y	4Y	5Y	6Y	7Y	8Y	9Y	10Y	11Y	12Y	K26
插定位销	+											+	干
手臂前伸					+							+	+
手指张开	+								+			+	+
手指抓料	+											+	+
手臂上升			+									+	+
手臂缩回						+						+	+
手腕回转	+									+		+	+
拔定位销	+												
手臂回转	+						+						
插定位销	+											+	干
手臂前伸					+							+	+
手臂中停												+	+
手指张开	+								+			+	+
手指闭合	+											+	+
手臂缩回						+						+	+
手臂下降				+								+	+
手腕反转	+										+	+	+
拔定位销	+												
手臂反转	+							+					
待料卸载	+	+											

注：“＋”表示电磁铁得电，不填为表示电磁铁失电。

4. 图 9－13 所示为专用铣床液压系统工作原理图，要求机床工作台一次可安装两支工件，并能同时加工。工件的上料、卸料由手工完成，工件的夹紧及工作台进给运动由液压系统完成。机床的工作循环为“手工上料→工件自动夹紧→工作台快进→铣削进给→工作台快退→夹具松开→手工卸料”。试分析系统回答下列问题：

① 填写电磁铁动作顺序表；

② 系统由哪些基本回路组成？

③ 哪些工况由双泵供油？哪些工况由单泵供油？

④ 说明元件（6）、（7）在系统中的作用。

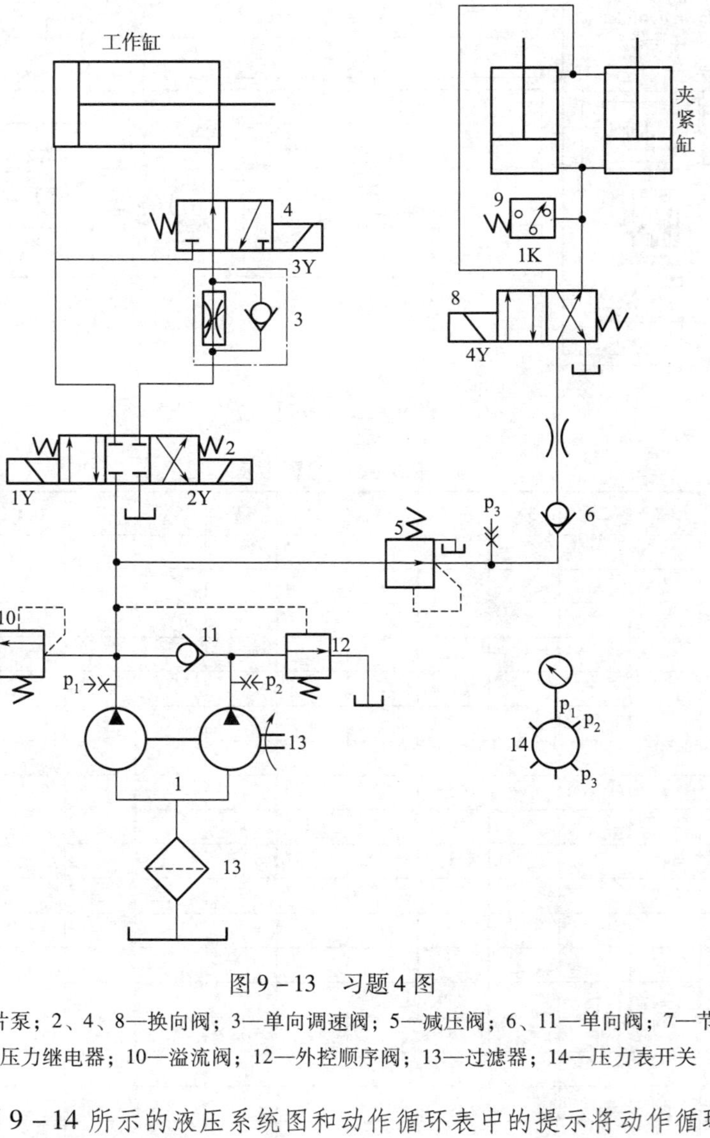

图 9－13　习题 4 图

1—双联叶片泵；2、4、8—换向阀；3—单向调速阀；5—减压阀；6、11—单向阀；7—节流阀；9—压力继电器；10—溢流阀；12—外控顺序阀；13—过滤器；14—压力表开关

5. 试根据图图 9－14 所示的液压系统图和动作循环表中的提示将动作循环表（见表 9－7）填写完整，并讨论系统的特点。

表 9－7 习题 5 表

动作名称	电气元件状态							备注
	1Y	2Y	3Y	4Y	5Y	6Y	YJ	
定位夹紧								① Ⅰ、Ⅱ两个回路各自进行独立循环动作，互不约束 ② 12Y、22Y 中任一个通电时，1Y 便通电；12Y、22Y 均断电时，1Y 才断电
快 进								
工进卸荷（低）								
快 退								
松开拔销								
原位卸荷（低）								

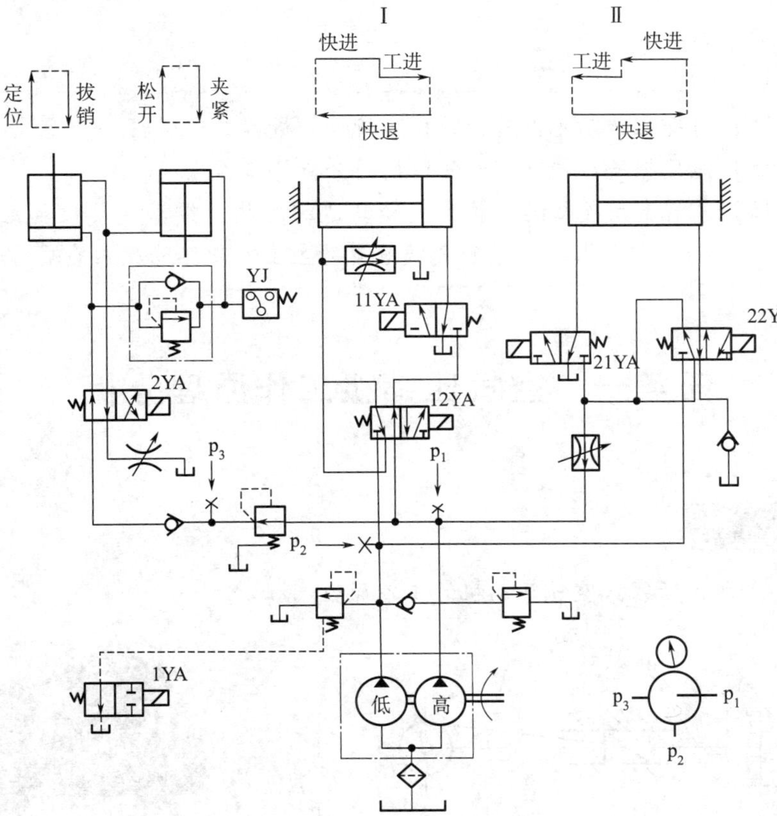

图 9－14 习题 5 图

项目十

气压传动元件结构及工作原理分析

【项目描述】对气压传动元件进行结构分析并分析其工作原理。

【技能目标】能根据气压传动元件的结构图分析其工作原理。

【知识目标】掌握常用气缸的结构，气动马达的结构，常用气动控制元件的结构、原理和特点；理解空压机的原理，了解气源装置的主要处理环节及相关辅助设备。

任务一　空气压缩机工作原理分析

任务描述

分析图 10－1 所示活塞式空气压缩机的工作原理。

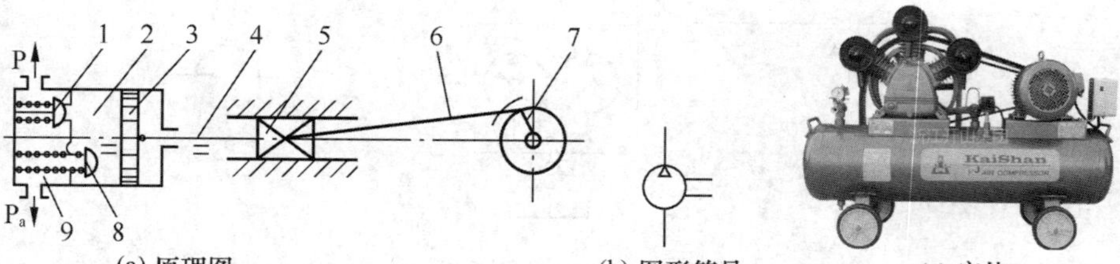

(a) 原理图　(b) 图形符号　(c) 实体

图 10－1　活塞式空气压缩机的工作原理图

1—排气阀；2—气缸；3—活塞；4—活塞杆；5—十字头；6—连杆；7—曲柄；8—吸气阀；9—弹簧

相关知识

空气压缩机是气动系统的动力源，是气压传动的心脏部分，它是把电动机输出的机械能转换成气体压力能的能量转换装置。

空气压缩机的种类很多，按结构形式主要可分为容积型和速度型两类，其分类如表10－1所示；按输出压力大小可分为鼓风机、低压空压机、中压空压机、高压空压机和超高压空压机，如表10－2所示；按输出流量（排量）可分为微型、小型、中型和大型，如表10－3所示。

表10－1　空气压缩机按结构形式分类

类型		名称		
容积型	往复式	活塞式	膜片式	
	回转式	滑片式	螺杆式	转子式
速度型		轴流式	离心式	转子式

表10－2　空气压缩机按输出压力分类

名称	鼓风机	低压空压机	中压空压机	高压空压机	超高压空压机
压力/MPa	≤0.2	0.2～1	1～10	10～100	>100

表10－3　空气压缩机按排量分类

名称	微型空压机	小型空压机	中型空压机	大型空压机
输出额定流量/（$m^3 \cdot s^{-1}$）	≤0.017	0.017～0.17	0.17～1.7	>1.7

任务实施

气压系统中最常用的空气压缩机是往复活塞式，其工作原理如图10－1所示。活塞的往复运动是由电动机带动曲柄转动，通过连杆、滑块、活塞杆转化成直线往复运动而产生的。当活塞向右运动时，气缸内容积增大，形成部分真空而低于大气压力，外界空气在大气压力作用下推开吸气阀而进入气缸中，这个过程称为吸气过程；当活塞向左运动时，吸气阀在缸内压缩气体的作用下而关闭，随着活塞的左移，缸内空气受到压缩而使压力升高，这个过程称为压缩过程；当气缸内压力增高到略高于输气管路内压力时，排气阀打开，压缩空气排入输气管路内，这个过程称为排气过程。曲柄旋转一周，活塞往复行程一次，即完成一个工作循环。

归纳总结

图10－1只表示一个活塞一个缸的空气压缩机，大多数空气压缩机是多缸多活塞的组合。但空气压缩机的实际工作循环还是由吸气、压缩、排气和膨胀四个过程所组成的，这可从如图10－2所示的压容图上看出，图中线段ab表示吸气过程，其高度p_1，即为空气被吸入气缸时的起始压力；曲线bc表示活塞向左运动时气缸内发生的压缩过程；cd表示气缸内压缩气体压力达到出口处压力p_2，排气阀被打开时的排气过程；当活塞回到d时运动终止，排气过程结束，排气阀关闭。这时余隙（活塞与气缸之间余留的空隙）中还留有一些压缩空气将膨胀而达到吸气压力p_1，曲线da'即表示余隙内空气的膨胀过程。所以气缸重新吸气的过程并不是从a点开始，而是从a'点开始，显然这将减少空气压缩机的输气量。

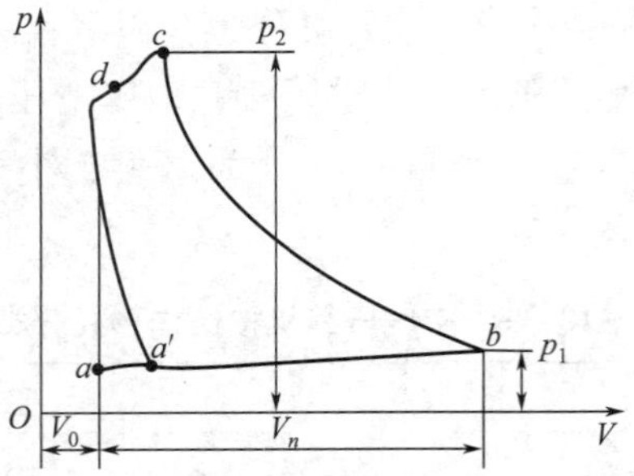

图 10－2　空气压缩机的压容图

任务二　气源净化装置工作原理分析

任务描述

分析图 10－3 所示的空气过滤器的工作原理。

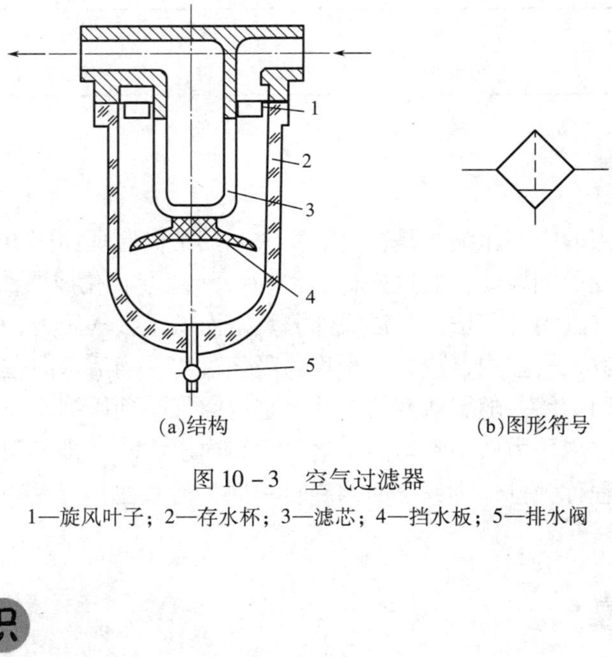

(a)结构　　(b)图形符号

图 10－3　空气过滤器

1—旋风叶子；2—存水杯；3—滤芯；4—挡水板；5—排水阀

相关知识

空气过滤器的作用是滤除压缩空气中的杂质微粒（如灰尘、水分等），达到系统所要求的净化程度。常用的过滤器有一次过滤器（也称简易过滤器）和二次过滤器。

任务实施

图 10－3 所示为二次过滤器用的分水滤气器。从入口进入的压缩空气被引入旋风叶子，旋风叶子上有许多呈一定角度的缺口，迫使空气沿切线方向产生强烈旋转。这样夹杂在空气中的较大的水滴、油滴、灰尘等便依靠自身的惯性与存水杯的内壁碰撞，并从空气中分离出来，沉到杯底。而微粒灰尘和雾状水汽则由滤芯滤除。为防止气体旋转将存水杯中积存的污

水卷起，在滤芯下部设有挡水板。在水杯中的污水应通过下面的排水阀及时排放掉。

知识拓展

1. 冷却器

冷却器安装在空气压缩机的后面，也称后冷却器。它将空气压缩机排出的温度达 140 ~ 170℃的压缩空气降至 40 ~ 50℃，压缩空气中的油雾和水汽达到饱和，大部分凝结成油滴和水滴而析出。常用冷却器的结构形式有蛇形管式、列管式、散热片式、套管式等，冷却方式有水冷式和气冷式两种。图 10－4 所示为列管水冷式冷却器的结构及图形符号。

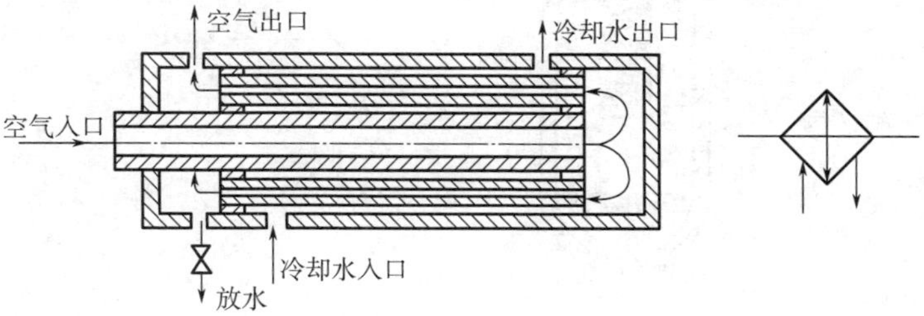

（a）结构原理　　（b）图形符号

图 10－4　列管水冷式冷却器的结构及图形符号

2. 油水分离器

油水分离器安装在后冷却器后面的管道上，作用是分离并排除空气中凝集的水分、油分和灰尘等杂质，使压缩空气得到初步净化。油水分离器的结构形式有环行回转式、撞击折回式、离心旋式、水浴式以及组合形式等。如图 10－5 所示为撞击折回式油水分离器的结构及图形符号，当压缩空气由入口进入油水分离器后，首先与隔板撞击，一部分水和油留在隔板上，然后气流上升产生环行回转，这样凝集在压缩空气中的水滴和油滴及灰尘杂质受惯性力作用而分离析出，沉降于壳体底部，并由下面的放水阀定期排出。

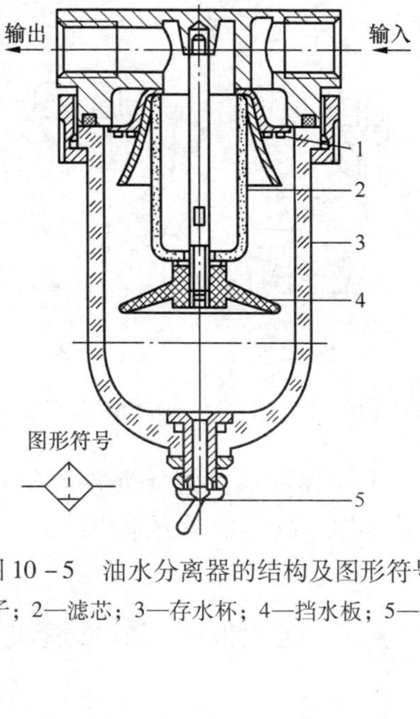

图 10－5　油水分离器的结构及图形符号

1—旋风叶子；2—滤芯；3—存水杯；4—挡水板；5—手动排水阀

3. 干燥器

压缩空气经过除水、除油、除尘的初步净化后，已能满足一般气压传动系统的要求。而对某些要求较高的气动装置或气动仪表，其用气还需要经过干燥处理。如图 10－6 所示的是一种常用的吸附式干燥器的结构及图形符合。当压缩空气通过具有吸附水分性能的吸附剂（如活性氧化铝、硅胶等）后水分即被吸附，从而达到干燥的目的。

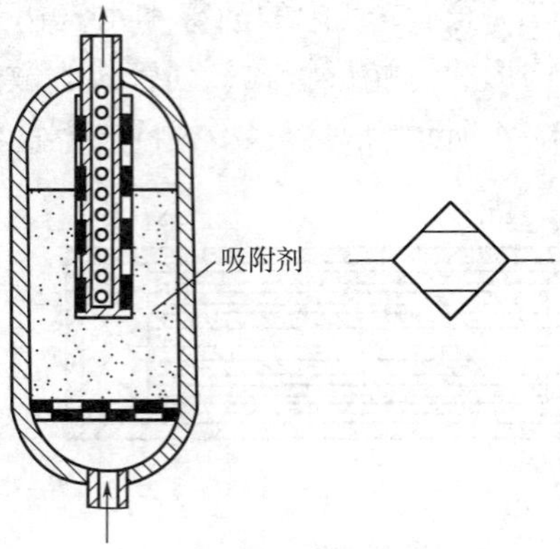

（a）结构　　（b）图形符号

图 10－6　吸附式干燥器的结构及图形符号

4. 储气罐

储气罐的功用：一是消除压力波动；二是储存一定量的压缩空气，维持供需气量之间的平衡；三是进一步分离气中的水、油等杂质。储气罐一般采用圆筒状焊接结构，有立式和卧式两种，通常以立式应用较多，如图 10－7 所示。

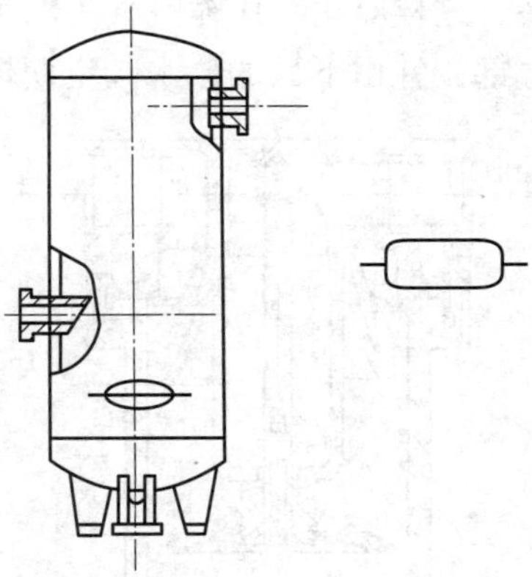

（a）结构　　（b）图形符号

图 10－7　储气罐结构及图形符号

上述冷却器、油水分离器、干燥器和储气罐等元件通常安装在空气压缩机的出口管路上，组成一套气源净化装置，是压缩空气站的重要组成部分。

5. 油雾器

压缩空气经过净化后，所含污油、浊水得到了清除，但是一般的气动装置还要求压缩空气具有一定的润滑性，以减轻其对运动部件的表面磨损，改善其工作性能。因此要用油雾器对压缩空气喷洒少量的润滑油。油雾器如图 10－8 所示。压力为 p_1 的压缩空气流经狭窄的颈部通道时，流速增大，压力降为 p_2，由于压差 $p=p_1-p_2$ 的出现，油池中的润滑油就沿竖直细管（称文氏管）被吸往上方，并滴向颈部通道，随即被压缩气流喷射雾化带入系统。

油雾器、分水滤气器、减压阀三件通常组合使用称为气动三联件，是多数气动设备必不可少的气源装置，其安装次序依进气方向为分水滤气器、减压阀、油雾器。

6. 消声器

气压传动系统一般不设排气管道，用后的压缩空气便直接排入大气，伴随有强烈的排气噪声，一般可达 100～120 dB。为降低噪声，可在排气口装设消声器。

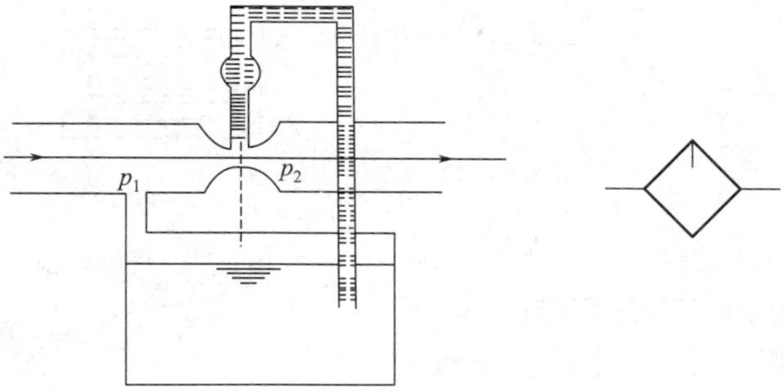

（a）结构　　（b）图形符号

图 10－8　油雾器的结构及图形符号

消声器是通过阻尼或增加排气面积来降低排气的速度和功率，从而降低噪声的。气动元件上使用的消声器的类型一般有三种：吸收型消声器、膨胀干涉型消声器、膨胀干涉吸收型消声器。如图 10－9 所示为吸收型消声器的结构及图形符号，它依靠装在体内的吸声材料（玻璃纤维、毛毡、泡沫塑料、烧结材料等）来消声，是目的应用最广泛的一种。

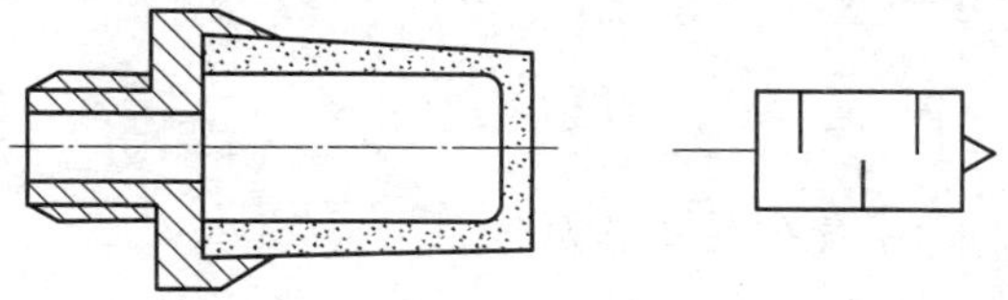

(a)结构　　(b)图形符号

图 10－9　吸收型消声器的结构及图形符号

7. 转换器

气动系统的工作介质是气体，而信号的传感和动作不一定全用气体，可能用液体或电传输，这就要通过转换器来进行转换。常用的转换器有气电转换器、气液转换器。

（1）气电转换器。这是将气信号转变为电信号的装置，也称为压力继电器。其按信号压力的大小可分为低压型（0～0.11 MPa）、中压型（0.1～0.6 MPa）和高压型（>1 MPa）三种。图 10－10 所示为高、中压型压力继电器的结构及图形符号。压缩空气进入下部气室 A 后，膜片受到由下往上的空气压力作用，当压力上升到某一数值后，膜片上方的圆盘带动爪枢克服弹簧力向上移动，使两个微动开关的触头受压发出电信号。旋转定压螺母，即可调节转换压力的范围。

（2）气液转换器。这是将气压能转换为液压能的装置。气液转换器有两种结构形式，一种是直接作用式，即在一筒式容器内，压缩空气直接作用在液面上，或通过活塞、隔膜等作用在液面上，推压液体以同样的压力输出，如图 10－11 所示；另一种是换向阀式元件，它是一个气控液压换向阀，采用这种转换器需要另备液压源。

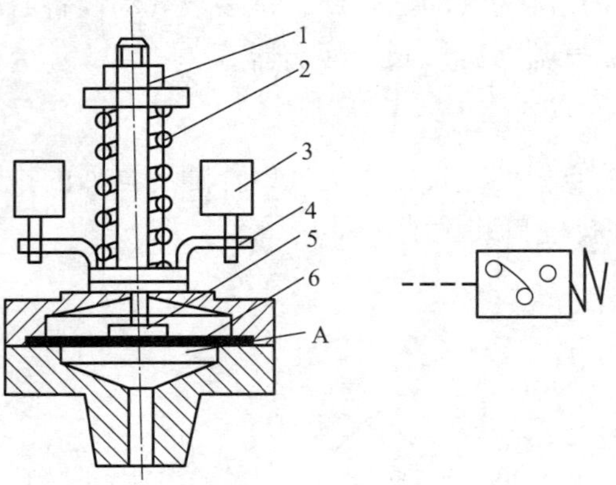

（a）结构　　（b）图形符号

图 10－10　压力继电器的结构及图形符号

1—定压螺母；2—弹簧；3—微动开关；
4—爪枢；5—圆盘；6—膜片

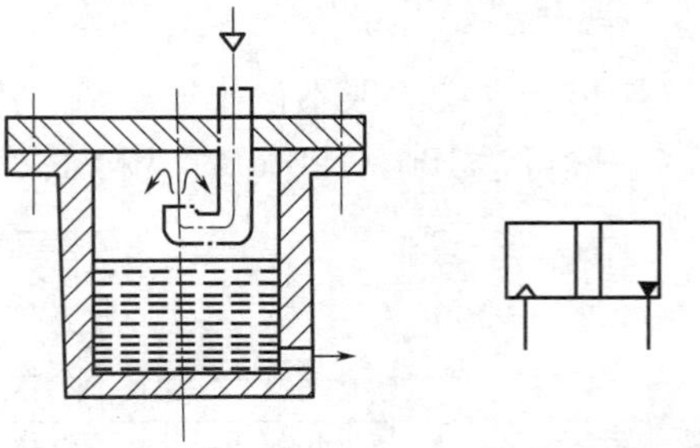

（a）结构　　（b）图形符号

图 10－11　气液转换器的结构及图形符号

任务三　气动执行元件的结构分析

气缸和气动马达是气压传动系统的执行元件，它们将压缩空气的压力能转换为机械能，气缸用于实现直线往复运动或摆动，气动马达则用于实现连续回转运动。

任务描述

分析图 10－12 所示的冲击气缸的工作原理。

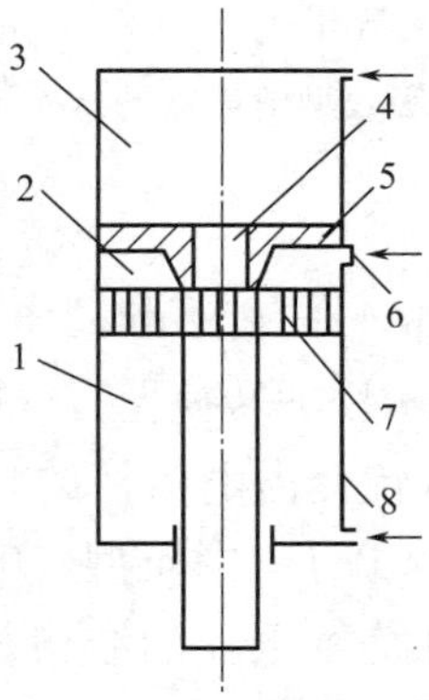

图 10－12　冲击气缸的工作原理图

1—活塞杆腔；2—活塞腔；3—蓄能腔；4—喷嘴口；
5—中盖；6—泄气口；7—活塞；8—缸体

任务分析

冲击气缸是一种较新型的气动执行元件，主要由缸体、中盖、活塞和活塞杆等零件组成，冲击气缸在结构上比普通气缸增加了一个具有一定容积的蓄能腔和喷嘴，中盖与缸体固定，中盖和活塞把气缸分隔成三个部分，即活塞杆腔、活塞腔和蓄能腔。中盖的中心开有喷嘴口。

相关知识

1. 气缸的分类

气缸是用于实现直线运动并做功的元件，其结构、形状有多种形式，分类方法也很多，常用的有以下几种。

（1）按压缩空气作用在活塞端面上的方向，可分为单作用气缸和双作用气缸。单作用气缸只有一个方向的运动是靠气压传动的，活塞的复位靠弹簧力或重力；双作用气缸活塞的往返全部靠压缩空气来完成。

（2）按结构特点可分为活塞式气缸、叶片式气缸、薄膜式气缸、气液阻尼缸等。

（3）按安装方式可分为耳座式气缸、法兰式气缸、轴销式气缸和凸缘式气缸。

（4）按气缸的功能可分为普通气缸和特殊气缸。普通气缸主要指活塞式单作用气缸和双作用气缸；特殊气缸包括气液阻尼缸、薄膜式气缸、冲击式气缸、增压气缸、步进气缸、回转气缸等。

1）单作用气缸

单作用气缸是指压缩空气仅在气缸的一端进气，并推动活塞运动，而活塞的返回则是借助于其他外力，加重力、弹簧力等，其结构如图 10－13 所示。

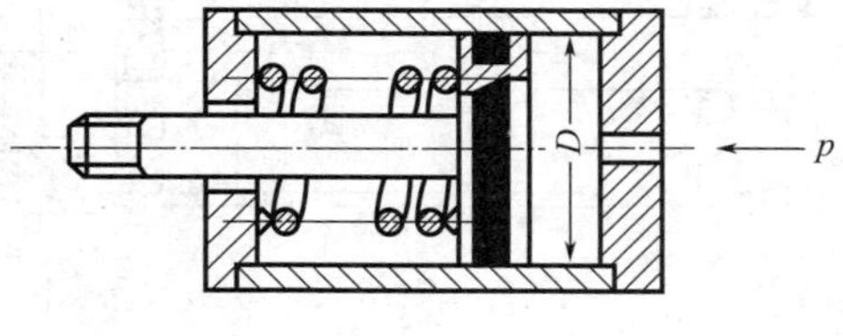

图 10－13　单作用气缸结构示意图

这种气缸有如下几个特点。

（1）由于单边进气，所以结构简单，耗气量小。

（2）由于用弹簧复位，使压缩空气的能量有一部分用来克服弹簧的反力，因而减小了活塞杆的输出推力。

（3）缸体内因安装弹簧而减小了空间，缩短了活塞的有效行程。

（4）气缸复位弹簧的弹力是随其变形大小而变化的，因此活塞杆的推力和运动速度在行程中是变化的。

因此，单作用活塞式气缸多用于短行程及对活塞杆推力、运动速度要求不高的场合，如定位和夹紧装置等。

气缸工作时，活塞杆输出的推力必须克服弹簧的弹力及各种阻力，其计算公式为

$$F = \frac{\pi}{4}D^2 p\eta_c - F_S \qquad (11-1)$$

式中：F——活塞杆上的推力；

D——活塞直径；

p——气缸工作压力；

F_S——弹簧力；

η_c——气缸的效率，一般取0.7~0.8，活塞运动速度小于0.2 m/s时取大值，否则取小值。

2）双作用气缸

双作用气缸可分为以下两种情况。

（1）单活塞杆双作用气缸。单活塞杆双作用气缸是使用最为广泛的一种普通气缸，其结构如图10－14所示。这种气缸工作时活塞杆上的输出力为

$$F_1 = \frac{\pi}{4}D^2 p\eta_c \qquad (11-2)$$

$$F_2 = \frac{\pi}{4}(D^2 - d^2)p\eta_c \qquad (11-3)$$

式中：F_1——当无杆腔进气时活塞杆上的输出力；

F_2——当有杆腔进气时活塞杆上的输出力；

D——活塞直径；

d——活塞杆直径。

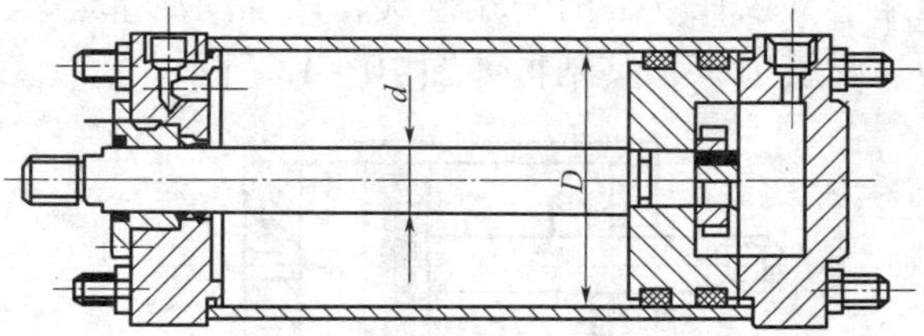

图10－14　单活塞杆双作用气缸结构示意图

（2）双活塞杆双作用气缸。双活塞杆双作用气缸使用得较少，其结构与单活塞杆气缸基本相同，只是活塞两侧都装有活塞杆。因两端活塞杆直径相同，所以活塞往复运动的速度和输出力均相等，其输出力用式（11－3）计算。这种气缸常用于气动加工机械及包装机械设备上。

3）薄膜式气缸

薄膜式气缸是利用膜片使压缩空气推动活塞杆作往复运动，它具有结构紧凑、简单、制造容易、成本低、维修方便、寿命长、泄漏少、效率高等优点，适用于气动夹具、自动调节阀及短行程场合。它主要由缸体、膜片和活塞杆等零件组成。它可以是单作用式的，也可以是双作用式的，其结构如图10－15所示。其膜片有盘形膜片和平膜片两种，膜片材料为夹织物橡胶、钢片或磷青铜片。薄膜式气缸与活塞式气缸相比，因膜片的变形量有限，故其行程较短，一般不超过40~50 mm。其最大行程L_{max}与缸径D的关系为

$$L_{max} = (0.12 \sim 0.25)\ D$$

因膜片变形要吸收能量，所以活塞杆上的输出力随着行程的增大而减小。

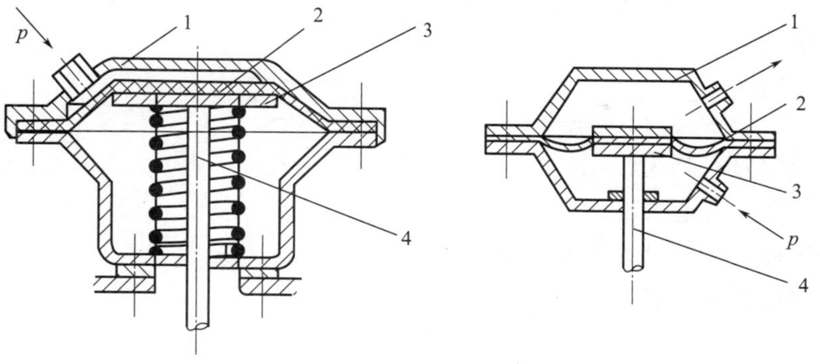

（a）单作用式　　　（a）双作用式

图 10－15　薄膜式气缸结构示意图

1—缸体；2—膜片；3—膜盘；4—活塞杆

4）气液阻尼缸

普通气缸工作时，由于气体压缩性大，当负载变化较大时会产生“爬行”或“自走”现象，使气缸的工作不平稳。为了解决这个问题，人们就在气缸中加入液压缸来保证活塞运动的平稳性，这就是气液阻尼缸。气液阻尼缸是由气缸和液压缸组合而成，它以压缩空气为动力，并利用油液的不可压缩性来获得活塞的平稳运动。

气液阻尼缸按加入液压缸方式的不同，有串联和并联之分。

图 10－16 所示为串联型气液阻尼缸。它将液压缸和气缸串联成一个整体，两个活塞固定在一根活塞杆上。当气缸右腔供气时，活塞克服外载并带动液压缸活塞向左运动，此时液压缸左腔排油，油液只能经节流阀缓慢流回右腔，对整个活塞的运动起到阻尼作用。因此，调节节流阀，就能达到调节活塞运动速度的目的。当压缩空气进入气缸左腔时，液压缸右腔排油，此时单向阀打开，活塞能快速返回。油箱的作用只是用来补充液压缸因泄漏而减少的油量。串联型气液阻尼缸的缸体长，加工与装配的工艺要求高，且两缸间可能产生油气互串现象。

图 10－17 所示为并联型气液阻尼缸，其缸体短，两缸直径可以不同且两缸不会产生油气互串现象。

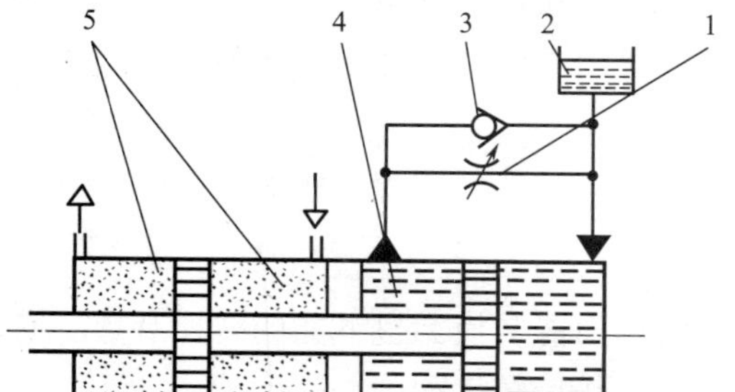

图 10－16　串联型气液阻尼缸结构示意图

1—节流阀；2—油箱；3—单向阀；4—液压缸；5—气缸

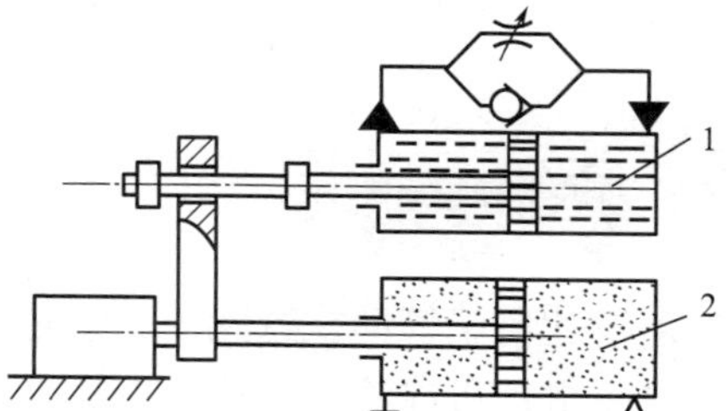

图 10－17　并联型气液阻尼缸结构示意图

1—液压缸；2—气缸

2. 标准化气缸简介

标准化气缸是用符号“QG”表示气缸，用符号“A、B、C、D、H”表示五种系列，具体的标记方法是。

QG	ABCDH	缸径	×	行程

五种标准化气缸系列为：

QGA——无缓冲普通气缸；

QGB——细杆（标族杆）缓冲气缸；

QGC——粗杆缓冲气缸；

QGD——气液阻尼缸；

QGH——回转气缸。

例如，QGA100×125 表示直径为 100 mm、行程为 125 mm 的无缓冲普通气缸。

标准化气缸的主要参数是缸筒内径 D 和行程 L。因为在一定的气源压力下，缸筒内径标志气缸活塞杆的理论输出力，行程标志气缸的作用范围。

标准化气缸系列有 11 种规格。

缸径 D/mm：40、50、63、125、160、200、250、320、400。

行程 L/mm：对无缓冲气缸 $L=(0.5\sim2)D$；对有缓冲气缸 $L=(1\sim10)D$。

任务实施

图 10－12 所示冲击气缸的工作原理：当压缩空气进入蓄能腔时，其压力只能通过喷嘴口小面积地作用在活塞上，还不能克服活塞杆腔的排气压力所产生的向上的推力以及活塞与缸体间的摩擦力，喷嘴处于关闭状态，从而使蓄能腔的充气压力逐渐升高。当充气压力升高到能使活塞向下移动时，活塞的下移使喷嘴口开启，聚集在蓄能腔中的压缩空气通过喷嘴口突然作用于活塞的全面积上。高速气流进入活塞腔进一步膨胀并产生冲击波，波的阵面压力可高达气源压力的几倍到几十倍，给予活塞很大的向下推力。此时活塞杆腔内的压力很低，活塞在很大的压差作用下迅速加速，在很短的时间内以极高的速度向下冲击，从而获得很大的动能。

利用这个能量可产生很大的冲击力，实现冲击做功。例如，内径 230 mm、行程 403 mm 的冲击气缸可产生 400～500 kN 的冲击力。冲击气缸广泛用于锻造、冲压、下料、压坯等加工环节。

知识拓展

气动马达属于气动执行元件，它是把压缩空气的压力能转换为机械能的转换装置。它的作用相当于电动机或液压马达，即输出力矩，驱动机构作旋转运动。

1. 气动马达的分类和工作原理

最常用的气动马达有叶片式、薄膜式、活塞式三种，如图 10－18 所示。

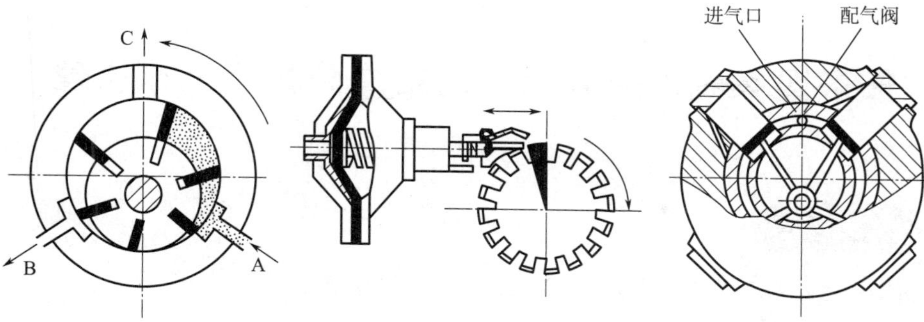

（a）叶片式　　（b）薄膜式　　（c）活塞式

图 10－18　气动马达结构示意图

图 10－18（a）所示为叶片式气动马达。压缩空气由孔 A 输入后分为两路：一路经定子两端密封盖的槽进入叶片底部（图中未示）将叶片推出，叶片就是靠此气压推力和转子转动的离心力作用而紧密地贴紧在定子内壁上；另一路进入相应的密封工作空间，压缩空气作用在两个叶片上。由于两叶片伸出长度不等，就产生了转矩，因而叶片与转子按逆时针方向旋转。做功后的气体由定子上的孔 C 排出，剩余残气经孔 B 排出。若改变压缩空气输入方向，则可改变转子的转速。

图 10－18（b）所示为薄膜式气动马达。它实际上是一个薄膜式气缸，当它作往复运动时，通过推杆端部的棘爪使棘轮作间歇性转动。

图 10－18（c）所示为径向活塞式气动马达。压缩空气从进气口进入配气阀后再进入气缸，推动活塞及连杆组件运动，迫使曲轴旋转，同时，带动固定在曲轴上的配气阀转动，使压缩空气随着配气阀角度位置的改变而进入不同的缸内，依次推动各个活塞运动，由各活塞及连杆带动曲轴连续运转，与此同时，与进气状态的气缸相对应的气缸则处于排气状态。

2. 气动马达的特点

气动马达具有以下一些优点。

（1）工作安全。可以在易燃、易爆、高温、振动、潮湿、灰尘多等恶劣环境下工作，同时不受高温及振动的影响。

（2）具有过载保护作用。可长时间满载工作而温升较小，过载时马达只是降低转速或停车，当过载解除后，立即可重新正常运转。

（3）可以实现无级调速。通过控制调节节流阀的开度来控制进入气动马达的压缩空气的流量，就能控制调节气动马达的转速。

（4）具有较高的启动转矩，可以直接带负载启动、停止迅速。

（5）功率范围及转速范围均较宽。功率小至几百瓦，大至几万瓦；转速可从每分钟几转到上万转。

（6）结构简单，操纵方便，可正、反转，维修容易，成本低。

气动马达的缺点是：速度稳定性较差，耗气量大，效率低，噪声大。

任务四　气动控制元件的结构分析及工作原理

任务描述

分析图 10－19 所示的直动式调压阀的结构及工作原理。

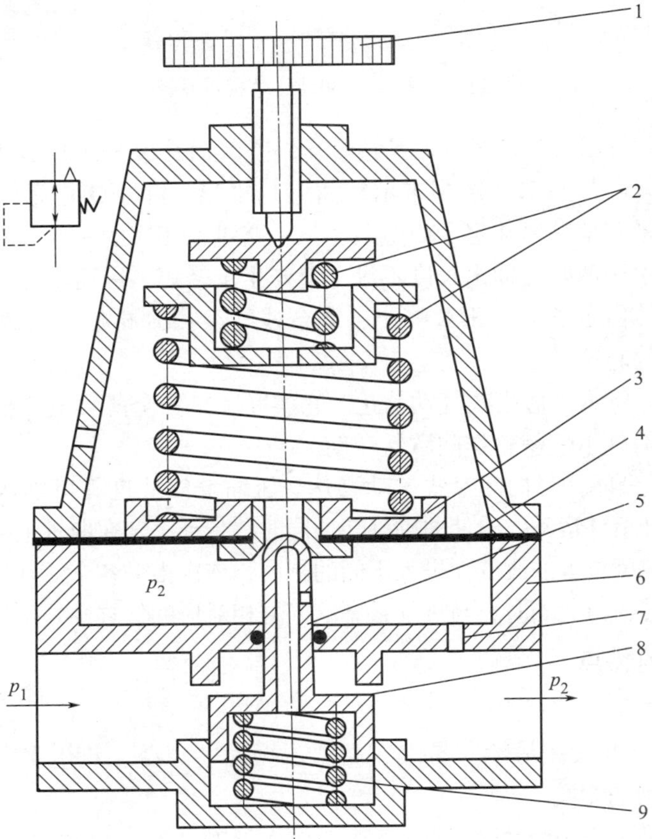

图 10－19　直动式调压阀

1—手柄；2—调压弹簧；3—下弹簧座；4—膜片；5—阀芯；6—阀体；7—阻尼孔；8—阀口；9—复位弹簧

相关知识

直动式调压阀属于压力控制阀，主要用来控制系统中气体的压力，满足各种压力要求或用以节能。

气压传动系统与液压传动系统不同的一个特点是，液压传动系统的液压油是由安装在每台设备上的液压源直接提供；而气压传动则是将高于使用压力的压缩空气储存于储气罐中，然后再减压适用于系统中。因此每台气动装置的供气压力都需要用减压阀（在气动系统中又称调压阀）来减压，并保持供气压力值稳定。对于低压控制系统（如气动测量），除用减压阀降低压力外，还需要用精密减压阀（或定值器）以获得更稳定的供气压力。这类压力控制阀当输入压力在一定范围内改变时，能保持输出压力不变；当管路中压力超过允许压力时，为了保证系统的工作安全，往往用安全阀实现自动排气，以使系统的压力下降；有时，气动装置中不便安装行程阀而要依据气压的大小来控制两个以上的气动执行机构的顺序动作，能实现这种功能的压力控制阀称为顺序阀。因此，在气压传动系统中压力控制可分为三类：一类是起降压稳压作用的减压阀、定值器；一类是起限压安全保护作用的安全阀、限压切断阀等；一类是根据气路压力不同进行某种控制的顺序阀、平衡阀等。所有的压力控制阀，都是利用空气压力和弹簧力相平衡的原理来工作的。

任务实施

图 10－19 所示的直动式调压阀的工作原理：当顺时针方向调整手柄时，调压弹簧（实际上有两个弹簧）推动下弹簧座、膜片和阀芯向下移动，使阀口开启，气流通过阀口后压力降低，从右侧输出二次压力气。与此同时，有一部分气流由阻尼孔进入膜片室，在膜片下产生一个向上的推力与弹簧力平衡，调压阀便有稳定的压力输出。当输入压力 p_1 增高时，输出压力 p_2 也随之增高，使膜片下的压力也增高，将膜片向上推，阀芯在复位弹簧的作用下上移，从而使阀口的开度减小，节流作用增强，使输出压力降低到调定值为止；反之，若输入压力下降，则输出压力也随之下降，膜片下移，阀口开度增大，节流作用降低，使输出压力回升到调定压力，以维持压力稳定。

调节手柄可以控制阀口开度的大小，即可控制输出压力的大小。目前常用的 QTY 型调压阀的最大输入压力为 1.0 MPa，其输出流量随阀的通径大小而改变。

归纳总结

气动调压阀的基本性能如下。

（1）调压阀的调压范围。气动调压阀的调压范围是指它的输出压力 p_2 的可调范围，在此范围内要求达到规定的精度。调压范围主要与调压弹簧的刚度有关。为使输出压力在高低调定值下都能得到较好的流量特性，常采用两个并联或串联的调压弹簧。一般调压阀最大输出压力是 0.6 MPa，调压范围是 0.1～0.6 MPa。

（2）调压阀的压力特性。其是指调压阀的压力特性是指流量 q 一定时，输入压力 p_1 波动而引起输出压力 p_2 波动的特性。输出压力波动越小，减压阀的特性越好。

输出压力 p_2 必须低于输入压力 p_1 一定值后，才基本上不随输入压力变化而变化。如图 10－20 所示。

（3）调压阀的流量特性。其是指调压阀的输入压力 p_1 一定时，输出压力 p_2 随输出流量 q 而变化的特性。当流量 q 发生变化时，输出压力 p_2 的变化越小越好。图 10－21 所示为调压阀的流量特性，由图可见，输出压力越低，它输出流量的变化波动就越小。

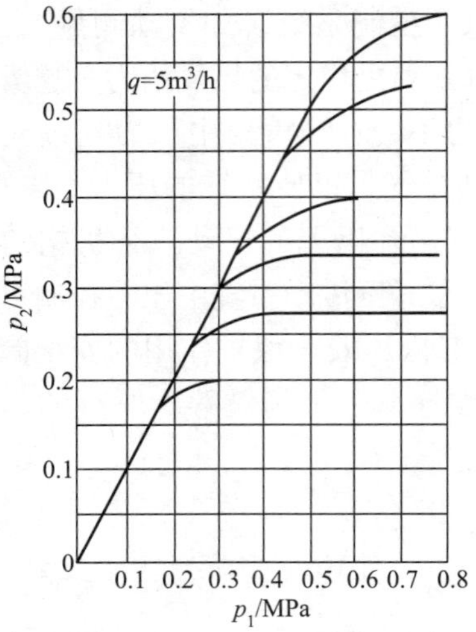

图 10－20　调压阀的压力特性曲线

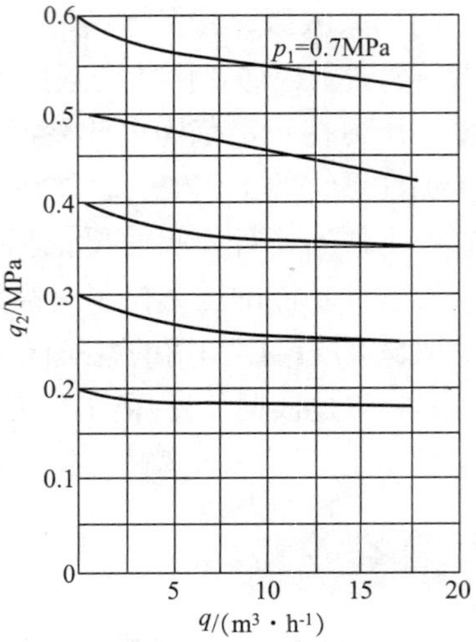

图 10－21　调压阀的流量特性曲线

知识拓展

在气压传动系统中，控制元件是控制和调节压缩空气的压力、流量、流动方向和发送信号的重要元件，利用它们可以组成各种气动控制回路，使气动执行元件按设计的程序正常地进行工作。控制元件按功能和用途可分为方向控制阀、压力控制阀和流量控制阀三大类。此外，尚有通过改变气流方向和通断实现各种逻辑功能的气动逻辑元件和射流元件等。

1. 方向控制阀

气动换向阀和液压换向阀相似，分类方法也大致相同。气动换向阀按阀芯结构不同可分为滑柱式（又称柱塞式、滑阀）、截止式（又称提动式）、平面式（又称滑块式）、旋塞式和膜片式。其中以截止式换向阀和滑柱式换向阀应用较多；按其控制方式不同可以分为电磁换向阀、气动换向阀、机动换向阀和手动换向阀，其中后三类换向阀的工作原理和结构与液压换向阀中相应的阀类基本相同；按其作用特点可以分为单向型控制阀和换向型控制阀。

1）单向型控制阀

常见的单向型控制阀有以下几种。

（1）单向阀。单向阀是指气流只能向一个方向流动而不能反向流动的阀。单向阀的工作原理、结构和图形符号与液压阀中的单向阀基本相同，只不过在气动单向阀中，阀芯和阀座之间有一层胶垫（密封垫），如图 10－22、图 10－23 所示。

图 10－22　单向阀的工作原理图

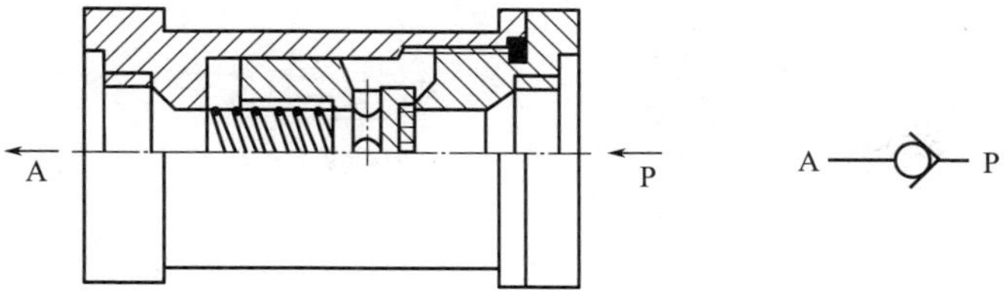

（a）结构　　（b）图形符号

图 10－23　单向阀的结构和图形符号

（2）或门型梭阀。在气压传动系统中，当两个通路 P_1 和 P_2 均与通路 A 相通，而不允许 P_1 与 P_2 相通时、就要采用或门型梭阀。其阀芯像织布梭子一样来回运动，因而称之为梭阀。该阀的结构相当于两个单向阀的组合。在气动逻辑回路中，该阀起到“或”门的作用，是构成逻辑回路的重要元件。

图 10－24 所示为或门型梭阀的工作原理图。当通路 P_1 进气时，将阀芯推向右边，通路 P_2 被关闭，于是气流从 P_1 进入通路 A，如图 10－24（a）所示；反之，气流则从 P_2 进入通路 A，如图 10－24（b）所示；当 P_1、P_2 同时进气时，哪端压力高，A 就与哪端相通，另一端就自动关闭。图 10－24（c）所示为该阀的图形符号。

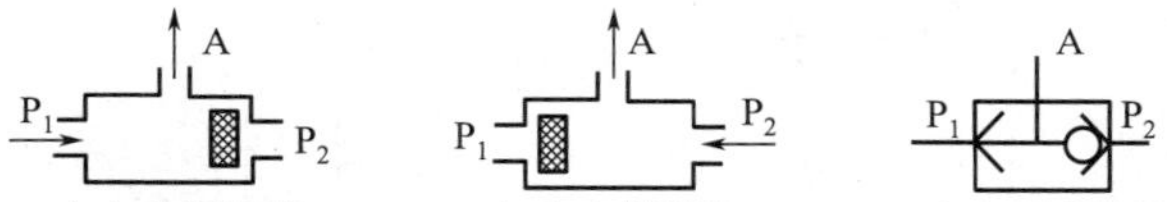

（a）左端通路　　（b）右端通路　　（c）图形符号

图 10－24　或门型梭阀的工作原理图

或门型梭阀在逻辑回路和程序控制回路中被广泛采用，图 10－25 所示是在手动—自动回路的转换上经常用到的或门型梭阀。

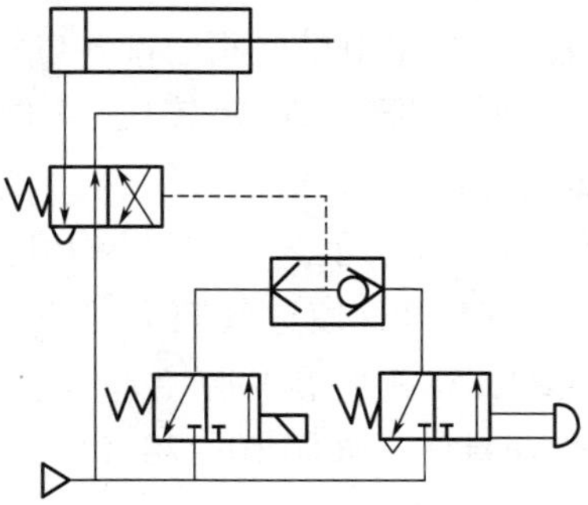

图 10－25　或门型梭阀在手动—自动回路中的应用

（3）与门型梭阀（双压阀）。与门型梭阀又称双压阀，该阀只有在两个输入口 P_1、P_2 同时进气时，A 口才有输出，这种阀也是相当于两个单向阀的组合。图 10－26 所示是与门型梭阀（双压阀）的工作原理图。当 P_1 或 P_2 单独有输入时，阀芯被推向右端或左端，如图 10－26（a）、（b）所示，此时 A 口无输出；只有当 P_1 和 P_2 同时有输入时，A 口才有输出，如图 10－26（c）所示。当 P_1 和 P_2 气体压力不等时，则气压低的通过 A 口输出。图 10－26（d）所示为该阀的图形符号。

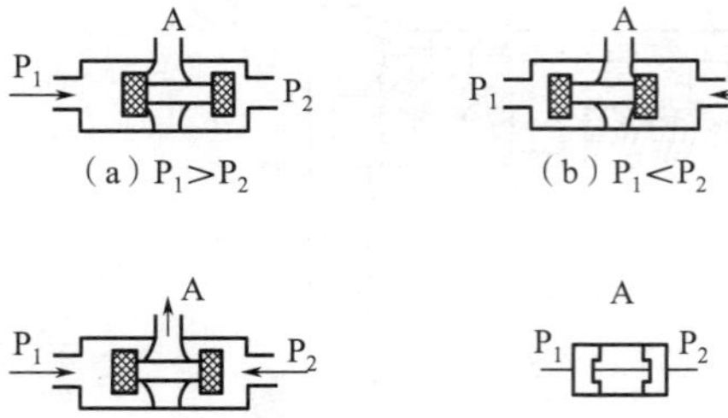

（a）$P_1>P_2$　（b）$P_1<P_2$

（c）$P_1=P_2$　（d）图形符号

图 10－26　与门型梭阀的工作原理图

与门型梭阀的应用很广泛，图 10－27 所示为该阀在钻床控制回路中的应用。行程阀（1）为工件定位信号，行程阀（2）是夹紧工件信号。当两个信号同时存在时，与门型梭阀（双压阀）才有输出，使换向阀切换，钻孔缸进给，钻孔开始。

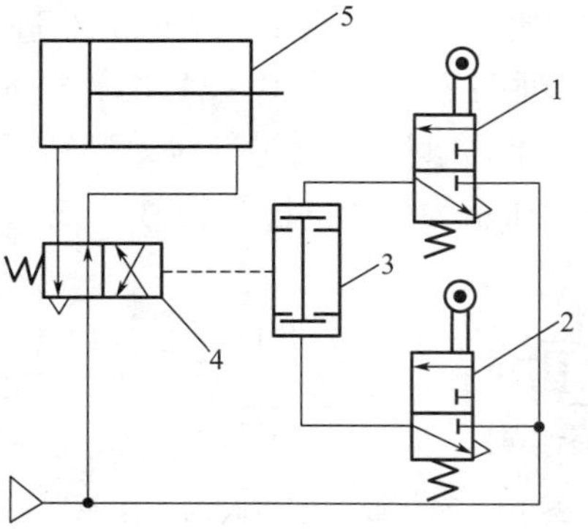

图 10－27　与门型梭阀应用回路

1、2—行程阀；3—与门型梭阀；4—换向阀；5—钻孔缸

（4）快速排气阀。快速排气阀简称快排阀。它是为加快气缸运动速度作快速排气用的。通常气缸排气时，气体是从气缸经过管路由换向阀的排气口排出的。如果从气缸到换向阀的距离较长，而换向阀的排气口又小时，排气时间就较长，气缸动作速度较慢。此时，若采用快速排气阀，则气缸的运动速度可提高 4～5 倍。

快速排气阀的工作原理如图 10－28 所示。当进气腔 P 进入压缩空气时，将密封活塞迅速上推，开启阀口 2，同时关闭排气口 1，使进气腔 P 与工作腔 A 相通，如图 10－28（a）所示；当 P 腔没有压缩空气进入时，在 A 腔和 P 腔压差作用下，密封活塞迅速下降，关闭 P 腔，使 A 腔通过阀口 1 经 O 腔快速排气，如图 10－28（b）所示。图 10－28（c）所示为该阀的图形符号。

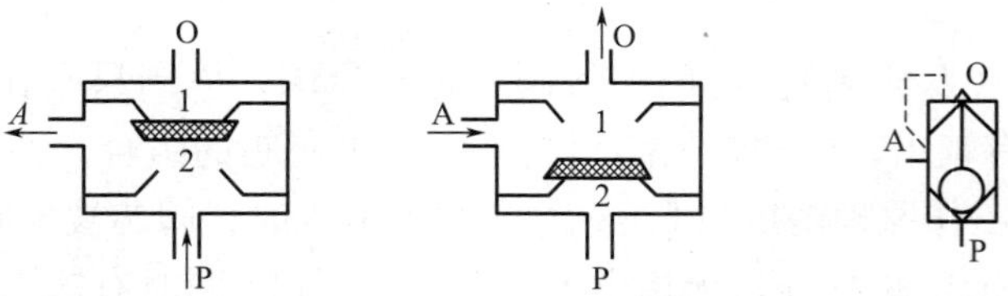

（a）进气　（b）排气　（c）图形符号

图 10－28　快速排气阀的工作原理图

快速排气阀的应用回路如图 10－29 所示。在实际使用中，快速排气阀应配置在需要快速排气的气动执行元件附近，否则会影响快排效果。

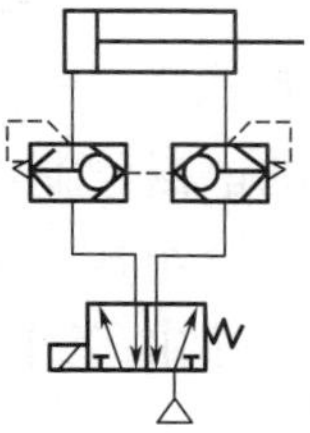

图 10－29　快速排气阀的应用回路

2）换向型控制阀

换向型控制阀（简称换向阀）的功用是改变气体通道使气体流动方向发生变化，从而改变气动执行元件的运动方向。换向型控制阀包括气压控制换向阀、电磁控制换向阀、机械控制换向阀、人力控制换向阀和时间控制换向阀。

（1）气压控制换向阀。气压控制换向阀是利用气体压力使主阀芯运动而使气体改变流向的，按控制方式不同可分为加压控制、卸压控制和差压控制三种。加压控制是指所加的控制信号压力是逐渐上升的，当气压增加到阀芯的动作压力时，主阀便换向；卸压控制指所加的气控信号压力是减小的，当减小到某一压力值时，主阀换向；差压控制是使主阀芯在两端压力差的作用下换向。

气压控制换向阀按主阀结构不同，可分为截止式和滑阀式两种主要形式，滑阀式气压控制换向阀的结构和置作原理与液动换向阀基本相同，在此仅介绍截止式气压控制换向阀（简称截止式气控阀）的工作原理。

图 10－30 所示为单气控截止式气控阀的工作原理图，图 10－30（a）所示为没有控制信号 K 时的状态，阀芯在弹簧及 P 腔压力作用下关闭，阀处于排气状态；当输入控制信号 K［见图10－30（b）］时，主阀芯下移，打开阀口使 P 与 A 相通。故该阀属常闭型二位三通阀，当 P 与 O 换接时，即成为常通型二位三通阀，图 10－30（c）所示为其图形符号。

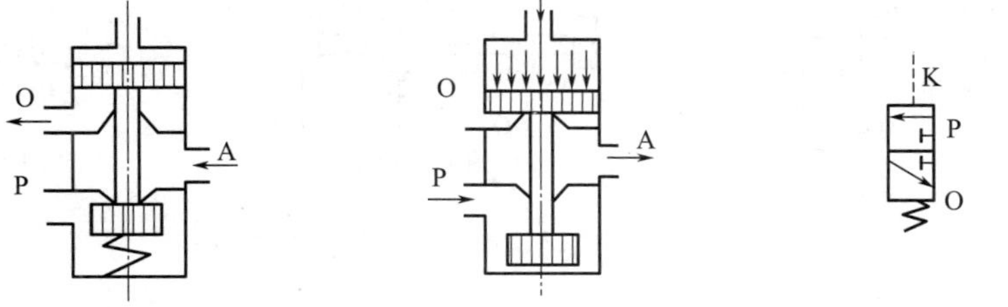

（a）无控制信号　　（b）有控制信号　　（c）图形符号

图 10－30　单气控截止式气控阀的工作原理图

截止式气控阀和滑阀式气控阀一样，可组成二位三通、二位四通、二位五通或三位四通、三位五通等多种形式，与滑阀相比，它有以下几个特点。

① 阀芯的行程短。只要移动很小的距离就能使阀完全开启，故阀开启时间短，通流能力强，流量特性好，结构紧凑，适用于大流量的场合。

② 截止式阀一般采用软质材料（如橡胶）密封且阀芯始终存在背压，所以关闭时密封性好，泄漏量小但换向力较大，换向时冲击力也较大，所以不宜用在灵敏度要求较高的场合。

③ 抗粉尘及污染能力强，对过滤精度要求不高。

（2）电磁控制换向阀。气压传动中的电磁控制换向阀和液压传动中的电磁控制换向阀一样，也是由电磁铁控制部分和主阀两部分组成，按控制方式不同可分为电磁铁直接控制（直动）式电磁阀和先导式电磁阀两种。它们的工作原理分别与液压阀中的电磁阀和电液动阀相类似，只是二者的工作介质不同而已。

① 直动式电磁阀。由电磁铁的衔铁直接推动换向阀阀芯换向的阀称为直动式电磁阀，直动式电磁阀分为单电磁铁和双电磁铁两种。

单电磁铁换向阀的工作原理如图 10－31 所示，（a）图为原始状态，（b）图为通电时的状态，（c）图为该阀的图形符号。从图中可知，这种阀阀芯的移动靠电磁铁，而复位靠弹簧，因而换向冲击较大，故一般只制成小型的阀。

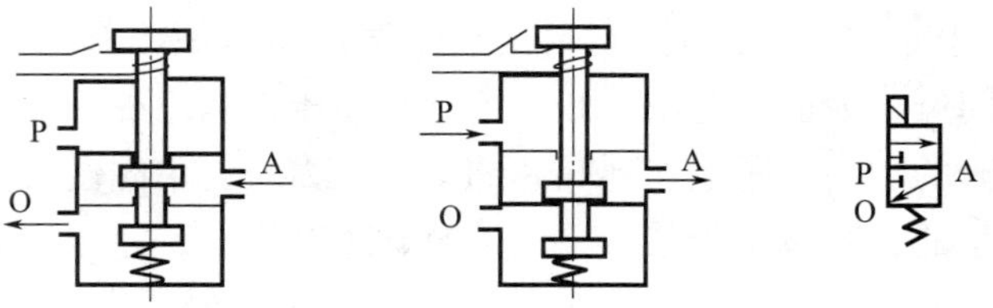

（a）原始状态　（b）通电状态　（c）图形符号

图 10－31　单电磁铁换向阀的工作原理图

若将阀中的复位弹簧改成电磁铁，就成为双电磁铁换向阀，如图 10－32 所示。图 10－32（a）为 1 通电、2 断电时的状态，图 10－32（b）为 2 通电、1 断电时的状态，图 10－32（c）为其图形符号。由此可见，这种阀的两个电磁铁只能交替得电工作，不能同时得电，否则会产生误动作，因而这种阀具有记忆的功能。

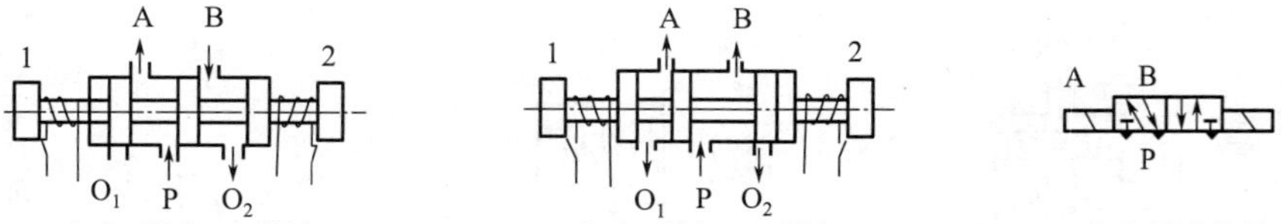

（a）1通电、工断电　（b）2通电、工断电　（c）图形符号

图 10－32　双电磁铁换向阀的工作原理图

这种直动式双电磁铁换向阀亦可构成三位阀，即电磁铁 1 得电（2 失电）、电磁铁 1、2 同时失电和电磁铁 2 得电（1 失电）三个切换位置。在两个电磁铁均失电的中间位置，可形成三种气体流动状态（类似于液压阀的中位机能），即中间封闭（O 型），中间加压（P 型）和中间泄压（Y 型）。

② 先导式电磁阀。由电磁铁首先控制从主阀气源节流出来的一部分气体，产生先导压力，去推动主阀阀芯换向的阀称为先导式电磁阀。该先导控制部分，实际上是一个电磁阀即电磁先导阀，由它所控制用以改变气流方向的阀，称为主阀。由此可见，先导式电磁阀由电

磁先导阀和主阀两部分组成。一般电磁先导阀都单独制成通用件，既可用于先导控制，也可用于气流量较小的直接控制。先导式电磁阀可分单电磁铁控制和双电磁铁控制两种，图10－33所示为双电磁铁控制的先导式电磁阀的工作原理图，图中控制的主阀为二位阀。同样，主阀也可为三位阀。

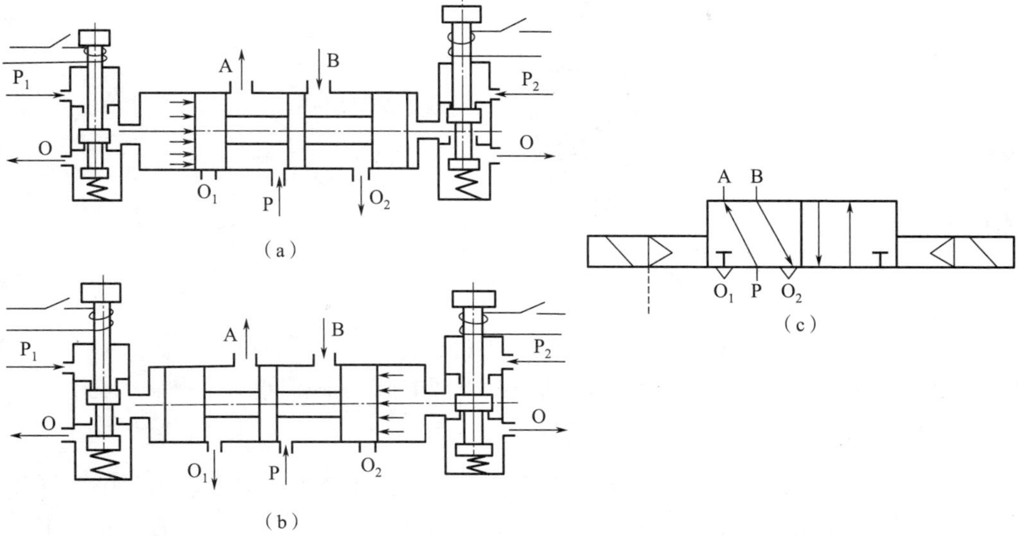

图 10－33　双电磁铁控制的先导式电磁阀的工作原理图

（3）时间控制换向阀。时间控制换向阀是使气流通过气阻（如小孔、缝隙等）节流后到气容（储气空间）中，经一定时间气容内建立起一定压力后，再使阀芯换向的阀。在不允许使用时间继电器（电控）的场合（如易燃、易爆、粉尘大等），气动时间控制就显示出其优越性。

① 延时阀。图 10－34 所示为延时换向阀的工作原理图，它是由延时部分和换向部分组成的。当无气控信号时，P 与 A 断开，A 腔排气；当有气控信号时，气体从 K 腔输入经可调节流阀节流后到气容 a 内，使气容不断充气，直到气容内的气压上升到某一值时，使阀芯由左向右移动，使 P 与 A 接通，A 有输出。当气控信号消失后，气容内气压经单向阀到 *K* 腔排空。这种阀的延时时间可在 0～20 s 间调整。

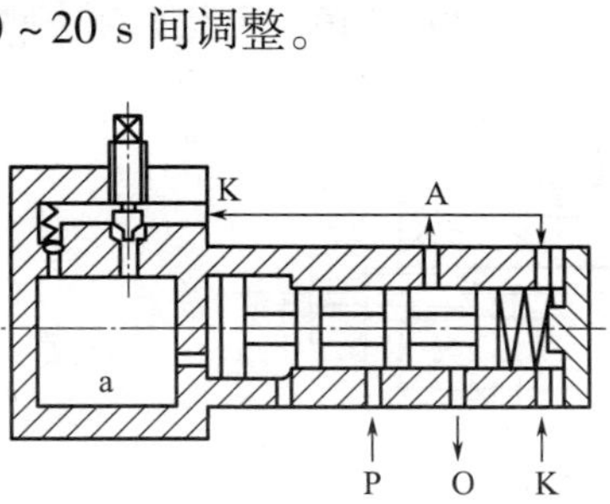

图 10－34　延时换向阀的工作原理图

② 脉冲阀。图 10－35 所示为脉冲阀的工作原理图，它与延时阀一样也是靠气流流经气阻、气容的延时作用，使压力输入长信号变为短暂的脉冲信号输出的阀类。当有气压从 P 口

输入时，阀芯在气压作用下向上移动，A 端有输出。同时，气流从阻尼小孔向气容充气，在充气压力达到动作压力时，阀芯下移，输出消失，这种脉冲阀的工作气压范围为 0.15 ~ 0.8 MPa，脉冲时间小于 2 s。

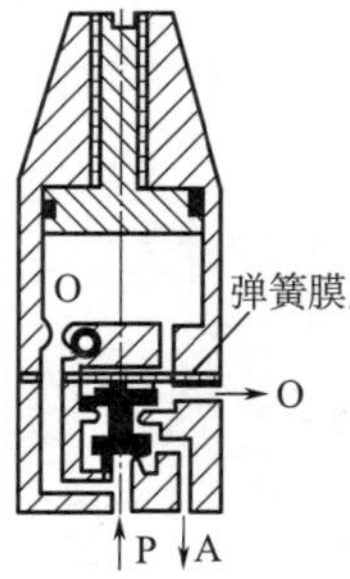

图 10－35 脉冲阀的工作原理图

机械控制和人力控制换向阀分别是靠机动（行程挡块等）和人力（手动或脚踏等）来使阀产生切换动作的，其工作原理与液压阀中相类似的阀基本相同。

2. 流量控制阀

在气压传动系统中，经常需要控制气动执行元件的运动速度，这要靠调节压缩空气的流量来实现。凡用来控制气体流量的阀，称为流量控制阀。流量控制阀就是通过改变阀的通流截面积来实现流量控制的元件，它包括节流阀、单向节流阀、排气节流阀和柔性节流阀等。由于节流阀和单向节流阀的工作原理与液压阀中同类型阀相似，在此不再重复。本节仅对排气节流阀和柔性节流阀作一简要介绍。

1）排气节流阀

排气节流阀的节流原理和节流阀一样，也是靠改变通流面积来调节阀的流量的。它们的区别是，节流阀通常是安装在系统中调节气流的流量，而排气节流阀只能安装在排气口处，调节排入大气的流量。以此来调节执行机构的运动速度。图 10－36 所示为排气节流阀的工作原理图，气流从 A 口进入阀内，由节流口节流后经消声套排出。因而它不仅能调节执行元件的运动速度，还能起到降低排气噪声的作用。

排气节流阀通常安装在换向阀的排气口处与换向阀联用，起单向节流阀的作用。它实际上只不过是节流阀的一种特殊形式。由于其结构简单，安装方便，能简化回路，故应用较为广泛。

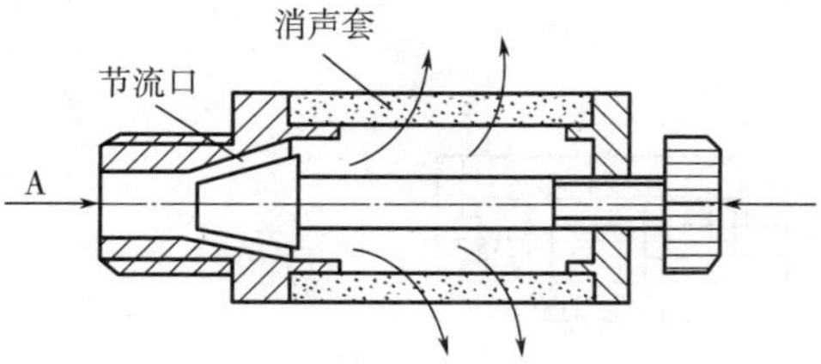

（a）结构

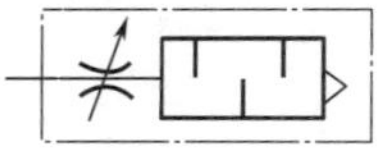

（b）图形符号

图 10－36 排气节流阀的工作原理图

2）柔性节流阀

图 10－37 所示为柔性节流阀的工作原理图，其依靠阀杆夹紧柔韧的橡胶管而产生节流

作用；也可以利用气体压力来代替阀杆压缩橡胶管。柔性节流阀结构简单，动作可靠性高，对污染不敏感，通常工作压力范围为 0.3 ~0.63 MPa。

应当指出，用流量控制阀控制气动执行元件的运动速度，其精度远不如液压控制高。特别是在超低速控制中，要按照预定行程变化来控制速度，只用气动是很难实现的。在外部负载变化较大时，仅用气动流量阀也不会得到满意的调速效果。所以为提高运动平稳性，建议采用气液联动的方式。

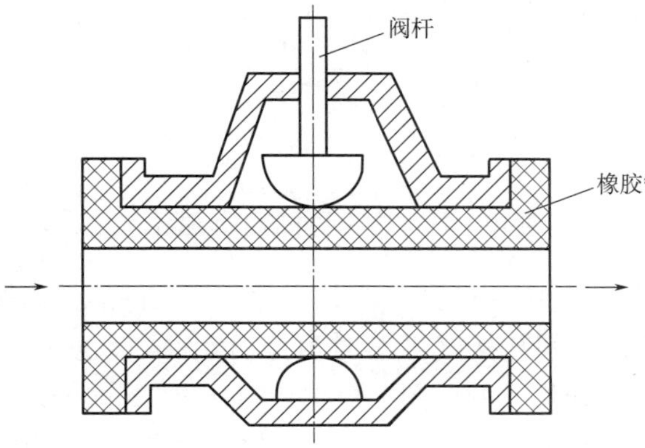

图 10 – 37　柔性节流阀的工作原理图

3. 气动逻辑元件

气动逻辑元件是用压缩空气为介质，通过元件的可动部件在气控信号作用下动作，改变气流方向以实现一定逻辑功能的气体控制元件。实际上气动方向控制阀也具有逻辑元件的各种功能，所不同的是它的输出功率较大，尺寸大。而气动逻辑元件的尺寸较小，因此在气动控制系统中被广泛采用。

气动逻辑元件的种类很多，一般可按下列方式来分类。

（1）按工作压力来分，可分为高压元件（工作压力为 0.2 ~0.8 MPa）、低压元件（工作压力 0.02 ~0.2 MPa）及微压元件（工作压力 0.02 MPa 以下）。

（2）按逻辑功能分，可分为“是门”（$S = A$）元件、“或门”（$S = A + B$）元件、“与门”（$S = AB$）元件，“非门”（$S = \overline{A}$）元件和双稳元件等。

（3）按结构形式分，可分为截止式逻辑元件、膜片式逻辑元件和滑阀式逻辑元件等。

1）高压截止式逻辑元件

高压截止式逻辑元件是依靠控制气压信号推动阀芯或通过膜片的变形推动阀芯动作，改变气流的流动方向以实现一定逻辑功能的逻辑元件。这类元件的特点是行程小、流量大、工作压力高、对气源净化要求低，便于实现集成安装和实现集中控制，其拆卸也很方便。

（1）或门。截止式逻辑元件中的或门，大多由硬芯膜片及阀体所构成，膜片可水平安装，也可垂直安装。图 10 – 38 所示为或门元件的工作原理图，图中 A、B 为信号输入孔，S 为输出孔。当只有 A 有信号输入时，阀芯 a 在信号气压作用下向下移动，封住信号孔 B，气流经 S 输出；当只有 B 有输人信号时，阀芯口在此信号作用下上移，封住 A 信号孔通道，S 也有输出；当 A、B 均有输入信号时，阀芯口在两个信号作用下或上移、或下移、或保持在中位，S 均会有输出。也就是说，或有 A、或有 B、或者 A、B 二者都有，均有输出 S，亦即 S = A + B。

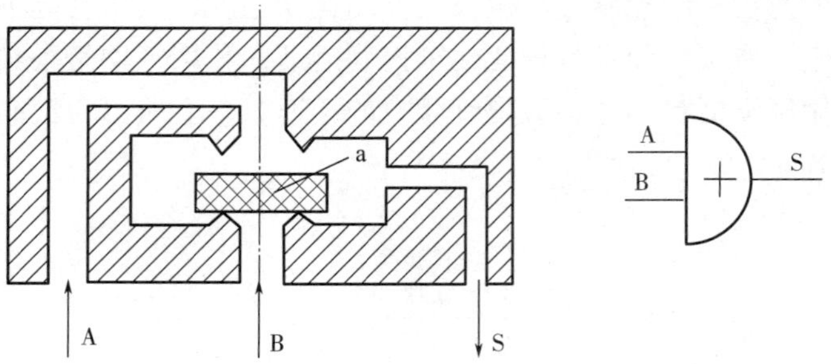

（a）结构　　（b）图形符号

图 10 - 38　或门元件的工作原理图

（2）是门和与门元件。图 10 - 39 所示为是门和与门元件的工作原理图，图中 A 为信号输入孔，S 为信号输出孔，中间孔接气源 P 时为是门元件。也就是说，在 A 输入孔无信号时，阀芯在弹簧及气源压力作用下处于图示位置，封住 P、S 间的通道，使输出孔 S 与排气孔相通，S 无输出。反之，当 A 有输入信号时，膜片在输入信号作用下将阀芯推动下移，封住输出口与排气孔间通道，P 与 S 相通，S 有输出。也就是说，无输入信号时无输出；有输入信号时就有输出。元件的输入和输出信号之间始终保持相同的状态，即 S = A。

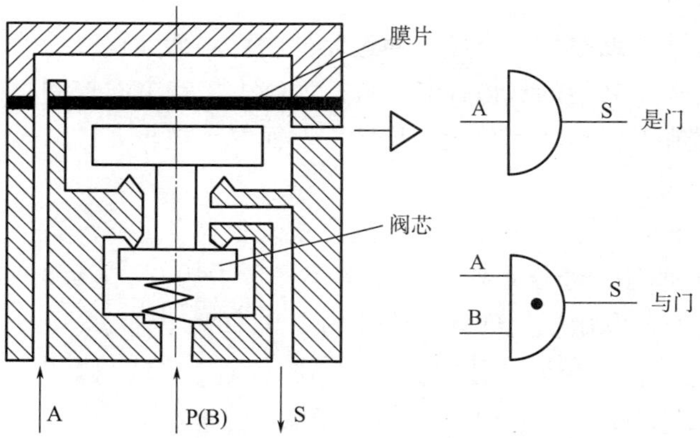

（a）结构　　（b）图形符号

图 10 - 39　是门和与门元件的工作原理图

若将中间孔不接气源而换接另一输入信号 B，则成为与门元件，也就是只有当 A、B 同时有输入信号时，S 才有输出，即 S = AB。

（3）非门和禁门元件。图 10 - 40 所示为非门元件的工作原理图。当元件的输入端 A 没有信号输入时，阀芯在气源压力作用下紧压在上阀座上，输出端 S 有输出信号；反之，当元件的输入端 A 有输入信号时，作用在膜片上的气压力经阀杆使阀芯向下移动，关断气源通路，没有输出。也就是说，当有信号 A 输入时，就没有输出 S，当没有信号 A 输入时，就有输出 S，即 $S = \overline{A}$。显示活塞用以显示有无输出。

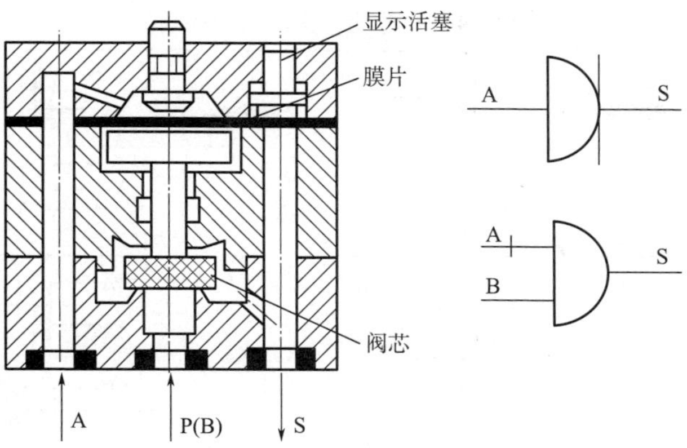

（a）结构　　（b）图形符号

图 10－40　非门和禁门元件的工作原理图

若把中间孔不作气源孔 P，而改作另一输入信号孔 B，该元件即为禁门元件。也就是说，当 A、B 均有输入信号时，阀杆及阀芯在 A 输入信号作用下封住 B 孔，S 无输出；在 A 无输入信号而 B 有输入信号时，S 就有输出。A 的输入信号对 B 的输入信号起禁止作用，即 $S=\bar{A}B$。

（4）或非元件。图 10－41 所示为或非元件的工作原理图，它是在非门元件的基础上增加两个信号输入端，即具有 A、B、C 三个输入信号。很明显，当所有的输入端都没有输入信号时，元件有输出 S，只要三个输入端中有一个有输入信号，元件就没有输出 S，即 $S=\overline{A+B+C}$。

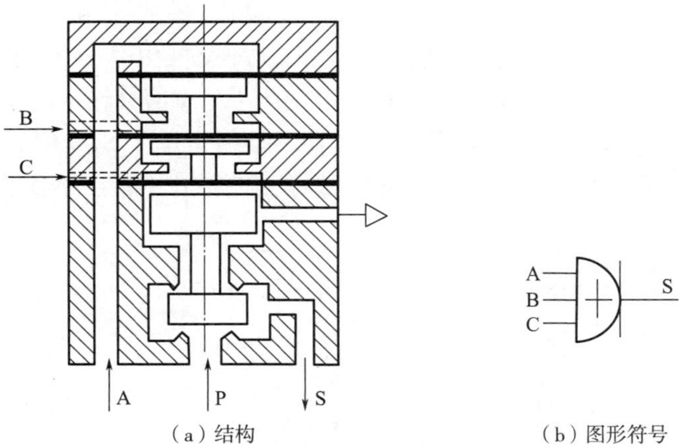

（a）结构　　（b）图形符号

图 10－41　或非元件的工作原理图

或非元件是一种多功能逻辑元件，用这种元件可以实现是门、或门、与门、非门及双稳等各种逻辑功能，如表 11－4 所示。

表 10－4　或非元件实现的逻辑功能

是门	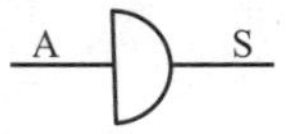	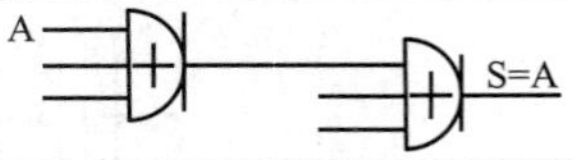
或门	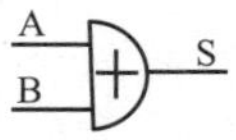	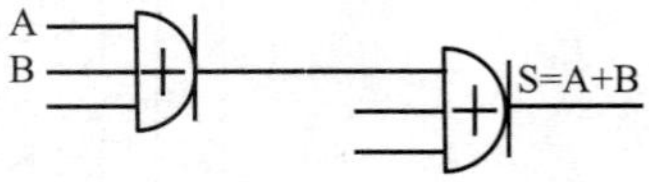
与门	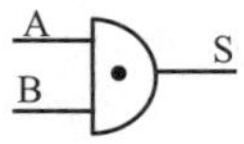	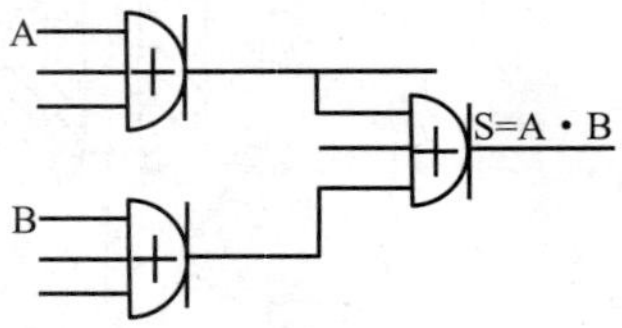
非门	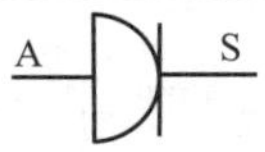	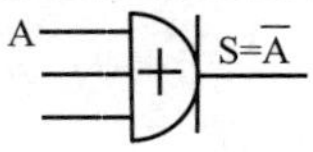
双稳	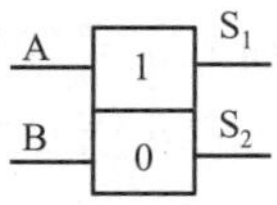	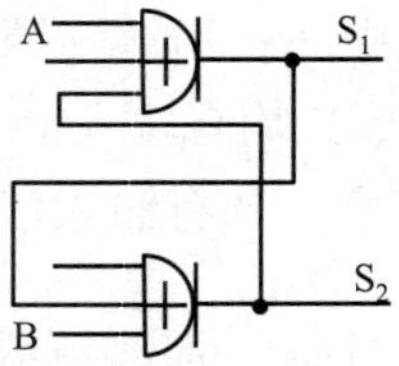

（5）双稳元件。双稳元件属记忆元件，在逻辑回路中起着重要的作用。图 10－42 所示为双稳元件的工作原理图。当 A 有输入信号时，阀芯 a 被推向图中所示的右端位置，气源的压缩空气便由 P 通至 S_1 输出，而 S_2 与排气口相通，此时“双稳”处于“1”状态；在控制端 B 的输入信号到来之前，A 的信号虽然消失，但阀芯 a 仍保持在右端位置，S_1 总是有输出；当 B 有输入信号时，阀芯 a 被推向左端，此时压缩空气由 P 至 S_2 输出，而 S_1 与排气孔相通，于是“双稳”处于“0”状态，在 B 信号消失后，a 信号输入之前，阀芯 a 仍处于左端位置，S_2 总有输出。所以该元件具有记忆功能，即 $S_1 = K_B^A$，$S_2 = K_A^B$。但是，在使用中不能在双稳元件的两个输入端同时加输入信号，那样元件将处于不定工作状态。

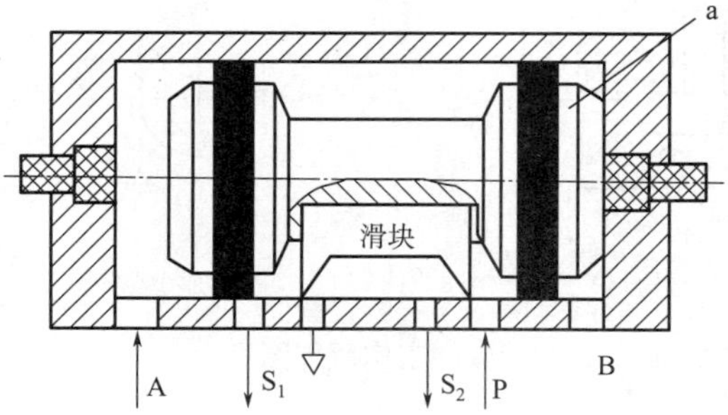

（a）结构

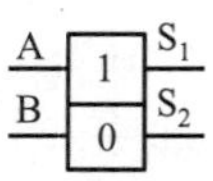

（b）图形符号

图 10－42　双稳元件的工作原理图

2）高压膜片式逻辑元件

高压膜片元件是利用膜片式阀芯的变形来实现各种逻辑功能的。它的最基本的单元是三门元件和四门元件。

（1）三门元件。三门元件的工作原理如图 10－43 所示，它是由左、右气室及膜片组成，左气室有输入口 A 和输出口 B，右气室有一个输入口 C，一膜片将左右两个气室隔开。因为元件共有三个口，所以称为三门元件。在图 11－44 中，A 口接气源（输入），B 口为输出口，C 口接控制信号，若 A 口和 C 口输入相等的压力，由于膜片两边作用面积不同，受力不等，A 口通道被封闭，所以从 A 到 B 的气路不通。当 C 口的信号消失后，膜片在 A 口气源压力作用下变形，使 A 到 B 的气路接通；但在 B 口接负载时，三门的关断是有条件的，即 B 口降压或 C 口升压才能保证可靠地关断。利用这个压力差作用的原理，关闭或开启元件的通道，可组成各种逻辑元件。

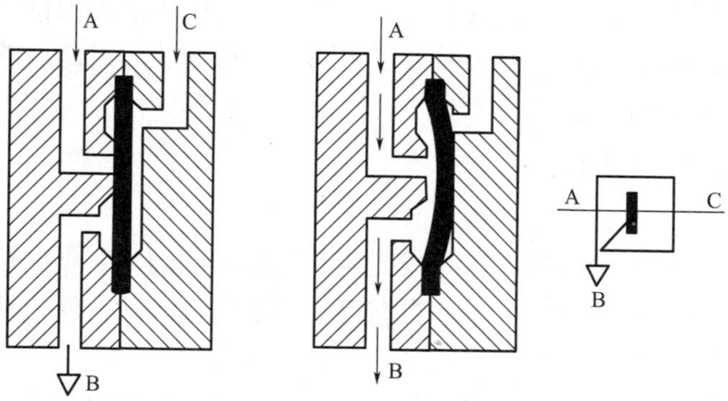

（a）三门关断　（b）三门开启　（c）图形符号

图 10－43　三门元件的工作原理图

（2）四门元件。四门元件的工作原理如图 10－44 所示，膜片将元件分成左右两个对称的气室，左气室有输入口 A 和输出口 B，右气室有输入口 C 和输出口 D，因为共有四个口，所以称之为四门元件。四门元件是一个压力比较元件。若输入口 A 的气压比输入口 C 的气压低，则膜片封闭 B 的通道，使 A 和 B 气路断开，C 和 D 气路接通。反之，C 到 D 通路断开，A 到 B 气路接通。也就是说膜片两侧都有压力且压力不相等时，压力小的一侧通道被断开，压力高的一侧通道被导通；若膜片两侧气压相等，则要看哪一通道的气流先到达气室，先到者通过，后到者不能通过。

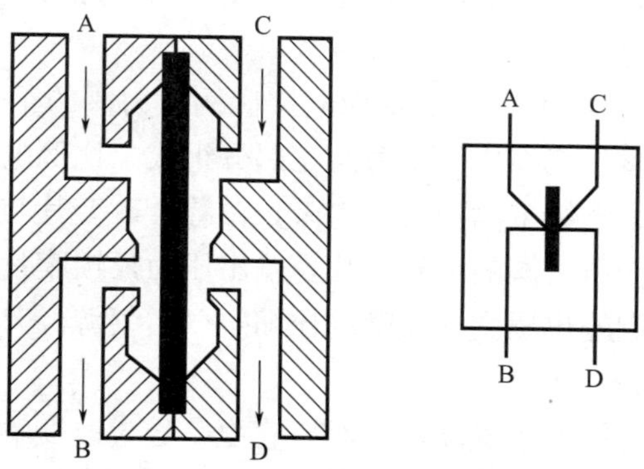

（a）结构　（b）图形符号

图 10－44　四门元件

根据上述三门和四门这两个基本元件，就可构成逻辑回路中常用的或门、与门、非门、双稳元件等。

3）逻辑元件的选用

气动逻辑控制系统所用气源的压力变化必须保障逻辑元件正常工作需要的气压范围和输出端切换时所需的切换压力，逻辑元件的输出流量和响应时间等在设计系统时可根据系统要求参照有关资料选取。

无论采用截止式或膜片式高压逻辑元件，都要尽量将元件集中布置，以便于集中管理。

由于信号的传输有一定的延时，信号的发出点（如行程开关）与接收点（如元件）之间，不能相距太远。一般说来，最好不要超过几十米。

当逻辑元件要相互串联时，一定要有足够的流量，否则可能无力推动下一级元件。

另外，尽管高压逻辑元件对气源过滤要求不高，但最好使用过滤后的气源，一定不要使加入油雾的气源进入逻辑元件。

4. 气动比例阀及气动伺服阀

1）气动比例阀

气动比例阀是一种输出量与输入信号成比例的气动控制阀，它可以按给定的输入信号连续地、按比例地控制气流的压力、流量和方向等。由于比例阀具有压力补偿的性能，所以其输出压力、流量等可不受负载变化的影响。

按控制信号的类型，可将气动比例阀分为气控比例压力阀和电控比例压力阀。气控比例压力阀以气流作为控制信号，控制阀的输出参量，可以进行流量放大，在实际系统中应用时，一般应与电—气转换器相结合，才能对各种气动执行机构进行压力控制。电控比例压力阀则以电信号作为控制信号。

（1）气控比例压力阀。气控比例压力阀是一种比例元件，阀的输出压力与信号压力成比例，如图 10－45 所示，当有输入信号压力时，膜片（1）变形，推动硬芯使主阀芯向下运动，打开主阀口，气源压力经过主阀芯节流后形成输出压力。膜片（2）起反馈作用，并使输出压力信号与信号压力之间保持比例。当输出压力小于信号压力时，膜片组向下运动，使主阀口开大，输出压力增大。当输出压力大于信号压力时，膜片（2）向上运动，溢流阀芯开启，多余的气体排至大气。调节针阀的作用是使输出压力的一部分加到信号压力腔，形成正反馈，增加阀的工作稳定性。

（2）电控比例压力阀。图 10－46 所示为电控比例压力阀的工作原理图。它由动圈式比例电磁铁、喷嘴挡板放大器、气控比例压力阀三部分组成。比例电磁铁由永久磁铁、绕组和片簧构成。当电流输入时，绕组带动挡板产生微量位移，改变其与喷嘴之间的距离，使喷嘴的背压改变。膜片组为比例压力阀的信号膜片及输出压力反馈膜片。背压的变化通过膜片组控制阀芯的位置，从而控制输出压力。喷嘴的压缩空气由气源经节流阀供给。

2）气动伺服阀

气动伺服阀的工作原理类似于气动比例阀，它也是通过改变输入信号来对输出的参数进行连续的、成比例的控制。与比例阀相比，除了在结构上有差异外，主要在于伺服阀具有很高的动态响应和静态性能，但其价格也较贵，使用维护较为困难。

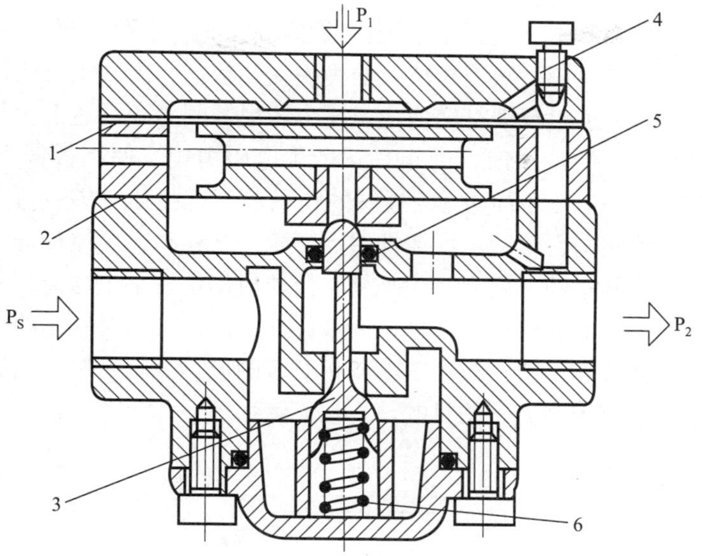

图 10－45　气控比例压力阀的工作原理图

1、2—膜片；3—主阀芯；4—针阀；5—密封圈；6—弹簧

（a）结构　　（b）图形符号

图 10－46　电控比例压力阀

1—永久磁铁；2—绕组；3—挡板；4—喷嘴；5—节流阀；6—弹簧；

7—片簧；8—排气孔；9—插头；10—膜片组；11—阀芯

气动伺服阀的控制信号均为电信号，故又称电—气伺服阀。这是一种将电信号转换成气压信号的电气转换装置，是电—气伺服系统中的核心部件。图 10－47 所示为力反馈式电—气伺服阀工作原理图。其中第一级气压放大器为喷嘴挡板阀，由力矩马达控制，第二级气压放大器为滑阀，阀芯位移通过反馈杆转换成机械力矩反馈到力矩马达上。其工作原理为：当有一电流输入力矩马达控制绕组时，力矩马达产生电磁力矩，使挡板偏离中位（假设其向左偏转），反馈杆变形。这时两个喷嘴挡板阀的喷嘴前腔产生压力差（左腔高于右腔），在此压力差的作用下，滑阀向右移动，反馈杆端点随着一起移动，反馈杆进一步变形，反馈杆变形产生的力矩与力矩马达的电磁力矩相平衡，使档板停留在某个与控制电流相对应的偏转角上。反馈杆的进一步变形使档板被部分拉回中位，反馈杆端点对阀芯的反作用力与阀芯两端的气动力相平衡，使阀芯停留在与控制电流相对应的位移上。这样，伺服阀就输出一个对应的流量，达到了用电流控制流量的目的。

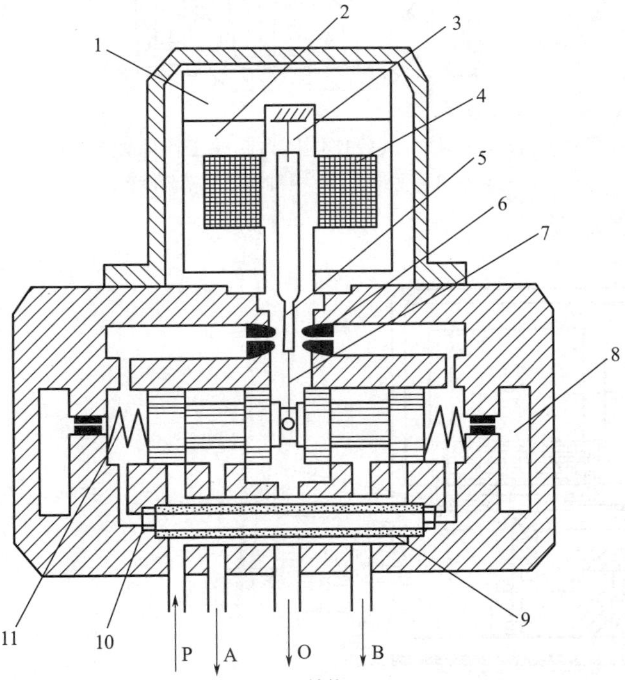

（a）结构

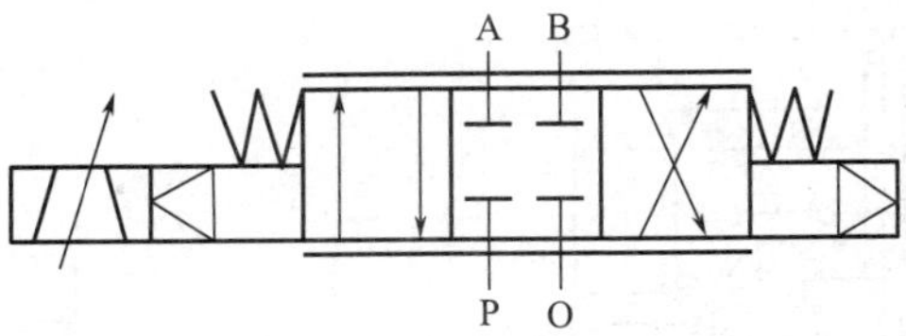

（b）图形符号

图 10－47　力反馈式电—气伺服阀工作原理图

1—永久磁铁；2—导磁体；3—弹簧管；4—绕组；5—挡板；6—喷嘴；7—反馈杆；8—气室；9—滤网；10—节流孔；11—弹簧

思考与练习题

1. 空气压缩机的类型有哪些？

2. 简述活塞式空气压缩机的工作原理。

3. 气缸按结构特点可分为哪几类？气缸选择的主要步骤有哪些？

4. 气动马达有几种类型？简述气动马达的优缺点。

5. 简述冷却器的工作原理。

6. 调压阀的调压弹簧为什么要采用双弹簧结构，这两根弹簧串联时和并联时有什么不同？

7. 流量控制阀有哪些？简述流量控制阀的功用。

8. 方向控制阀按其控制方式不同分哪几类？

9. 单作用气缸内径 $D=63$ mm，复位弹簧最大反力 $F=150$ N，工作压力 $p=0.5$ MPa，负载效率为0.4，求该气缸的推力为多少？

10. 单杆双作用气缸内径 $D=120$ mm，活塞杆直径 $d=36$ mm，工作压力 $p=0.5$ MPa，气缸负载效率为0.5，求该气缸的拉力和推力各为多少？

项目十一

气动回路工作原理分析

【项目描述】根据气动基本回路图分析其工作原理。

【技能目标】能识别气动基本回路图中各气动元件的名称，并能分析气动回路工作原理。

【知识目标】掌握常用的气动基本回路的工作原理。

气压传动系统与液压传动系统一样，也是由具有各种功能的基本回路组成的。因此，熟悉和掌握气动基本回路是分析气压传动系统的基础。

任务一　过载保护回路工作原理分析

任务描述

分析图 11－1 所示的过载保护回路的工作原理。

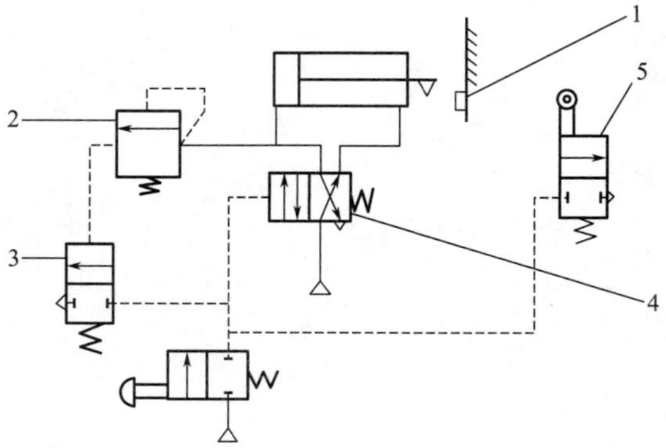

图 11－1　过载保护回路

1—挡铁；2—顺序阀；3、4、5—换向阀

任务分析

过载保护回路用来在工作的过程中，避免由于故障等因素造成系统压力过高致使系统元件损坏或发生事故的回路。

任务实施

图 11－1 所示的过载保护回路的工作原理：当活塞杆在伸出过程中，若遇到挡铁或其他原因使气缸过载时，无杆腔压力升高，打开顺序阀，使阀（3）换向，阀（4）随即复位，活塞就立即缩回，实现过载保护；若无障碍，气缸继续向前运动时压下阀（5），活塞即刻返回。

相关知识

常用的气动基本回路有方向控制回路、压力控制回路、速度控制回路、气液联动回路、延时控制回路、计数回路等。

1. 方向控制回路

方向控制回路可分为以下两种。

1）单作用气缸换向回路

图 11－2 所示为单作用气缸换向回路。图 11－2（a）所示为用二位三通电磁阀控制的单作用气缸上、下回路。该回路中，当电磁阀得电时，气缸向上伸出，失电时气缸在弹簧作用下返回。图 11－2（b）所示为三位四通电磁阀控制的单作用气缸上、下和停止的换向回路，该阀在两电磁铁均失电时自动对中，使气缸停于任何位置，但定位精度不高，且定位时间不长。

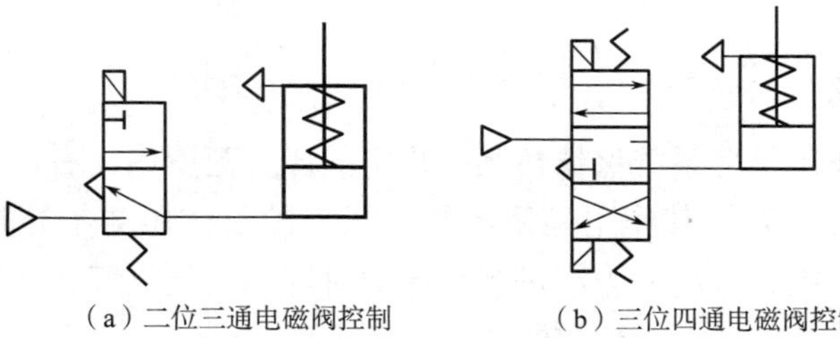

（a）二位三通电磁阀控制　（b）三位四通电磁阀控制

图 11－2　单作用气缸换向回路

2）双作用气缸换向回路

图 11－3 所示为各种双作用气缸的换向回路。

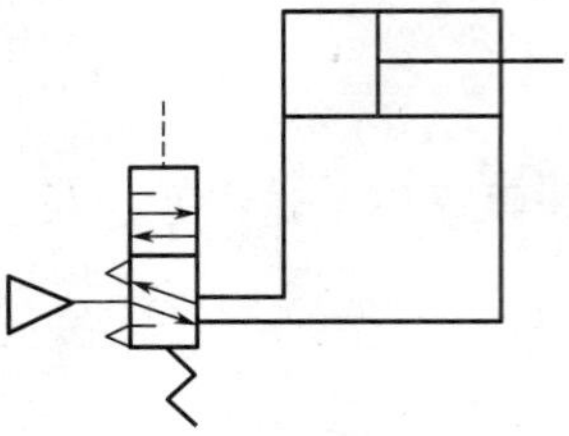

(a) 简单换向
(二位五通)

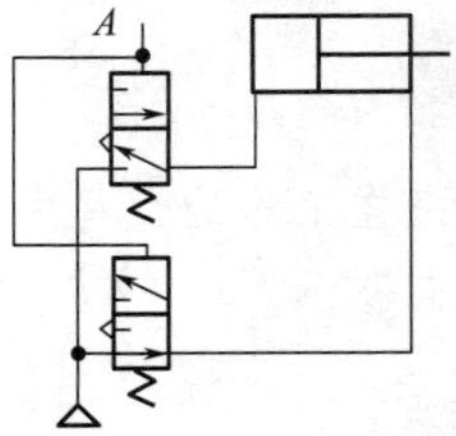

(b) 两个二位三通换向
(气控A)

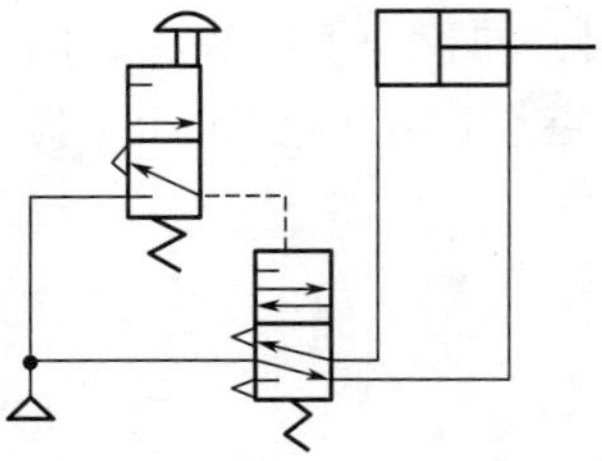

(c) 两个二位三通换向
(手控、气控)

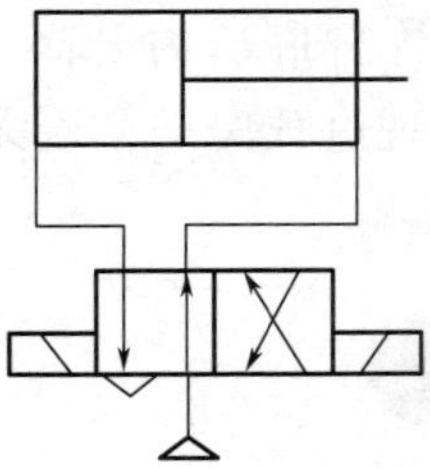

(d) 二位四通电磁换向
(只能一边通电)

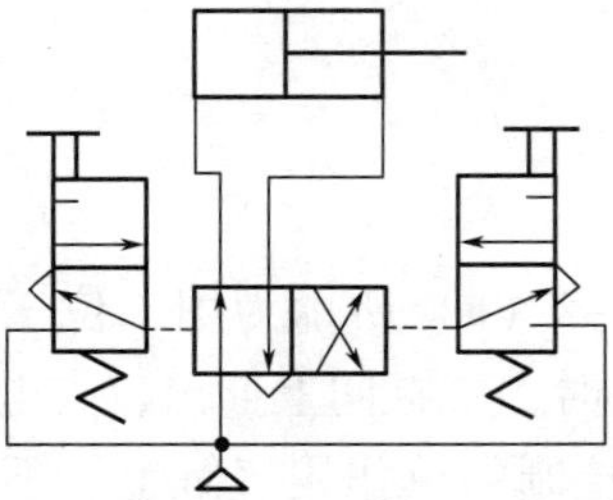

(e) 两个二位三通控制和一个二位四通换向
(只能一边手动按钮压下)

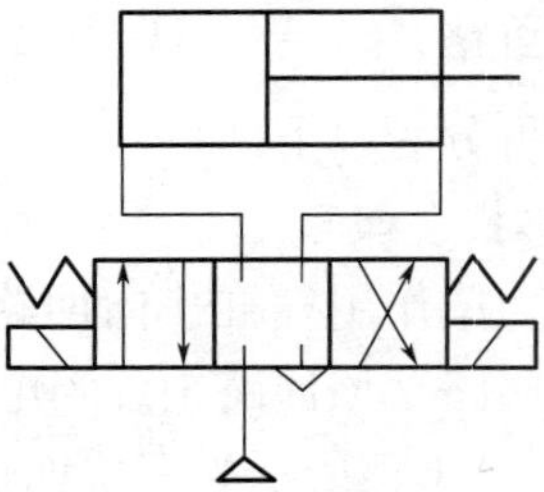

(f) 三位四通电磁换向
(有“中停”)

图 11-3 双作用气缸换向回路

2. 压力控制回路

压力控制回路的作用是使系统保持在某一规定的压力范围内，有以下两种情况。

(1) 一次压力控制回路：其作用是使储气罐送出的气体压力不超过规定压力。一般在储气罐上安装一只安全阀，罐内压力超过规定压力时即向大气放气或在储气罐上装一电接点压力表，罐内压力超过规定压力时即控制压缩机断电。

(2) 二次压力控制回路：如图 11-4 所示为用空气过滤器—减压阀—油雾器（气动三联件）组成的压力控制回路，其作用是保证系统使用的压力为一定值。

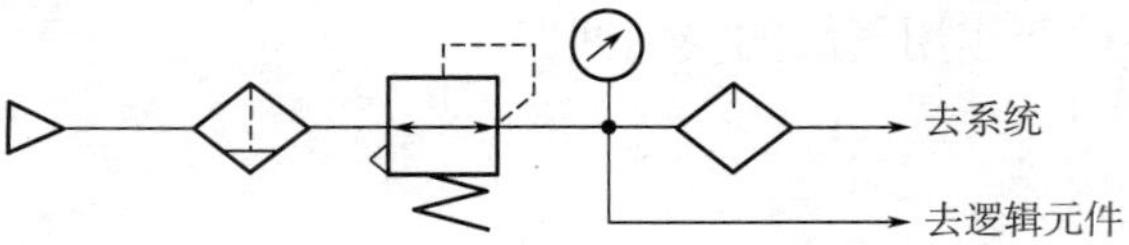

图 11-4 二次压力控制回路

3. 速度控制回路

速度控制回路的基本方法是用节流阀控制进入或排出执行元件的气流量，有以下两种情况。

（1）单作用气缸速度控制回路，有以下两种调速方式。

① 节流阀调速：如图 11－5（a）所示，两反向安装单向节流阀分别控制活塞杆伸出和缩回速度。

② 快排气阀节流调速：如图 11－5（b）所示，活塞上升时可调速（节流阀），活塞下降时通过快排气阀排气，快速返回。

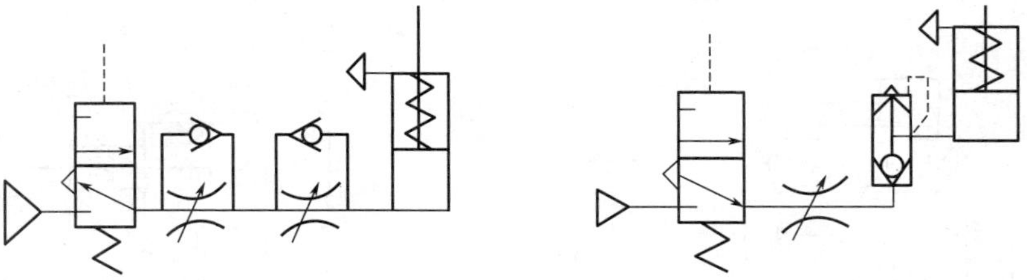

（a）节流阀调速　　（b）快排气阀节流调速

图 11－5　单作用气缸速度控制回路

（2）双作用气缸的速度控制回路。

双向排气节流调速回路采用排气节流调速的方法控制气缸速度，其活塞运动较平稳，比进气节流调速效果好。

图 11－6（a）所示为换向阀前节流控制回路，它是采用单向节流阀式的双向节流调速回路；图 11－6（b）所示为换向阀后节流控制回路，它是采用排气节流阀的双向节流调速回路。

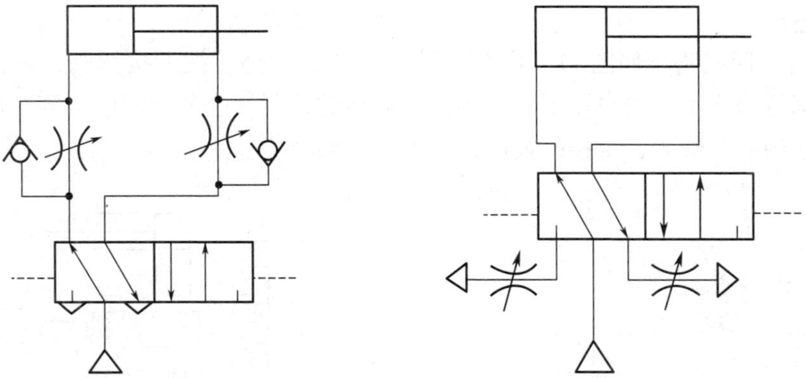

（a）换向阀前节流　　（b）换向阀后节流

图 11－6　双向排气节流调速回路

4. 气液联动回路

在气动回路中，若采用了气液转换器或气液阻尼缸，就相当于把气压传动转换为液压传动，就能使执行元件的速度调节更加稳定，运动也更平稳。

（1）气液转换器的速度控制回路，如图 11－7 所示，利用气液转换器把气压变为液压，再利用液压油驱动液压缸，得到平稳、易于控制的活塞运动速度，调节节流阀可改变活塞运动速度。

（2）气液阻尼缸的速度控制回路，如图 11－8 所示，可实现快进—工进—快退的工作循环，其工作情况如下。

① 快进。K_2 有信号，五通阀右位工作，活塞向左运动，液体缸右腔的油经 a 口进入左腔，气缸快速左进。

② 工进。活塞将 a 口封闭，液压缸右腔的油经 b 口经节流阀回左腔，活塞工进。

③ 快退。K_2 消失，K_1 输入信号，五通阀左位工作，活塞快退。

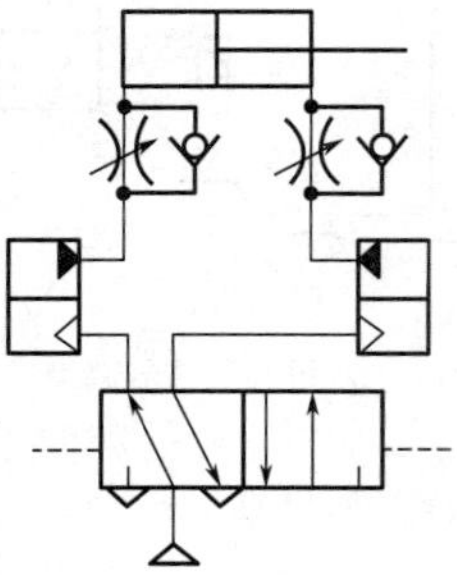

图 11－7　气液转换器的速度控制回路

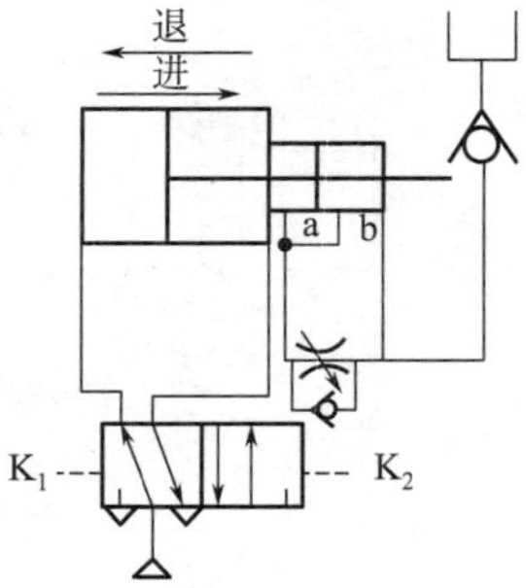

图 11－8　气液阻尼缸的速度控制回路

5. 延时控制回路

延时控制回路有以下两种情况。

（1）延时输出回路。如图 11－9 所示为延时输出回路。当控制信号切换阀（4）后，压缩空气经单向节流阀向气容充气。充气压力延时升高达到一定值使阀（1）换向后，压缩空气就从该阀输出。

（2）延时退回回路。如图 11－10 所示为延时退回回路。按下按钮阀，主控阀换向，活塞杆伸出，至行程终端，挡块压下行程阀，其输出的控制气经节流阀向气容充气，当充气压力延时升高达到一定值后，主控阀换向，活塞杆退回。

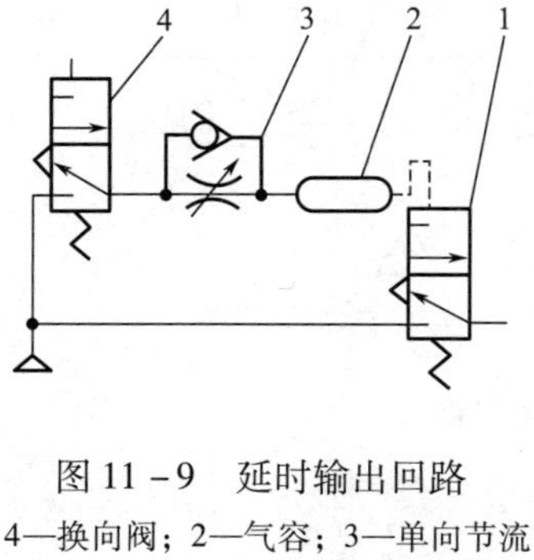

图 11－9　延时输出回路

1，4—换向阀；2—气容；3—单向节流阀

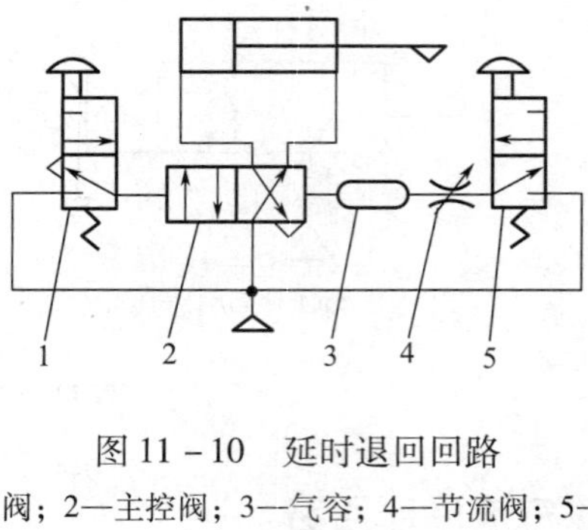

图 11－10　延时退回回路

1—按钮阀；2—主控阀；3—气容；4—节流阀；5—行程阀

知识拓展

1. 互锁回路

图 11－11 所示为互锁回路，主控阀的换向受三个串联的机动三通阀控制，只有三个都接通，主控阀才能换向。

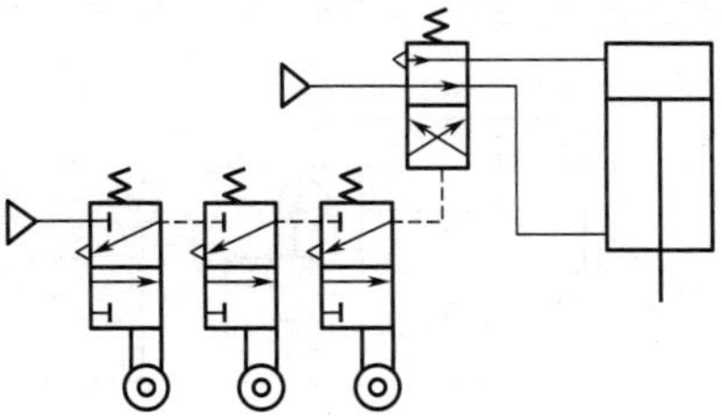

图 11－11　互锁回路

2. 双手同时操作回路

双手同时操作回路就是使用两个启动用的手动阀，只有同时按动两个阀才动作的回路。这种回路常用在锻造、冲压机械上避免误动作，以保护操作者的安全。

图 11－12（a）所示回路为使用逻辑与回路的双手操作回路，为使主控阀换向，必须使压缩空气信号进入其左端，故两只三通手动阀要同时换向，另外这两个阀必须安装在单手不能同时操作的位置上，在操作时，如任何一只手离开则控制信号消失，主控阀复位，活塞杆退回。

图 11－13（b）所示的是使用三位主控阀的双手操作回路，把主控换向阀的信号 A 作为手动换向阀的逻辑与回路，亦即只有手动换向阀（2）、（3）同时动作时，主控换向阀才能换向至上位，活塞杆前进；把信号 B 作为手动换向阀（2）、（3）的逻辑或非回路，即当手动换向阀（2）、（3）同时松开时（图示位置），主控换向阀才能换向至下位，活塞杆退回：若手动换向阀（2）、（3）任何一个动作，则都将使主控阀复位至中位，活塞杆处于停止状态。

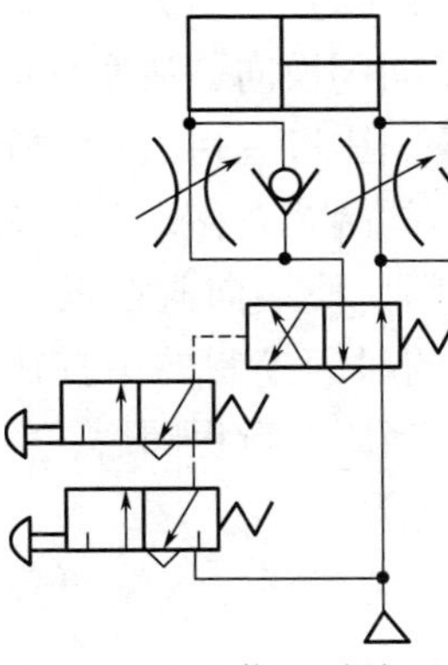

（a）使用逻辑与回路

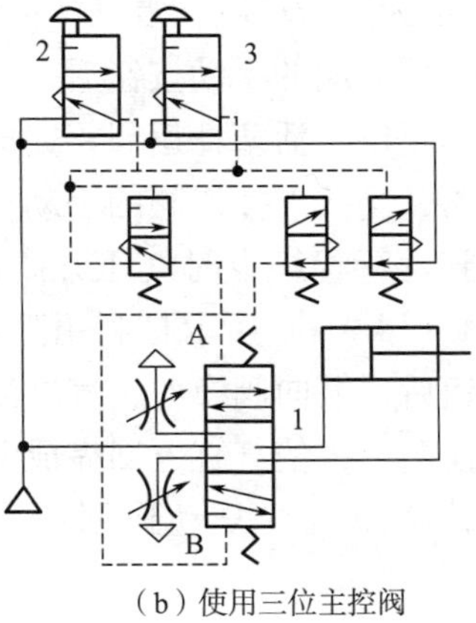

（b）使用三位主控阀

图 11－12　双手同时操作回路

1—主控换向阀；2、3—手动换向阀

任务二　连续往复动作回路工作原理分析

任务描述

分析如图 11－13 所示的连续往复动作回路的工作原理。

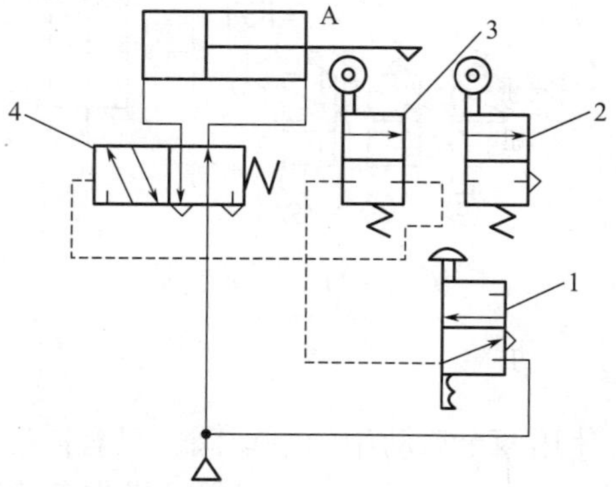

图 11－13　连续往复动作回路
1—按钮阀；2、3—行程阀；4—换向阀

相关知识

单缸往复动作回路可分为单缸单往复动作回路和单缸连续往复动作回路。单缸单往复动作回路指给定一个信号后，气缸只完成 A_1A_0 一次往复动作（A 表示气缸，下标“1”表示 A 缸活塞伸出，下标“0”表示活塞缩回动作）。而单缸连续住复动作回路指输入一个信号后，气缸可连续进行 A_1A_0 动作。

图 11－14 所示为三种单缸往复动作回路。图 11－14（a）所示为行程阀控制的单缸往复动作回路。当按下按钮阀的手动按钮后，压缩空气使换向阀换向，活塞杆前进，当凸块压下行程阀时，换向阀复位，活塞杆返回，完成 A_1A_0 循环；图 11－14（b）所示为压力控制的单缸往复动作回路，当按下按钮阀的手动按钮后，换向阀阀芯右移，气缸无杆腔进气，活塞杆前进，当活塞到达行程终点时气压升高，打开顺序阀，使换向阀换向，气缸返回，完成 A_1A_0 循环：图 11－14（c）所示是利用阻容回路形成的时间控制的单缸往复动作回路，当按下按钮阀的按钮后，换向阀换向，气缸活塞杆伸出，当压下行程阀后，需经过一定的时间后，换向阀才能换向，再使气缸返回完成动作 A_1A_0 的循环。

由以上可知，在单缸往复动作回路中，每按动一次按钮，气缸可完成一个 A_1A_0 的循环。

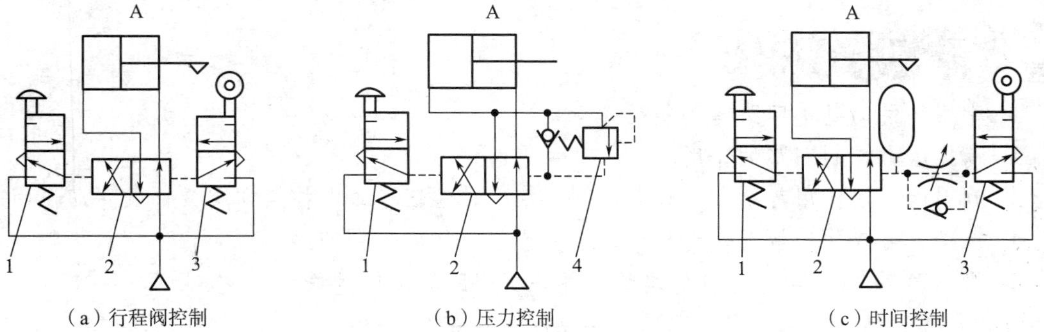

图 11－14　单缸往复动作回路

1—按钮阀；2—换向阀；3—行程阀；4—顺序阀

任务实施

图 11－13 所示的连续往复动作回路的工作原理：当按下按钮阀的按钮后，换向阀换向，活塞向右运动，此时行程阀（3）复位将气路封闭，换向阀不能复位，活塞继续前进；活塞到达行程终点压下行程阀（2），使换向阀控制气路排气。在弹簧作用下换向阀复位，气缸返回。活塞到达行程终点压下行程阀（3），换向阀换向，活塞再次向前，形成 A_1A_0 A_1A_0…连续往复动作，提起按钮阀的按钮后，换向阀复位，活塞返回而停止运动。

知识拓展

两只或多只气缸按一定顺序进行动作的回路，称为多缸顺序动作回路。其应用较广泛，在一个循环顺序里，若气缸只作一次往复，则称为单往复顺序，若某些气缸作多次往复，则称为多往复顺序。若用 A、B、C…表示气缸，仍用下标 1、0 表示活塞的伸出和缩回，则两只气缸的基本动作顺序有 $A_1B_0A_0B_1$、$A_1B_1A_0B_0$ 和 $A_1A_0B_1B_0$ 三种；而三只气缸的基本动作就有 15 种之多，如 $A_1B_1C_1A_0B_0C_0$、$A_1A_0B_1C_1B_0C_0$、$A_1B_1C_1A_0C_0B_0$ 等等。这些顺序动作回路，都属于单往复顺序。图 11－15 所示为两缸多往复顺序动作回路，其基本动作为 $A_1B_1A_0B_0A_1B_1A_0B_0$…的连续往复顺序动作。

在程序控制系统中，把这些顺序动作回路，都叫做程序控制回路。

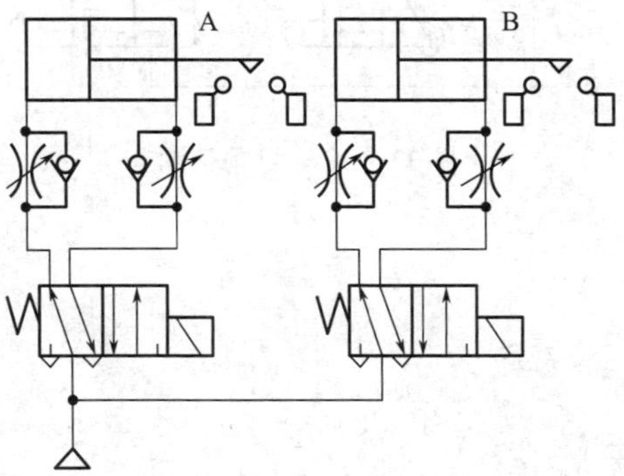

图 11－15　两缸多往复顺序动作回路

思考与练习题

1. 常用的气动基本回路有哪些?
2. 简述压力控制回路的作用。
3. 利用两个双作用气缸，一只顺序阀，一个二位四通单电控换向阀设计顺序动作回路。
4. 试设计一双作用缸动作之后单作用缸才能动作的连锁回路。
5. 指出图 11－16 中各元件的名称，并分析回路的工作过程。

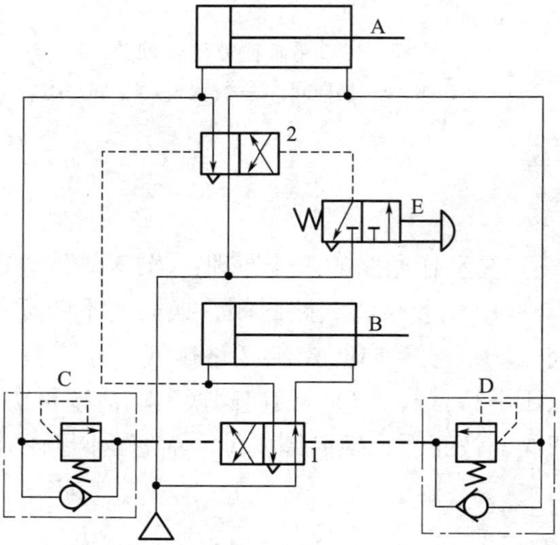

图 11－16 习题 5 图

6. 简述图 11－17 所示换向回路中梭阀的作用。

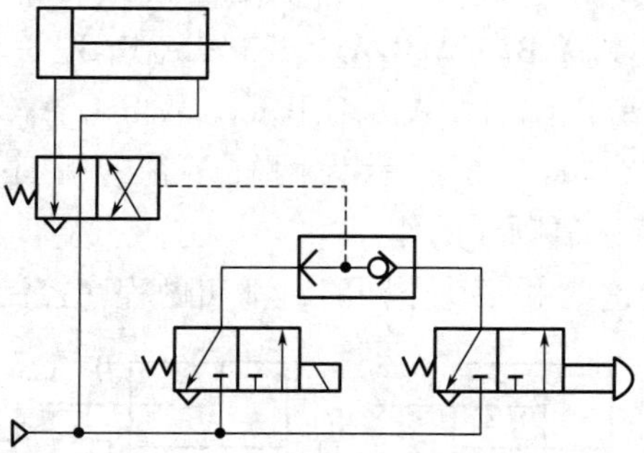

图 11－17 习题 7 图

项目十二

气压传动系统工作原理分析

【项目描述】分析气压传动系统的工作原理。

【技能目标】能根据气压传动系统图，分析其工作原理。

【知识目标】掌握数控加工中心气动换刀系统图的工作原理、气动钻床气压传动系统图的工作原理、气液动力滑台气压传动系统图的工作原理、工件夹紧气压传动系统图的工作原理、理解气动机械手气动回路的工作原理。

任务一 数控加工中心气动换刀系统工作原理分析

任务描述

分析图12－1所示的数控加工中心气动换刀系统的工作原理。

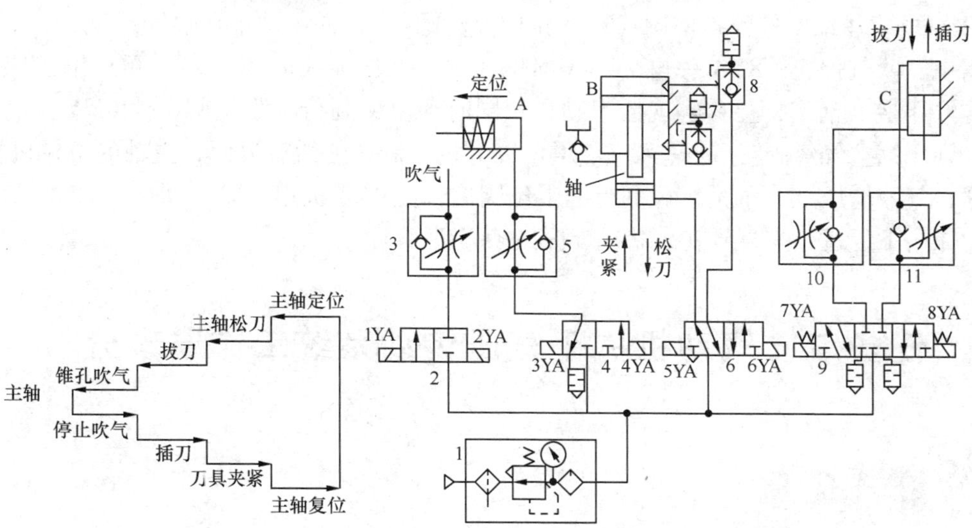

图12－1 数控加工中心气动换刀系统原理图

任务分析

图 12－1 所示为数控加工中心气动换刀系统原理图，该系统在换刀过程中要实现主轴定位、主轴松刀、向主轴锥孔吹气和插刀、刀具夹紧等动作。其换刀程序和电磁铁动作顺序如表 12－1 所示。

表 12－1　换刀程序和电磁铁动作顺序表

工况	电磁铁							
	1YA	2YA	3YA	4YA	5YA	6YA	7YA	8YA
主轴定位				+				
主轴松刀				+		+		
拔刀				+		+		+
向主轴锥孔吹气	+			+		+		+
吹气停	−	+		+		+		+
插刀				+		+	+	−
刀具夹紧				+	+	−		
主轴复位			+	−				

任务实施

图 12－1 所示的数控加工中心气动换刀系统工作原理：当数控系统发出指令时，主轴停止转动，同时 4YA 通电，压缩空气经气动三联件（1）、换向阀（4）、单向节流阀（5）、主轴定位缸 A 的右腔，使缸 A 活塞杆左移伸出，主轴自动定位；定位后压下无触点开关，使 6YA 得电，压缩空气经换向阀（6）、快速排气阀（8）、气液增压缸 B 的上腔，增压缸的高压油使活塞杆伸出，实现主轴松刀；同时使 8YA 得电，压缩空气经换向阀（9）、单向节流阀（11）、缸 C 的上腔，使缸 C 下腔排气，活塞下移实现拔刀，并由回转刀库交换刀具；同时 1YA 得电，压缩空气经换向阀（2）、单向节流阀（3）向主轴锥孔吹气；稍后 1YA 失电、2YA 得电，吹气停止；8YA 失电，7YA 得电，压缩空气经换向阀（9）、单向节流阀（10）进入缸 C 下腔，活塞杆上移实现插刀动作；同时活塞碰到行程限位阀，使 6YA 失电、5YA 得电，则压缩空气经阀（6）进入气液增压缸 B 的下腔，使活塞退回，主轴的机械机构使刀具夹紧；气液增压缸 B 的活塞碰到行程限位阀后，使 4YA 失电、3YA 得电，缸 A 的活塞在弹簧力作用下复位，恢复到初始状态，完成换刀动作。

任务二　气动机械手气压传动系统工作原理分析

任务描述

分析图 12－2 所示的气动机械手的工作原理。

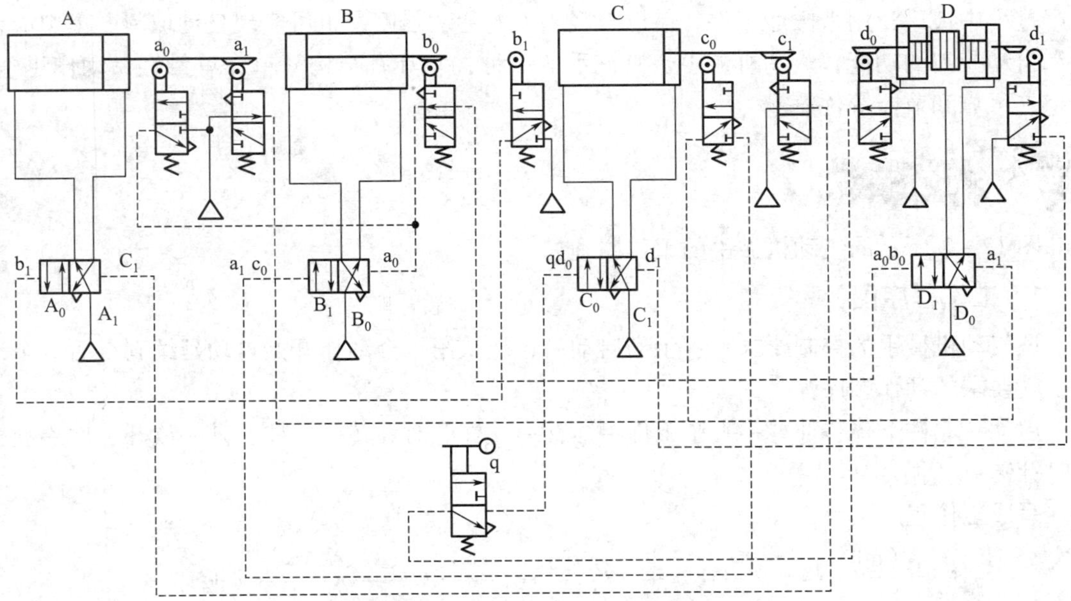

图 12－2　气动机械手气动回路原理图

任务分析

图 12－3 所示的气动机械手由四个气缸组成，如图 12－3 所示，其可在三个坐标内工作，图中 A 为夹紧缸，其活塞退回时夹紧工件，活塞杆伸出时松开工件。B 缸为长臂伸缩缸，可实现伸出和缩回动作。C 缸为立柱升降缸，D 缸为回转缸。D 缸有两个活塞，分别装在带齿条的活塞杆两头，齿条的往复运动带动立柱上的齿轮旋转，从而实现立柱及长臂的回转。

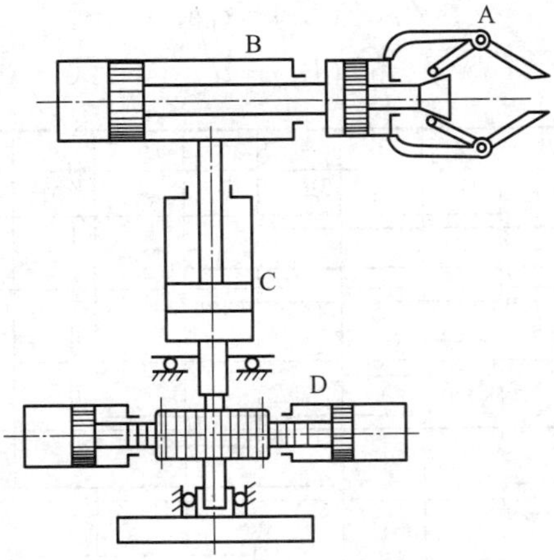

图 12－3　气动机械手的结构示意图

相关知识

机械手是自动生产设备和生产线上的重要装置之一，它可以根据各种自动化设备的工作需要，按照预定的控制程序动作。因此，在机械加工、冲压、锻造、铸造、装配和热处理等生产过程中被广泛用来搬运工件，借以减轻工人的劳动强度；也可实现自动取料、上料、卸料和自动换刀的功能，气动机械手是机械手的一种，它具有结构简单，重量轻，动作迅速、平稳、可靠和节能等优点。

任务实施

图 12－2 所示的气动机械手的工作原理如下。

1. 工作程序图

该气动机械手的控制要求是：手动启动后，能从第一个动作开始自动延续到最后一个动作。其要求的动作顺序为

启动→立柱下降→伸臂→夹紧工件→缩臂→立柱顺时针转→立柱上升→放开工件→立柱逆时针转→（循环）

写成工作程序图为

$$\underline{q\,(qd_0)}\rightarrow A_1\xrightarrow{a_1}B_1\xrightarrow{b_1}B_0\xrightarrow{b_0}B_1\xrightarrow{b_1}B_0\xrightarrow{b_0}A_0\xrightarrow{a_0}\text{（循环）}$$

可写成简化式为 $C_0B_1A_0B_0D_1C_1A_1D_0$。

由以上分析可知，该气动系统属多缸单往复系统。

2. X－D 线图

根据上述的分析可以画出气动机械手在 $C_0B_1A_0B_0D_1C_1A_1D_0$ 动作程序下的 X－D 线图，如图 12－4 所示，从图中可以比较容易地看出其原始信号 c_0 和 b_0 均为障碍信号，因而必须排除。为了减少整个气动系统中元件的数量，这两个障碍信号都采用逻辑回路来排除，其消障后的执行信号分别为

$$c_0^*\,(B_1)=c_0a_1$$
$$b_0^*\,(D_1)=b_0a_0$$

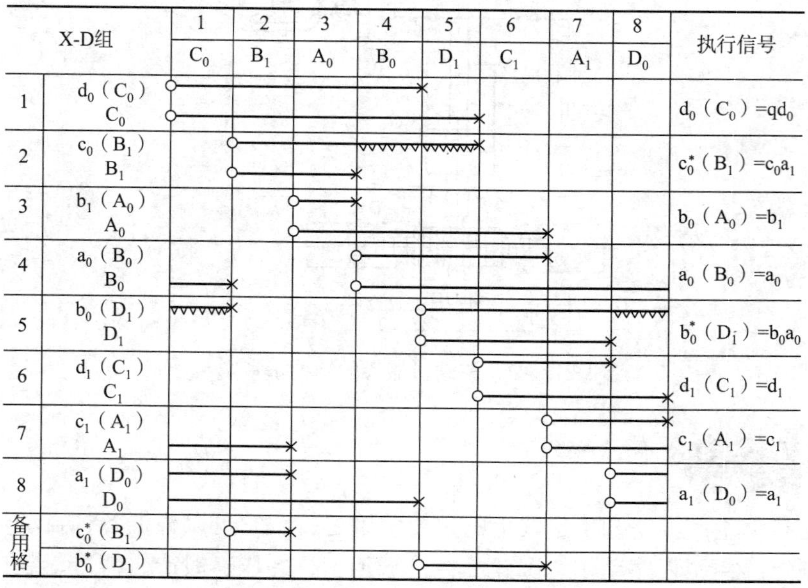

图 12－4　气动机械手 X－D 线图

3. 逻辑原理图

图 12－5 所示为气动机械手在其程序为 $C_0B_1A_0B_0D_1C_1A_1D_0$ 条件下的逻辑原理图。图中列出了四个缸八个状态以及与它们相对应的主控阀，图中左侧列出的是由行程阀、启动阀等发出的原始信号（简略画法）。在三个与门元件中，中间一个与门元件说明启动信号 q 对 d_0 起开关作用，其余两个与门则起排除障碍作用。

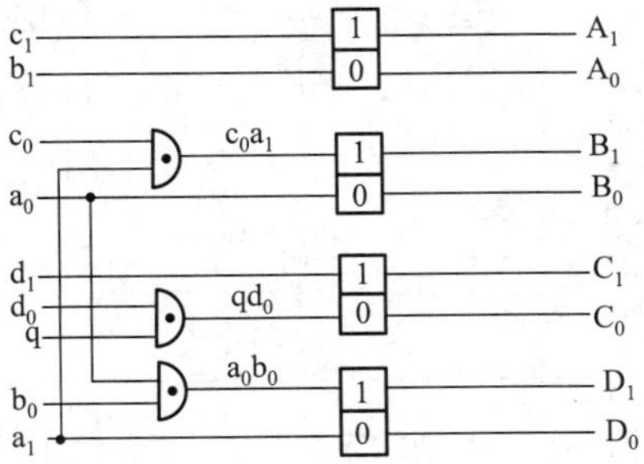

图 12－5　气动机械手的逻辑原理图

4. 气动回路原理图

按图 12－5 所示的逻辑原理图可以绘制出该机械手的气动回路原理图，如图 12－2 所示。在 X－D 图中可知，原始信号 c_0、b_0 均为障碍信号，而且是用逻辑回路法除障。故它们应为无源元件，即不能直接与气源相接，按除障后的执行信号表达式 $c_0^*(B_1)=c_0a_1$ 和 $b_0^*(D_1)=b_0a_0$ 可知，原始信号 c_0 要通过 a_1 与气源相接，同样原始信号 b_0 要通过 a_0 与气源相接。

由该气动回路图分析可知，当按下启动阀 q 后，主控阀 c 将处于 C_0 位，活塞杆退回，即得到 C_0；a_1c_0 将使主控阀 b 处于 B_1 位，活塞杆伸出，得到 B_1；活塞杆伸出碰到 b_1，则控制气使主控阀 a 处于 A_0 位，A 缸活塞退回，即得到 A_0；A 缸活塞杆挡铁碰到 a_0，a_0 又使主控阀 b 处于 B_0 位，B 缸活塞缸返回，即得到 B_0；B 缸活塞杆挡块又压下 b_0，a_0b_0 又使主控阀 d 处于 D_1 位，使 D 缸活塞杆往右运动，得到 D_1；D 缸活塞杆上的挡铁压下 d_1，d_1 则使主控阀 c 处于 C_1 位，使 C 缸活塞杆伸出，得到 C_1，C 缸的活塞杆上挡铁又压下 c_1，则 c_1 使主控阀 a 处于 A_1 位，A 缸活塞杆伸出，即得到 A_1；A 缸活塞杆上的挡铁压下 a_1，a_1 使主控阀 d 处于 D_0 位，使 D 缸活塞杆往左，即得 D_0，D 缸活塞上的挡铁压下 d_0，d_0 经启动阀又使主控阀 c 处于 C_0 位，又开始新的一轮工作循环。

任务三　气动钻床气压传动系统工作原理分析

任务描述

分析图 12－6 所示的气动钻床气压传动系统的工作原理。

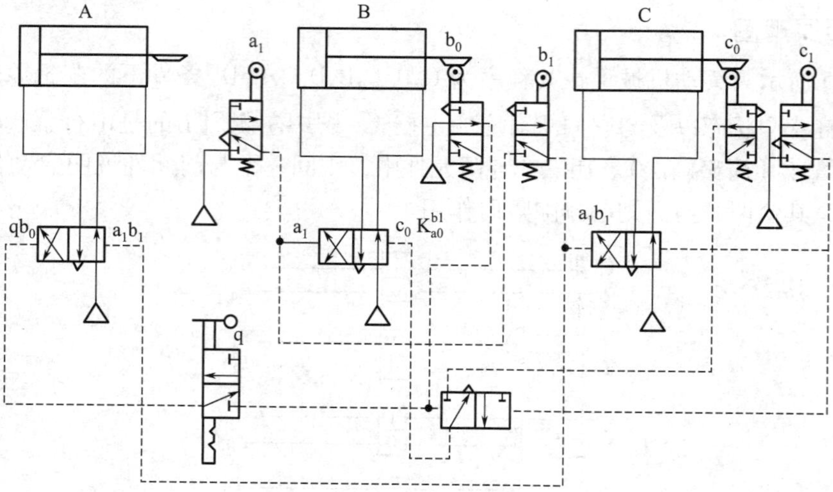

图 12－6　气动钻床气压传动系统原理图

任务分析

气动钻床气压传动系统，是利用气压传动来实现进给运动和送料、夹紧等辅助动作。它共有三个气缸，即送料缸 A、夹紧缸 B、钻削缸 C。

相关知识

气动钻床是一种利用气动钻削头完成主体运动（主轴的旋转），再由气动滑台实现进给运动的自动钻床。根据需要机床上还可安装由摆动气缸驱动的回转工作台，这样，一个工位在加工时，另一个工位则装卸工件，使辅助时间与切削加工时间重合，从而提高生产率。

任务实施

图 12－6 所示的气动钻床气压传动系统工作原理如下。

1. 工作程序图

该气动钻床气压传动系统要求的动作顺序为

$$\text{启动} \rightarrow \text{送料} \rightarrow \text{夹紧} \rightarrow \left\{\begin{matrix}\text{送料后退}\\ \text{钻孔}\end{matrix}\right\} \rightarrow \text{钻头退} \rightarrow \text{松开} \rightarrow (\text{循环})$$

写成工作程序图为

$$\xrightarrow{q\,(qd_0)} A_1 \xrightarrow{a_1} B_1 \xrightarrow{b_1} \left\{\begin{matrix}A_0\\ C_1\end{matrix}\right\} \xrightarrow[c_1]{(c_1a_0)} C_0 \xrightarrow{c_0} B_0 \xrightarrow{b_0} (\text{循环})$$

由于送料缸后退（A_0）与钻削缸前进（C_1）同时进行，考虑到 A_0 动作对下一个程序执行没有影响，因而可不设连锁信号，即省去一个发信元件 a_0，这样可克服若 C_1 动作先完成，而 A_0 动作尚未结束时，C_1 等待造成钻头与孔壁相互摩擦，降低钻头寿命的缺点。在工作时

只要 C_1 动作完成，立即发信执行下一个动作，而此时若 A_0 运动尚未结束，但由于控制 A_0 运动的主控阀所具有的记忆功能，A_0 仍可继续动作。

该动作程序可写成简化式为：$A_1B_1\left\{\begin{matrix}A_0\\C_1\end{matrix}\right\}C_0B_0$。

2. X－D 线图

按上述的工作程序可以绘出如图 12－7 所示的 X-D 线图，图中有两个障碍信号 $b_1(C_1)$ 和 $c_0(B_0)$，分别用逻辑线路法和辅助阀法来排除障碍，消障后的执行信号表达式为

$$b_1^*(C_1)=b_1a_1$$

$$C_0^*(B_0)=c_0K_{b0}^{c1}$$

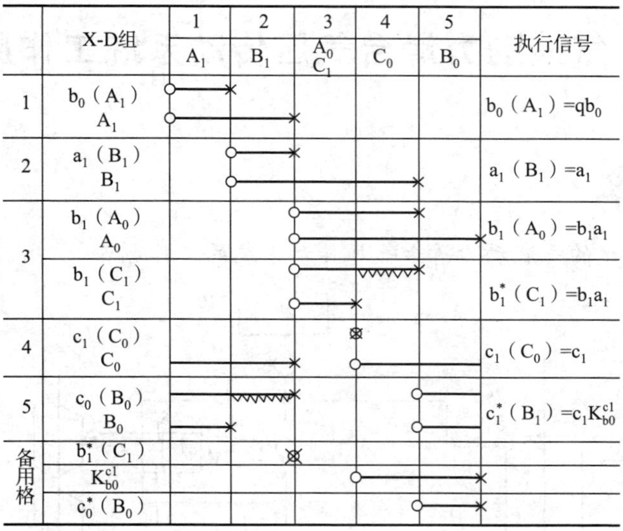

图 12－7　气动钻床 X-D 线图

3. 逻辑原理图

根据图 12－7 的 X-D 线图，可以绘出如图 12－8 所示的逻辑原理图，图中右侧列出了三个气缸的六个状态，中间部分用了三个与门元件和一个记忆元件（辅助阀），图中左侧列出的由行程阀、启动阀等发出的原始信号。

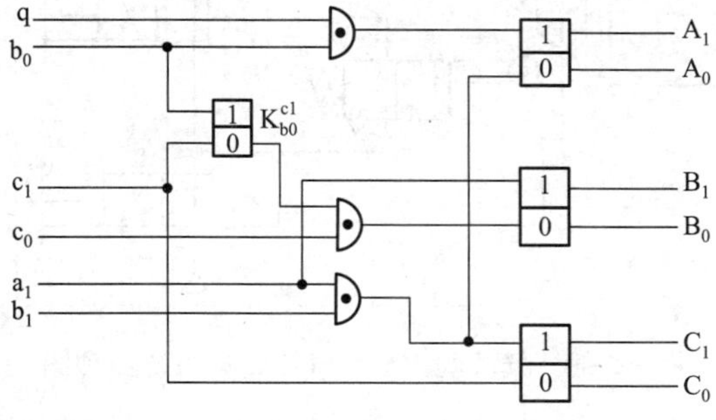

图 12－8　气动钻床的逻辑原理图

4. 气压传动系统原理图

根据图 12－8 所示的气动钻床逻辑原理图即可绘出该钻床的气压传动系统原理图，如图 12－6 所示。从图 12－7 所示的 X–D 线图中可以看出，a_1、b_0、c_1 均为无障碍信号，因而它们是有源元件，在气动回路图中直接与气源相连接，而 b_1、c_0 为有障碍的原始信号，按照其消除障碍后的执行信号表达式 $b_1^*(C_1)=b_1a_1$ 和 $C_0^*(B_0)=c_0K_{b0}^{c1}$ 可知，原始信号 b_1 为无源元件，应通过 a_1 与气源相接；原始信号 C_0 只需与辅助阀（单记忆元件）、气源串接即可。另外，在设计中省略了 a_0 信号，即 A 缸活塞杆缩回（A_0）结束时它不发信号。按下启动按钮 q 后，该气压传动系统能自动完成 $A_1B_1\left\{\begin{matrix}A_0\\C_1\end{matrix}\right\}C_0B_0$ 的动作循环。

任务四　气液动力滑台气压传动系统工作原理分析

任务描述

分析图 12－9 所示的气液动力滑台气压传动系统的工作原理。

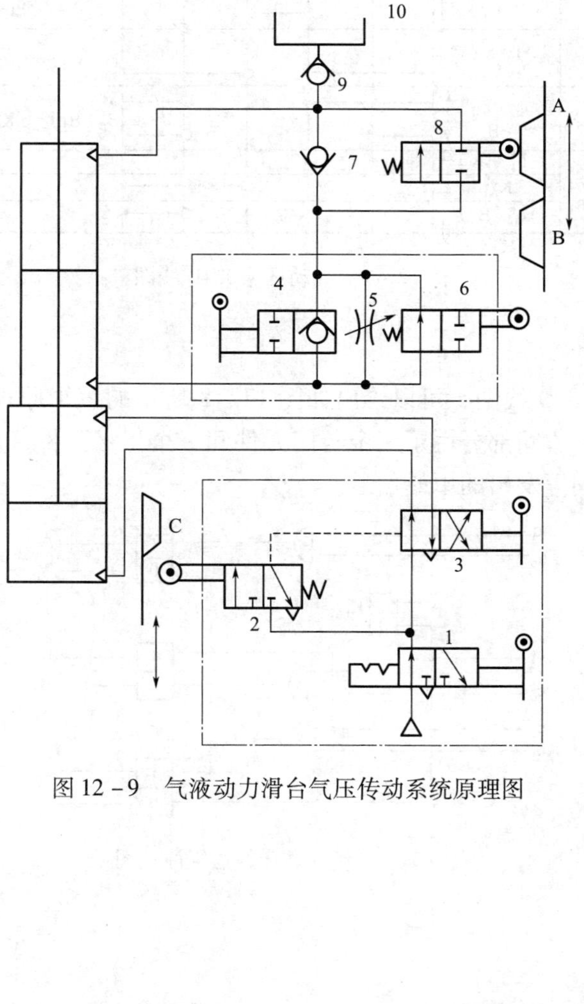

图 12－9　气液动力滑台气压传动系统原理图

任务分析

气液动力滑台是采用气—液阻尼缸作为执行元件的，在机械设备中用来实现进给运动，图 12－9 所示的气液动力滑台气压传动系统能完成两种工作循环。

任务实施

图 12－9 所示的气液动力滑台气压传动系统的工作原理如下。

1. 快进→慢进（工进）→快退→停止

当图 12－9 中手动阀（4）处于图示状态时，就可实现快进→慢进（工进）→快退→停止的动作循环，其动作原理为：当手动阀（3）切换到右位时，实际上就是给予进刀信号，在气压作用下气缸中活塞开始向下运动，液压缸中活塞下腔的油液经行程阀（6）的左位和单向阀（7）进入液压缸活塞的上腔，实现了快进；当快进到活塞杆上的挡铁 B 切换行程阀（6）（使它处于右位）后，油液只能经节流阀（5）进入活塞上腔，调节节流阀的开度，即可调节气—液缸运动速度，所以活塞开始慢进（工作进给）；当慢进到挡铁 C 使行程阀（2）复位时，输出气信号使阀（3）切换到左位，这时气缸活塞开始向上运动。

液压缸活塞上腔的油液经阀（8）的左位和手动阀（4）中的单向阀进入液压缸下腔，实现了快退，当快退到挡铁 A 切换阀（8）而使油液通道被切断时，活塞便停止运动。所以改变挡铁 A 的位置，就能改变“停”的位置。

2. 快进→慢进→慢退→快退→停止

把手动阀（4）关闭（处于左侧）时，就可实现快进→慢进→慢退→快退→停止的双向进给程序。其动作循环中的快进→慢进的动作原理与上述相同。当慢进至挡铁 C 切换行程阀（2）至左位时，输出气信号使阀（3）切换到左位，气缸活塞开始向上运动，这时液压缸活塞上腔的油液经行程阀（8）的左位和节流阀（5）进入活塞下腔，即实现了慢退（反向进给），慢退到挡铁 B 离开阀（6）的顶杆而使其复位（处于左位）后，液压缸活塞上腔的油液就经阀（6）左位而进入活塞下腔，开始了快退，快退到挡铁 A 切换阀（8）而使油液通路被切断时，活塞就停止运动。

图中带定位机构的手动阀（1）、行程阀（2）和手动阀（3）组合成一只组合阀，阀（4）、（5）、（6）也合成为一只组合阀、补油箱（10）是为了补偿系统中的漏油而设置的，一般可用油杯来代替。

任务五 工件夹紧气压传动系统工作原理分析

任务描述

分析图 12－10 所示的工件夹紧气压传动系统的原理。

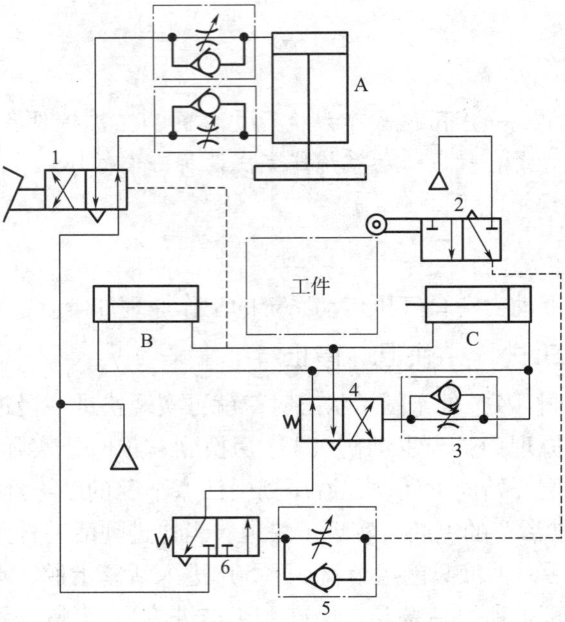

图 12－10　工件夹紧气压传动系统原理图

任务实施

图 12－10 所示的工件夹紧气压传动系统的工作原理：当工件运行到指定位置后，气缸 A 的活塞杆伸出，将工件定位锁紧后，两侧的气缸 B 和 C 的活塞杆同时伸出，从两侧面压紧工件，实现夹紧，而后进行机械加工。当用脚踏下脚踏换向阀（1）（在自动线中往往采用其他形式的换向方式）后，压缩空气经单向节流阀进入气缸 A 的无杆腔，夹紧头下降至锁紧位置后使机动行程阀（2）换向，压缩空气经单向节流阀（5）进入中继阀（6）的右侧，使阀（6）换向，压缩空气经阀（6）通过主控阀（4）的左位进入气缸 B 和 C 的无杆腔，两气缸同时伸出。与此同时，压缩空气的一部分经单向节流阀（3）调定延时后使主控阀换向到右侧，则两气缸 B 和 C 返回。在两气缸返回的过程中有杆腔的压缩空气使脚踏阀（1）复位，则气缸 A 返回。此时由于行程阀（2）复位（右位），所以中继阀（6）也复位；由于阀（6）复位，气缸 B 和 C 的无杆腔通大气，主控阀（4）自动复位，由此完成了一个缸 A 压下（A_1）→夹紧缸 B 和 C 返回（B_0、C_0）→缸 A 返回（A_0）的动作循环。

思考与练习题

1. 图 12－11 所示为一气液动力滑台的原理图，说明气液动力滑台实现“快进→工进→慢进→快退→停止”的工作过程。

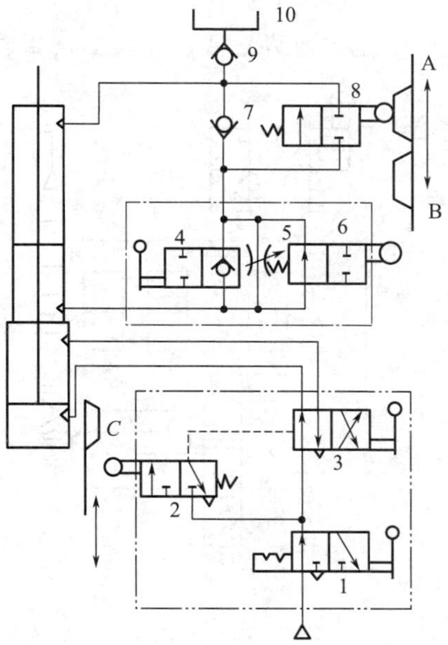

图 12－11 习题 1 图

1、3、4—手动阀；2、6、8—机控阀；5—节流阀；7、9—单向阀；10—油阀

2. 试分析图 12－12 所示的气动回路的工作过程。

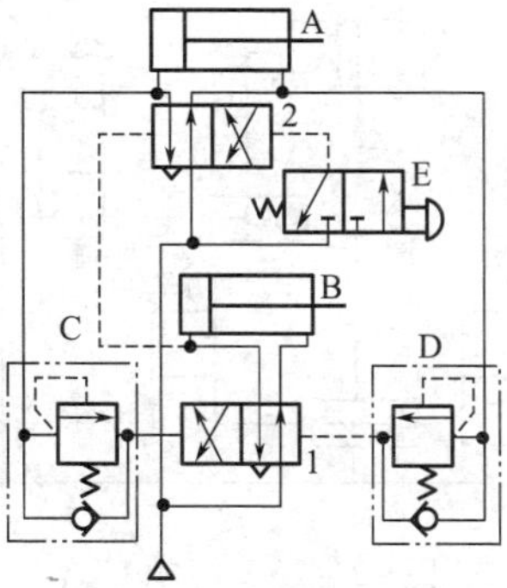

图 12－12 习题 2 图

3. 试分析图 12－13 所示的行程阀控制的连续往复动作回路的工作情况。

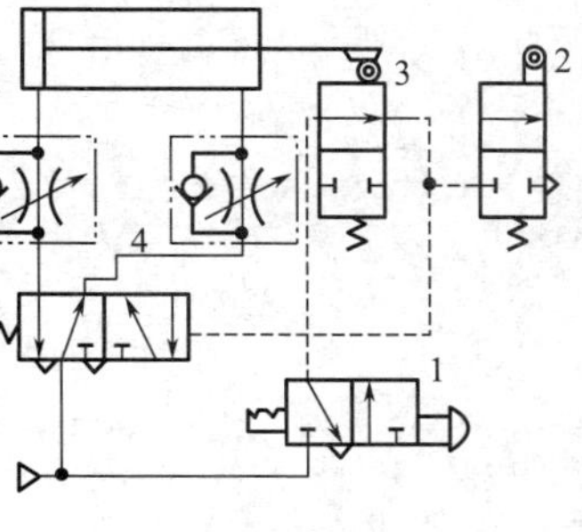

图 12－13 习题 3 图

1—手动换向阀；2、3—行程换向阀

4. 图 12－14 所示为一个双手操作回路，试叙述其回路工作情况。

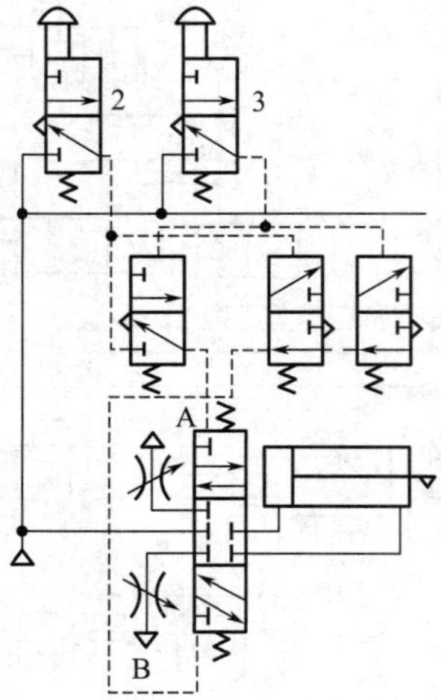

图 12－14　习题 4 图

5. 图 12－15 所示的 3 个不同场合均可操作气缸的气动回路工作情况，试对其进行分析。

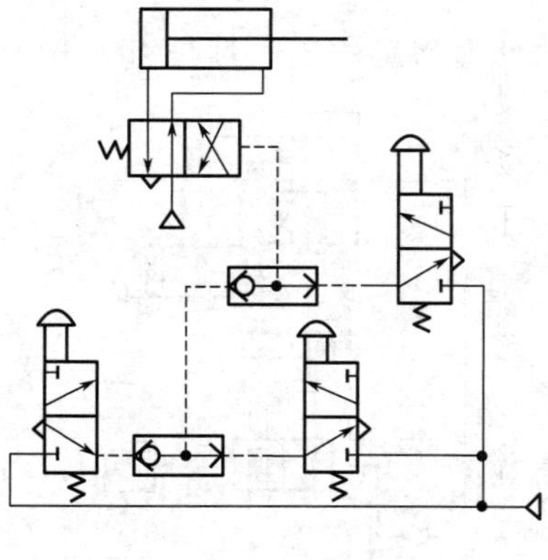

图 12－15　习题 5 图

参 考 文 献

［1］宋正和，曹燕．液压与气动技术．北京：北京交通大学出版社，2009.
［2］毛好喜，刘青云．液压与气动技术．北京：人民邮电出版社，2012.
［3］曾亿山．液压与气压传动．合肥：合肥工业大学出版社，2008.
［4］朱梅，朱光力．液压与气动技术．西安：西安电子科技大学出版社，2007.
［5］左健民．液压与气压传动．2 版．北京：机械工业出版社，2003.
［6］路甬祥．液压气动技术手册．北京：机械工业出版社，2002.
［7］朱怀忠，王恩海．液压与气动技术．北京：科学出版社，2007.
［8］袁广，张勤．液压与气压传动技术．北京：北京大学出版社，2008.
［9］骆简文，朱琪，李兴成．液压传动与控制．重庆：重庆大学出版社，2006.
［10］许福玲，液压与气压传动．北京：机械工业出版社，2004.
［11］张宏友．液压与气动技术．大连：大连理工大学出版社，2006.
［12］侯会喜．液压传动与气动技术．北京：冶金工业出版社，2008.
［13］张玉莲．液压气压传动与控制．杭州：浙江大学出版社，2007.
［14］张世亮．液压与气压传动．北京：机械工业出版社，2006.
［15］林建亚，何存兴．液压元件．北京：机械工业出版社，1990.
［16］何存兴，液压与气压传动．武汉：华中科技大学出版社，2002.